高等院校光信息科学与技术专业系列教材

光学测量技术与应用
Optical Measurement Techniques and Applications

冯其波 主编
Feng Qibo

谢芳 张斌 高瞻 邵双运 编著
Xie Fang　Zhang Bin　Gao Zhan　Shao Shuangyun

清华大学出版社
北京

内容简介

本书以光学测量方法与技术为中心，全面地介绍了光学测量所涉及的基本理率、测量原理、方法以及技术特点，既注重基本概念和基本原理的讲述，又注重将理论与应用紧密结合，并突出近年来光学测量技术上的最新科研成果以及相关领域发展态势。全书共分7章，第1章介绍了光学测量涉及的基本知识，第2章～第4章分别介绍了干涉测量技术、激光全息测量与散斑测量技术以及激光衍射测量和莫尔条纹技术；第5章讲述了宏观三维形状测量技术和微观三维形貌测量技术；第6章介绍了激光多普勒测速与激光测距技术；第7章介绍了光纤传感技术。本书可作为高等院校光信息科学与技术、光学工程、仪器仪表、机械电子工程、自动化等专业本科学生的教学用书，也可供从事相关专业的科研技术人员学习参考。

版权所有，侵权必究。举报：010-62782989，beiqinquan@tup.tsinghua.edu.cn

图书在版编目（CIP）数据

光学测量技术与应用/冯其波主编；谢芳等编著.—北京：清华大学出版社，2008.5（2024.7重印）
（高等院校光信息科学与技术专业系列教材）
ISBN 978-7-302-17136-2

Ⅰ．光⋯　Ⅱ．①冯⋯②谢⋯　Ⅲ．光学测量－高等学校－教材　Ⅳ．TB96

中国版本图书馆 CIP 数据核字（2008）第 032867 号

责任编辑：陈国新
责任校对：焦丽丽
责任印制：宋　林

出版发行：清华大学出版社
　　　网　　址：https://www.tup.com.cn，https://www.wqxuetang.com
　　　地　　址：北京清华大学学研大厦 A 座　　　邮　编：100084
　　　社 总 机：010-83470000　　　邮　购：010-62786544
　　　投稿与读者服务：010-62776969，c-service@tup.tsinghua.edu.cn
　　　质量反馈：010-62772015，zhiliang@tup.tsinghua.edu.cn
印 装 者：三河市龙大印装有限公司
经　　销：全国新华书店
开　　本：185mm×260mm　　印　张：14.25　　字　数：344 千字
版　　次：2008 年 5 月第 1 版　　印　次：2024 年 7 月第 14 次印刷
定　　价：49.00 元

产品编号：023065-03

前言

PREFACE

　　光学测量技术给精密测试领域注入了新的活力,它将光学技术与现代电子技术相结合,具有非接触、自动化程度高、测量精度高、速度快、信息容量大、效率高等突出特点,已广泛应用于工业、农业、军事、医学或空间科学等领域,并展现出了独特的优势。

　　本书以光学测量方法与技术为中心,全面地介绍了光学测量所涉及的基本理论、测量原理、方法以及技术特点等,内容丰富。既注重基本概念和基本原理的讲述,又注重将理论与应用紧密结合,并突出近年来光学测量技术上的最新科研成果以及相关领域发展态势,具有较高的使用及参考价值。

　　全书共分7章,第1章从光学测量涉及的基本概念入手,讲述光学测量的发展现状与趋势、光学测量方法的分类以及测量系统的基本构成;第2章至第4章分别介绍了光干涉测量技术、激光全息测量与散斑测量技术以及激光衍射测量和莫尔条纹技术;第5章讲述了宏观三维形状测量技术和微观三维形貌测量技术;第6章介绍了激光多普勒测速与测距技术;第7章介绍了光纤传感技术。本书可作为高等院校光信息科学与技术、光学工程、仪器仪表、机械电子工程、自动化等专业本科学生的教学用书,也可供从事相关专业的科研技术人员学习阅读。

　　本书由北京交通大学冯其波教授主编,由吴重庆教授担任主审。第1、2章由冯其波编写;第3、4章由张斌编写;第5章宏观三维形状测量技术部分由邵双运编写,微观三维形貌测量技术部分由谢芳编写;第6章激光多普勒测速技术由高瞻编写,激光测距技术部分由邵双运编写;第7章由谢芳编写。翟玉生博士为本书的编写付出了辛勤的劳动,在此表示感谢。同时感谢清华大学出版社的热情帮助及辛勤的编辑出版工作。本书在编写过程中,参阅了大量的国内外文献,这些文献的研究成果,使本书内容更加丰富,在此向有关作者表示感谢。

　　限于水平,书中一定存在许多不足之处,敬请广大读者批评指正,以便再版时改进。

编　者

2007年7月

qbfeng@bjtu.edu.cn

目录

第 1 章　光学测量的基础知识 ·· 1

1.1　基本概念、基本方法、应用领域及发展趋势 ·· 1
    1.1.1　基本概念 ·· 1
    1.1.2　基本构成 ·· 2
    1.1.3　主要应用范围 ·· 3
    1.1.4　基本方法 ·· 4
    1.1.5　发展趋势 ·· 5
1.2　光学测量中的常用光源 ·· 7
    1.2.1　光源选择的基本要求和光源的分类 ·· 7
    1.2.2　热光源 ·· 8
    1.2.3　气体放电光源 ·· 9
    1.2.4　固体发光光源 ·· 9
    1.2.5　激光光源 ·· 10
1.3　光学测量中的常用光电探测器 ·· 13
    1.3.1　常用光电探测器的分类 ·· 13
    1.3.2　光电探测器的主要特性参数 ·· 15
    1.3.3　常用光电探测器的介绍 ·· 17
1.4　光学测量系统中的噪声和常见处理电路 ·· 26
    1.4.1　光学测量系统中的噪声 ·· 26
    1.4.2　光学测量系统中的常用电路 ·· 27
1.5　光学测量中常用调制方法与技术 ·· 32
    1.5.1　概述 ·· 32
    1.5.2　机械调制法 ·· 33
    1.5.3　利用物理光学原理实现的光调制技术 ·· 33
本章参考文献 ·· 38

第 2 章　光干涉技术 ·· 39

2.1　光干涉的基础知识 ·· 39

                2.1.1　光的干涉条件 …………………………………………………… 39
                2.1.2　干涉条纹的形状 ………………………………………………… 40
                2.1.3　干涉条纹的对比度 ……………………………………………… 40
                2.1.4　产生干涉的途径 ………………………………………………… 43
        2.2　干涉光学测量技术 ………………………………………………………… 44
                2.2.1　概述 ……………………………………………………………… 44
                2.2.2　泰曼-格林干涉仪 ………………………………………………… 47
                2.2.3　移相干涉仪 ……………………………………………………… 47
                2.2.4　共路干涉仪 ……………………………………………………… 49
        2.3　激光干涉仪 ………………………………………………………………… 57
                2.3.1　迈克尔逊干涉仪 ………………………………………………… 57
                2.3.2　实用激光干涉仪主要构件的作用原理 ………………………… 58
        2.4　白光干涉仪 ………………………………………………………………… 75
        2.5　外差式激光干涉仪 ………………………………………………………… 77
                2.5.1　概述 ……………………………………………………………… 77
                2.5.2　双频激光干涉仪 ………………………………………………… 78
                2.5.3　激光测振仪 ……………………………………………………… 79
        2.6　绝对长度干涉计量 ………………………………………………………… 81
                2.6.1　柯氏绝对光波干涉仪 …………………………………………… 81
                2.6.2　激光无导轨测量 ………………………………………………… 83
                2.6.3　激光跟踪测量 …………………………………………………… 85
        2.7　激光多自由度同时测量技术 ……………………………………………… 86
                2.7.1　概述 ……………………………………………………………… 86
                2.7.2　直线度测量 ……………………………………………………… 87
                2.7.3　偏摆角和俯仰角度的测量 ……………………………………… 91
                2.7.4　滚转角测量 ……………………………………………………… 93
                2.7.5　多自由度同时测量 ……………………………………………… 95
        本章参考文献 ……………………………………………………………………… 96

第3章　激光全息测量与散斑测量技术 ……………………………………… 97

        3.1　全息术及其基本原理 ……………………………………………………… 97
                3.1.1　全息术基本原理 ………………………………………………… 97
                3.1.2　全息图的类型 …………………………………………………… 99
                3.1.3　全息基本设备 …………………………………………………… 101
        3.2　激光全息干涉测量技术 …………………………………………………… 102
                3.2.1　全息干涉测量方法 ……………………………………………… 102

  3.2.2 激光全息干涉测量技术的应用 …………………………………… 107
 3.3 激光散斑干涉测量 ……………………………………………………… 111
  3.3.1 散斑的概念 …………………………………………………………… 111
  3.3.2 散斑照相测量原理及应用 …………………………………………… 111
  3.3.3 散斑干涉测量原理及应用 …………………………………………… 113
  3.3.4 电子散斑干涉测量（ESPI） ………………………………………… 117
 本章参考文献 ……………………………………………………………… 118

第4章 激光衍射测量和莫尔条纹技术 ……………………………… 119

 4.1 激光衍射测量基本原理 ………………………………………………… 119
  4.1.1 单缝衍射测量 ………………………………………………………… 120
  4.1.2 圆孔衍射测量 ………………………………………………………… 124
  4.1.3 光栅衍射测量 ………………………………………………………… 125
 4.2 莫尔条纹测试技术 ……………………………………………………… 126
  4.2.1 莫尔条纹的形成原理 ………………………………………………… 126
  4.2.2 莫尔条纹的基本性质 ………………………………………………… 130
  4.2.3 莫尔条纹测试技术 …………………………………………………… 131
 本章参考文献 ……………………………………………………………… 139

第5章 光学三维测量技术 …………………………………………… 140

 5.1 物体宏观三维形状测量技术概述 ……………………………………… 140
  5.1.1 接触式测量 …………………………………………………………… 140
  5.1.2 非接触式测量法 ……………………………………………………… 141
  5.1.3 主动宏观三维形状测量技术 ………………………………………… 143
 5.2 激光三角法测量物体三维形状 ………………………………………… 145
  5.2.1 激光三角法的测量原理 ……………………………………………… 145
  5.2.2 激光线光三维形状测量技术 ………………………………………… 146
  5.2.3 激光同步扫描三维形状测量技术 …………………………………… 148
 5.3 基于光栅投射的三维形状测量技术 …………………………………… 149
  5.3.1 光栅投射法测量三维形状的基本原理 ……………………………… 149
  5.3.2 相位测量技术 ………………………………………………………… 151
 5.4 光学三维形状测量技术的应用 ………………………………………… 154
 5.5 微观表面三维形貌测量技术概述 ……………………………………… 157
  5.5.1 微观表面形貌测量技术的发展 ……………………………………… 157
  5.5.2 表面形貌二维评定参数 ……………………………………………… 158

  5.5.3 微观表面三维形貌测量的特点 …… 160
 5.6 微观表面三维形貌的机械式探针测量技术 …… 162
 5.7 微观表面三维形貌的光学式探针测量技术 …… 164
  5.7.1 焦点探测方法 …… 165
  5.7.2 干涉测量技术 …… 170
  5.7.3 微观表面三维形貌测量仪器的测量分辨率和量程 …… 172
 本章参考文献 …… 174

第6章 激光测速与测距技术 …… 175

 6.1 多普勒效应与多普勒频移 …… 175
 6.2 激光多普勒测速技术 …… 179
  6.2.1 激光多普勒测速的基本原理 …… 179
  6.2.2 激光多普勒测速技术 …… 180
  6.2.3 激光多普勒测速技术的进展 …… 189
 6.3 激光测距技术 …… 190
  6.3.1 脉冲激光测距 …… 191
  6.3.2 相位激光测距 …… 192
 本章参考文献 …… 196

第7章 光纤传感技术 …… 197

 7.1 光传输的基本理论 …… 197
  7.1.1 反射和折射 …… 197
  7.1.2 全反射 …… 199
  7.1.3 光的干涉 …… 201
  7.1.4 光波导 …… 201
 7.2 光纤传感技术 …… 206
  7.2.1 强度调制型光纤传感技术 …… 206
  7.2.2 相位调制型光纤传感技术 …… 207
  7.2.3 偏振调制型光纤传感技术 …… 211
  7.2.4 波长调制型光纤传感技术 …… 212
  7.2.5 光纤分布式传感技术 …… 215
 本章参考文献 …… 216

第1章 光学测量的基础知识

本章从光学测量涉及的基本概念入手,讲述光学测量方法的分类、光学测量系统的基本构成以及光学测量的发展现状与趋势,最终讲述构成一个完整光学测量系统的主要组成部分,包括常用光源、探测器与处理电路、调制方法等。各种具体的光学测量方法与技术将在以后的各个章节中进行介绍。

1.1 基本概念、基本方法、应用领域及发展趋势

1.1.1 基本概念

计量学(metrology)。是指研究测量、保证测量统一和准确的科学;计量泛指对物理量的标定、传递与控制。计量学研究的主要内容包括:计量单位及其基准,标准的建立、保存与使用,测量方法和计量器具,测量不确定度,观察者进行测量的能力以及计量法制与管理等。计量学也包括研究物理常数和物质标准,材料特性的准确测定。

测量(measurement)。是指将被测值和一个作为测量单位的标准量进行比较,求其比值的过程。测量过程可以用一个基本公式

$$L = Ku \tag{1-1}$$

表示。式中,L 为被测长度;u 为长度单位;K 为比值。

从计量学的定义和内容可以看出,计量的主要表现方式是测量。测量的目的是要得到一个具体的测量数值,这个测量数值还应包含测量的不确定度。一个完整的测量过程包括四个测量要素:测量对象和被测量,测量单位和标准量,测量方法,测量的不确定度。

检验(inspection)。是指判断测量是否合格的过程,通常不一定要求具体数值。

测试(measuring and testing)。是指具有试验研究性质的测量,一般是测量、试验与检验的总称。测试是人们认识客观事物的方法。测试过程是从客观事物中摄取有关信息的认识过程。在测试过程中,需要借助专门的设备,通过合适的实验和必要的数据处理,求得所研究对象的有关信息量值。

灵敏度(sensitivity)。是指测量系统输出变化量 Δy 与引起该变化量的输入变化量 Δx 之比,其表达式为

$$k = \frac{\Delta y}{\Delta x} \tag{1-2}$$

测量系统输出曲线的斜率就是其灵敏度。对于线性系统,其灵敏度是一个常数。

分辨率(resolution power)。是指测量系统能检测到的最小输入增量。

误差(error)。是指测得值与被测量的真值之间的差。误差可以分为系统误差、随机误差与粗大误差。

精度(accuracy)。是指反映测量结果与真值接近程度的量。在现代计量测试中,精度的概念逐步被测量的不确定度代替。

测量不确定度(uncertainty of measurement)。是表征合理赋予被测量的量值的分散性参数。主要包括:不确定度的 A 类评定——用对重复观察值的统计分析进行不确定度评定的方法;不确定度的 B 类评定——用不同于统计分析的其他方法进行不确定度评定的方法。

1.1.2 基本构成

所谓光学测量是指通过各种光学测量原理实现对被测物体的测量。近年来,随着科学技术的发展,出现了各种类型的激光器和各种新型的光电探测器,数据处理及图像处理方法与技术也得到了快速发展,使得光学测量的内容愈加丰富,应用领域越来越广,已渗透到几乎所有工业领域和科研部门。

实际上,任何一个测量系统,其基本组成部分可用如图 1-1 所示的原理方框图来表示。

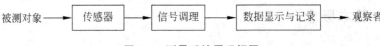

图 1-1 测量系统原理框图

传感器用于从被测对象获取有用的信息,并将其转换为适合于测量的信号。不同的被测物理量要采用不同的传感器,这些传感器的作用原理所依据的物理效应或其他效应是千差万别的。对于一个测量任务来说,第一步是能够有效地从被测对象取得能用于测量的信息,因此传感器在整个测量系统中的作用十分重要。

信号调理部分是对从传感器所输出的信号作进一步的加工和处理,包括对信号的转换、放大、滤波、储存和一些专门的信号处理。这是因为从传感器出来的信号往往除有用信号外还夹杂有各种干扰和噪声,因此在作进一步处理之前必须尽可能将干扰和噪声滤除掉。此外,传感器的输出信号往往具有光、机、电等多种形式,而对信号的后续处理通常采取电的方式和手段,因此必须把传感器的输出信号转换为适宜于电路处理的电信号。通过信号的调理,最终获得便于传输、显示、记录及可进一步后续处理的信号。

显示与记录部分是将调理和处理过的信号用便于人们观察和分析的介质与手段进行显示或记录。

图 1-1 所示的三个方框构成了测量系统的核心部分。但被测对象和观察者也是测量系统的组成部分,它们同传感器、信号调理部分以及数据显示与记录部分一起构成了一个完整的测量系统。这是因为在用传感器从被测对象获取信号时,被测对象通过不同的连接或耦合方式对传感器产生了影响和作用;同样,观察者通过自身的行为和方式直接或间接地影响着系统的特性。

一个光学测量系统的基本组成部分主要包括光源、被测对象与被测量、光信号的形成与获得、光信号的转换、信号或信息处理等部分。按照不同的需要，实际的光学测量系统可能简单些，也可能还要增加某些环节，或者由若干个不同的光学测量系统集成。下面对每一部分分别加以说明。

光源。光源是光学测量系统中必不可少的一部分。在许多光学测量系统中需要选择一定辐射功率、一定光谱范围和一定发光空间分布的光源，以此发出的光束作为携带被测信息的载体。

被测对象与被测量。被测对象主要是指具体要测量的物体或物质，被测量就是具体要测量的参数，被测量可以分为几何量、力学量、光学量、时间频率、电磁量、电学量，等等。

光信号的形成与获得。实际上就是光学传感部分，主要是利用各种光学效应，如干涉、衍射、偏振、反射、吸收、折射等，使光束携带上被测对象的特征信息，形成可以测量的光信号。能否使光束准确地携带上所要测量的信息，是决定光学测量系统成败的关键。

光信号的转换。就是通过一定的途径获得原始的光信号。目前主要通过各种光电接收器件将光信号转换为电信号，以利于采用目前最为成熟的电子技术进行信号的放大、处理和控制等。也可采用信息光学或其他手段来获得光信号，并用光学或光子学方法对其进行直接处理。需要指出的是，最终观察者得到的是电信号、图像信息或数字信息。

信号与信息处理。根据获得的信号的类型不同，信号或信息处理主要包括模拟信号处理、数字信号处理、图像处理以及光信息处理。在当代光学测量系统中，大部分系统采用计算机来处理、分析和显示各种信息，也可以通过计算机形成闭环测量系统，对某些影响测量结果的参数进行控制。

在光学测量系统中，特别需要注意的是光信号的匹配处理。通常表征被测量的光信号可以是光强的变化、光谱的变化、偏振性的变化、各种干涉和衍射条纹的变化等。要使光源发出的光或产生携带各种待测信号的光与光电探测器等环节间实现合理的，甚至是最良好的匹配，经常需要对光信号进行必要的处理。例如，利用光电探测器进行光强信号测量时，当光信号过强时，需要进行中性减光处理；当入射信号光束不均匀时，则需要进行均匀化处理等。

1.1.3 主要应用范围

光学测量技术已应用到各个科技领域中，主要包括以下几个方面。

1. 辐射度量和光度量的测量

光度量是以平均人眼视觉为基础的量，利用人眼的观测，通过对比的方法可以确定光度量的大小。至于辐射度量的测量，特别是对不可见光辐射的测量，是人眼所无能为力的。在光电方法没有发展起来之前，常利用照相底片感光法，根据感光底片的黑度来估计辐射量的大小。目前常用的这类仪器有光强度计、光亮度计、辐射计以及光测高温计和辐射测温仪等。

2. 非光物理量的测量

非光物理量的测量是光学测量技术当前应用最广、发展最快且最为活跃的应用领域，也是本书要讲述的主要内容。

这类测量技术的核心是如何把非光物理量转换为光信号。主要方式有两种：一是通过一定手段将非光物理量转换为发光量，通过对发光量的测量，完成对非光物理量的检测；二是使光束通过被测对象，让其携带待测物理量的信息，通过对带有待测信息的光信号进行测量，完成对非光物理量的检测。

这类光学测量所能完成的检测对象十分广泛。如各种机械量的测量，包括重量、应力、压强、位移、速度、加速度、转速、振动、流量，以及材料的硬度和强度等参量；各种电量、磁量的测量；温度、湿度、材料浓度及成分等参量的测量。

3．光电子器件与材料及光电子系统特性的测试

光电子器件与材料和光电子系统不仅包括各种类型的光电探测器、各种光谱区中的光电成像器件、各种光电子材料和各种光电成像系统，同时还包括近年来大量出现在光电子行业的各种器件和系统，如，发光器件、光检测器、复合光器件、光传输引接器、显示器件、太阳能电池、光纤、光连接器、光无源器件等光学元器件；光传输仪器、设备、光测量仪器、布线用设备、光传感器设备、光输入输出设备、医疗用激光设备、激光加工与印刷制版设备等光学仪器与设备。

对以上这些光电子器件与材料及光电子系统参数或性能的测试，往往需要使用光学测量方法，目前这一领域由于光电子业的发展变得越来越重要。

1.1.4 基本方法

1．基本方法

由于激光技术、光波导技术、数字技术、计算机技术以及信息光学的出现，促使光学测量出现了许多新方法与新技术，其主要测量方法和涉及的主要内容如表1-1所示。

表1-1 光学测量技术研究领域

方法分类	测量技术	主 要 内 容
相位检测（干涉法）	激光干涉技术	激光干涉，激光外差干涉，条纹扫描干涉，实时剪切干涉
	光全息技术	全息干涉，全息等高线技术，多频全息技术，计算机全息，实时全息技术
	光散斑技术	客观散斑法，散斑干涉法，散斑剪切法，白光散斑法，电子散斑法
	莫尔技术	莫尔条纹法，莫尔等高线法，拓扑技术
时间探测	光扫描技术	激光扫描，外差扫描，扫描定位，扫描频谱法，无定向扫描，三维扫描
谱探测	激光光谱技术	激光拉曼光谱，激光荧光光谱，激光原子吸收光谱，微区光谱，光声光谱
衍射法	光衍射技术	间隙法，反射衍射法，互补法，全场衍射测量
图像探测	CCD成像技术	TV法，CCD法，PSD法，数字图像法，光信息处理法
各种物理效应	激光多普勒技术	多普勒测速，差动多普勒技术，激光多普勒技术
	光学诊断与无损检测	光伏效应，切剪术导法，光热偏转法，激光超声
	光学纳米技术	扫描激光显微术，光学隧道显微术，激光力显微术，原子力显微术

2. 方法的选择

面对一个计量测试任务，首先碰到的问题是如何合理地选择一种好的测量方法。选择光学测量方法主要依据以下五个方面来综合考虑：被测对象与被测量，测量范围，测量的灵敏度或精度，经济性，环境要求。

被测对象主要是指具体要测量的物体或物质，其大小、形状、材料差别很大；被测量是指被测参数的类型，例如是测量长度还是测量角度，是测量速度还是测量位移，是测量温度还是测量湿度等。不同的被测对象和被测量，需要不同的测量方法。同样，同一被测量测定范围不同时，测量方法也需要变化。

选择测量方法的另一主要依据是灵敏度和精度的要求。图 1-2 是主要光学测量方法在尺寸上能达到的分辨率，而精度一般来说是测量分辨率的 1～3 倍。

测量方法的选择还要依据方法的经济性与使用时对环境的要求。表 1-2 大致列出主要光学测量方法的经济性和对环境的要求。

以上选择的依据是初步的，测量方法的最终确定应有具体设计方案，综合考虑以上各方面的因素。测量方法的确定往往是测量是否取得成功的关键。

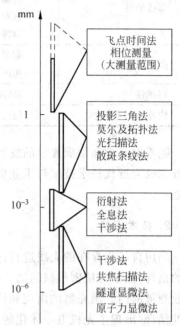

图 1-2 常用光学测试方法的分辨率

表 1-2 光学测量方法的相对经济性和环境要求

经济性好，环境要求低	经济性中等，环境要求一般	经济性偏高，有环境要求
衍射计量 扫描计量 散斑计量 光纤计量	莫尔与拓扑法 图像计测法 共路干涉计量	全息计量 光谱计量 纳米计量

1.1.5 发展趋势

1. 技术特色

利用光学进行精密测量，一直是计量测试技术领域中的主要方法。由于光学测量方法具有非接触、高灵敏度和高精度等优点，在近代科学研究、工业生产、空间技术、国防技术等领域中得到广泛应用，成为一种无法取代的测量技术。概括起来，光学测量方法的主要特点如表 1-3 所示。

表 1-3　光学测量技术主要特点

主 要 特 点	应 用 领 域
非接触性	液面测量、柔性或弹性表面测量 高温表面测量 远距离监测 微深孔等特殊测量
高灵敏度	测量灵敏度：0.1nm～10μm 实时监测微变形、微振动、微位移
三维性	3D 测量
快速性与实时性	故障诊断，在线检测质量监控，生产自动化

随着微光学和集成光学的发展，光学测量系统向微型化、集成化方向发展，促使光学测量技术成为近代科学技术与工业生产的眼睛，是保证科学技术、工业生产发展的主要高新技术之一。

2. 技术现状

利用自然界存在的光线进行计量与测试最早开始于天文和地理测量中。望远镜和显微镜的出现，光学与精密机械的结合，使许多传统的光学计量与测试仪器广泛用于各级计量及工业测量部门。激光器的出现和信息光学的形成，特别是激光技术与微电子技术、计算机技术的结合，出现了光机电一体化的光学测量技术。在光机电金字塔中，塔顶是光，光学是这个基本体系中的原理基础，而精密机械、电子技术与计算机技术构成塔底，是光学测量的支撑基础。相比传统的光学测量系统，近代光学测量系统的主要特点有：

（1）从主观光学发展成为客观光学，即用光电探测器取代人眼这个主观探测器，提高了测量精度与效率；

（2）用激光光源来取代常规光源，获得方向性极好的实际光束用于各种光学测量上；

（3）从光机结合的模式向光机电一体化的模式转换，实现测量与控制的一体化。

3. 技术发展方向

随着光电子产业的迅速发展，对光学测量技术提出了新的要求，促使光学测量技术向以下几个方向发展：

（1）亚微米级、纳米级的高精密光学测量方法首先得到优先发展，利用新的物理学原理和光电子学原理产生的光学测量方法将不断出现；

（2）以微细加工技术为基础的高精度、小尺寸、低成本的集成光学和其他微传感器将成为技术的主流方向，小型、微型非接触式光学传感器以及微光学这类微结构光学测量系统将崭露头角；

（3）快速、高效的 3D 测量技术将取得突破，发展带存储功能的全场动态测量仪器；

（4）发展闭环式光学测试技术，实现光学测量与控制的一体化；

（5）发展光学诊断和光学无损检测技术，以替代常规的无损检测方法与手段。

1.2 光学测量中的常用光源

光源作为光学测量系统的一个重要组成部分,对光学测量起着重要作用。

1.2.1 光源选择的基本要求和光源的分类

为适应各种不同场合的实际需要,存在各种不同光学性质和结构特点的光源。在具体的光学测量系统中,应按实际工作的要求选择光源,这些要求主要包括以下几个方面。

1. 对光源发光光谱特性的要求

光学测量系统中总是要求光源特性满足测量的需要。其中重要的要求之一,就是光源发光的光谱特性必须满足测量系统的需要。按照测量任务的不同,要求的光谱范围亦不同,如可见光区、紫外光区或红外光区等。系统对光谱范围的要求都应在选择光源时给予满足。

为增大测量系统的信噪比,引入光源和光电探测器之间光谱匹配系数的概念,以此描述两光谱特性间的重合程度或一致性。光谱匹配系数 α 定义为

$$\alpha = \frac{A_1}{A_2} = \int_0^\infty W_\lambda S_\lambda \mathrm{d}\lambda \bigg/ \int_0^\infty W_\lambda \mathrm{d}\lambda \qquad (1-3)$$

式中,W_λ 为波长 λ 时光源光辐射通量的相对值;S_λ 为波长 λ 时光电探测器灵敏度的相对值。

A_1 和 A_2 的物理意义如图 1-3 所示,它们分别表示 $W_\lambda S_\lambda$ 和 W_λ 两曲线与横轴所围成的面积。由此可见,α 是光源与探测器配合工作时产生的光电信号与光源总通量的比值。实际选择时,应综合兼顾二者的特性,使 α 尽可能大些。

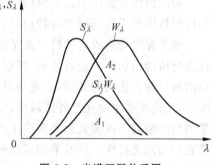

图 1-3 光谱匹配关系图

2. 对光源发光强度的要求

为确保光学测量系统正常工作,通常对所采用的光源的强度有一定的要求。光源强度过低,系统获得信号过小,以致无法正常检测;光源强度过高,又会导致系统工作的非线性,有时可能损坏系统、待测物或光电探测器等。因此在设计时,必须对探测器所需获得的最大、最小光通量进行正确的估计,并按估计来选择光源。

3. 对光源稳定性的要求

不同的测量系统对光源的稳定性有着不同的要求。通常对于以光强幅度变化来得到被测量的系统,对光源的稳定性要求很高;而对以光的相位、频率等参数来得到被测量的系统,对光源的稳定性要求可稍低些。稳定光源发光的方法很多,可采用稳压电源供电,也可采用稳流电源供电或采用反馈控制光源的输出。

4. 对光源其他方面的要求

用于光学测量系统中的光源除上述基本要求外，还有一些具体要求。如使用激光波长作为测量时，主要要求激光器具有高的波长稳定性和复现性。

5. 光源的种类

广义来说，任何发出光辐射的物体都可以叫做光辐射源。这里所指的光辐射包括紫外光、可见光和红外光的辐射。通常把能发出可见光的物体叫做光源，而能把发出非可见光的物体叫做辐射源。下面的介绍中统称为光源。

按照光辐射来源的不同，通常将光源分成两大类：自然光源和人工光源。自然光源主要包括太阳、月亮、恒星等，这些光源对地面辐射通常不稳定且无法控制，很少在光学测量系统中采用，通常作为杂散光需要予以消除或抑制它对测量的影响。在光学测量系统中，大量采用的是人工光源。按其工作原理不同，人工光源大致可以分为热光源、气体放电光源、固体光源和激光光源。

1.2.2 热光源

利用物体升温产生光辐射的原理制成的光源叫做热光源。常用热光源中主要是黑体源和以炽热钨发光为基础的各种白炽灯。

热光源发光或辐射的材料或是黑体，或是灰体，因此它们的发光特性可以利用普朗克公式进行精确的估算。也就是说，可以精确掌握和控制它们发光或辐射的性质。此外，它们发出的通量构成连续的光谱，且光谱范围很宽，因此适应性强。但是它们在通常温度或炽热温度下，发光光谱主要在红外区域中，少量在可见光区域中。只有在温度很高时，才会发出少量的紫外辐射。这类光源大多属于电热型，通过控制输入电量，可以按需要在一定范围内改变它们的发光特性。同时采用适当的稳压或稳流供电，可使这类光源的光输出获得很高的稳定度。

1. 黑体

在任意温度条件下，能全部吸收入射在其表面上的任意波长辐射的物体叫做绝对黑体，或简称黑体。自然界不存在具有绝对黑体性质的物质，但是采用人工的方法可以制成十分接近黑体的模型。

黑体辐射的最基本公式是普朗克公式，它给出了绝对黑体在绝对温度为 T 时的光谱辐射出射度

$$M_\lambda = \frac{2\pi c^2 h}{\lambda^5 (e^{hc/\lambda kT} - 1)} \quad (W/m^3) \tag{1-4}$$

式中，M_λ 为波长 λ 处的单色辐射出射度；λ 为波长（m）；h 为普朗克常数，其值为 6.626×10^{-34} Js；c 为真空中光速，其值为 2.998×10^8 m/s；k 为玻耳兹曼常数，其值为 1.38×10^{-23} J/K；T 为绝对温度（K）。

利用上述普朗克公式可以导出绝对黑体的全辐射出射度公式，即斯忒藩-玻耳兹曼公式

$$M = \sigma T^4 \quad (\text{W/m}^2) \tag{1-5}$$

式中 σ 称为斯忒藩-玻耳兹曼常数,其值为 $\sigma = 5.67 \times 10^{-8} \text{W/m}^2 \cdot \text{K}^4$。

黑体主要用作光度或辐射度测量中的标准光源或标准辐射源,完成计量工作中的光度或辐射度标准的传递。

2. 白炽灯

白炽灯在照明中仍是应用最广的光源,主要有真空白炽灯、充气白炽灯和卤钨白炽灯等三类。目前使用最多的白炽灯是真空型白炽灯。泡壳内的真空条件是为了保护钨丝,使其不被氧化。一般情况下,当灯源电压增加时,其电流、功率、光通量和发光效率等都相应增加,但其寿命也随之迅速下降。

1.2.3 气体放电光源

利用置于气体中的两个电极间放电发光,可构成气体放电光源。常见的光源是气体灯,将电极间的放电过程密封在泡壳中进行,所以又叫做封闭式电弧放电光源。气体灯的特点是辐射稳定,功率大,且发光效率高,因此在照明、光度和光谱学中都起着很重要的作用。

气体灯的种类繁多,灯内可充不同的气体或金属蒸气,如氩、氖、氢、氦、氙等气体和汞、钠、金属卤化物等,从而形成不同放电介质的多种灯源。如图1-4所示为常用的原子光谱灯的结构。阳极和圆筒形阴极封在玻壳内,玻壳上部有一透明石英窗。工作时窗口透射出放电辉光,其中主要是阴极金属的原子光谱。空心阴极放电的电流密度可比正常辉光高出100倍以上,电流虽大但温度不高,因此发光的谱线不仅强度大,而且波长宽度很小。

原子光谱灯的主要作用是引出标准谱线的光束,确定标准谱线的分光位置,以及确定吸收光谱中的特征波长等。

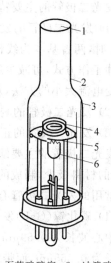

1—石英玻璃窗;2—过渡玻璃;
3—阳极;4—云母片;5—阴极;
6—灯脚

图 1-4 原子光谱灯结构原理

1.2.4 固体发光光源

电致发光是电能直接转换为光能的发光现象,利用电致发光现象制成的电致发光屏和发光二极管,将完全脱离真空,成为全固体化的发光器件。

发光二极管也叫做注入型电致发光器件。它是由p型和n型半导体组合而成的二极管,当在pn结上施加正向电压时产生发光。其发光机理是:在p型半导体与n型半导体接触时,由于载流子的扩散运动和由此产生内电场作用下的漂移运动达到平衡而形成pn结。若在pn结上施加正向电压,则促进了扩散运动的进行,即从n区流向p区的电子和从p区流向n区的空穴同时增多,于是有大量的电子和空穴在pn结中相遇复合,并以光和热的形式放出能量。

发光二极管的结构原理如图 1-5(a) 所示。为能将所发光引出,通常将 p 型半导体充分减薄,于是结中复合发光主要从垂直于 pn 结的 p 型区发出,在结的侧面也能发出较少的光。

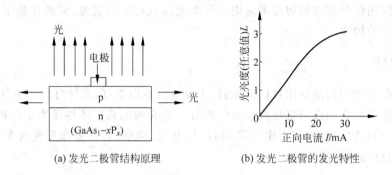

(a) 发光二极管结构原理　　(b) 发光二极管的发光特性

图 1-5　发光二极管结构原理和发光特性

发光二极管的主要特点如下:

(1) 发光二极管的发光亮度与正向电流之间的关系如图 1-5(b) 所示。工作电流低于 25mA 时,两者基本为线性关系。当电流超过 25mA 后,由于 pn 结发热而使曲线弯曲。采用脉冲工作方式,可减少结发热的影响,使线性范围得以扩大。由于这种线性关系,可以通过改变电流大小的方法,对所发光量进行调制。

(2) 发光二极管的响应速度极快,时间常数约为 $10^{-6} \sim 10^{-9}$ s,有着良好的频率特性。

(3) 发光二极管的正向电压很低,约 2V,能直接与集成电路匹配使用。

发光二极管的主要缺点是发光效率低,有效发光面很难做大。另外,发出短波光(如蓝紫色)的材料极少,制成的短波发光二极管的价格昂贵。

常用的发光二极管有:

(1) 磷化镓(GaP)发光二极管。在磷化镓中掺入锌和氧时,所形成的复合物可发红光,发光中心波长为 $0.69\mu m$,其带宽为 $0.1\mu m$。当掺入锌和氮时,器件可发绿光,其发光的中心波长为 $0.565\mu m$,而带宽约为 $0.035\mu m$。

(2) 砷化镓(GaAs)发光二极管。砷化镓发光二极管的发光效率较高。反向耐压约为 $-5V$,正向突变电压约为 $1.2V$。该二极管发出近红外光,中心波长为 $0.94\mu m$,带宽为 $0.04\mu m$。当温度上升时,辐射波长向长波方向移动。这种发光二极管的最大优点是脉冲响应快,时间常数约为几十纳秒。

(3) 磷砷化镓($GaAs_{1-x}P_x$)发光二极管。当磷砷化镓的材料含量比不同时,其发光光谱可由 $0.565\mu m$ 变化到 $0.91\mu m$。所以,可以制成不同发光颜色的发光二极管。

1.2.5　激光光源

激光器作为一种新型光源,与普通光源有显著的差别。它利用受激发射原理和激光腔的滤波效应,使所发光束具有一系列新的特点。这些特点主要是:

(1) 极小的光束发散角,即所谓方向性好或准直性好,其发散角可小到 0.1mrad 左右。

(2) 激光的单色性好,或者说相干性好。普通的灯源或太阳光都是非相干光,就是曾作为长度标准的氪 86 的谱线的相干长度也只有几十厘米。而氦-氖(He-Ne)激光器发出的谱线,其相干长度可达数十米甚至数百米之多。

(3) 激光的输出功率虽然有个限度,但光束细,所以功率密度很高,一般的激光亮度远比太阳表面的亮度大。

激光的出现成为光学测量划时代的标志。这里简单介绍在光学测量中常用的气体激光器、固体激光器和半导体激光器等。

1. 气体激光器

气体激光器采用的工作物质为气体。目前可采用的物质最多,激励方式多样,发射的波长也最多。

He-Ne 激光器是世界上首先获得成功的气体激光器件,广泛应用于精密计量、检测、准直、信息处理以及医疗、光学实验等各个方面。与其他激光器相比,He-Ne 激光器具有高频率稳定性($10^{-7} \sim 10^{-11}$)、谱线窄(几兆赫)、光束均匀(典型的高斯分布)等优点,在可见光和红外波段可形成多条激光谱线振荡,其中最强的是 $0.5433\mu m$,$0.6328\mu m$,$1.15\mu m$ 和 $3.39\mu m$ 四条谱线。

如图 1-6 所示为 He-Ne 激光器的基本结构,由 He-Ne 气体放电管、电极和光学谐振腔组成。放电管由毛细管和储气室构成,M_1、M_2 是两个反射镜,构成一个光学谐振腔。M_1 是凹球面反射镜,激光器越长,曲率半径越大。M_2 是平面反射镜。M_1 和 M_2 中一个为全反射镜,一个为输出镜,透过率依管长而定。S 是硬质玻璃壳,由人工吹制而成。S 内充 He 和 Ne 气。壳内又分三个区。A 区为毛细管,当高压直流电源 DC 在激光正负电极间加上高压后,毛细管中的气体放电,运动电子的撞击使基态 Ne 原子受激吸收跃迁到激光上能级,激光上能级的粒子数大于下能级的粒子数(粒子数反转)。B 区为储气泡,存有大量 He 与 Ne 的混合气体。当激光壳外大气掺进壳内时,能起到稀释掺气,维持 He、Ne 混合气体的总气压、分气压,从而起到延长激光器寿命的作用。D 区为阴极区,区内装有阴极 C。阳极是钨杆。这种放电管和两个反射镜封接成一个整体的结构叫内腔式结构。

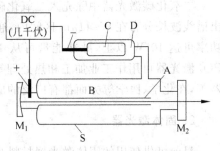

图 1-6　He-Ne 激光器基本结构示意图

除了内腔式结构,还有半外腔式和外腔式两种结构,如图 1-7 所示。其中 T 是 He-Ne 气体放电管,其内部结构与内腔式激光器的放电管一样(图中未画出)。图 1-7(a)中为半外腔式 He-Ne 激光器,其放电管 T 的右端和输出腔镜 M_2 封接,左端和一增透窗片 W 封接;而图 1-7(b)中,放电管 T 的两端都封接了增透窗片,分别为 W_1 和 W_2。这两种结构中,增透窗片的两通光面镀增透膜。图 1-7(c)和(d)分别为半外腔式和全外腔式结构,与图 1-7(a)和(b)不同的是 W 为布儒斯特窗片,偏振方向平行于入射面的光无损耗地通过布儒斯特窗,因此输出光为平行于入射面的线偏振光。采用半外腔式结构的主要目的是为了方便在光腔内插入元件,如甲烷气体、石英晶体片、电光晶体等。全外腔式结构主要应用在激光放电管比较长、激光器输出功率比较大的情况下。因为当把激光放电管做长以增加激光器增益时,将导致 M_1 和 M_2 的不平行,严重影响激光器的出光功率,而采用外腔式结构能方便地调谐 M_1、M_2 使之保持严格平行,以获得大功率输出。

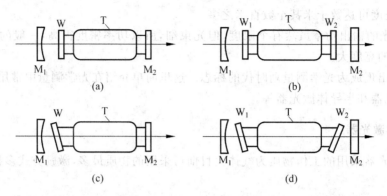

图 1-7 He-Ne 激光器的半外腔式和全外腔式结构示意图

氩离子激光器是用氩气为工作物质,在大电流的电弧光放电或脉冲放电的条件下工作。输出光谱属线状离子光谱。它的输出波长有多个,其中功率主要集中在 $0.5145\mu m$ 和 $0.4880\mu m$ 两条谱线上。

二氧化碳激光器中除充入二氧化碳外,还充入氦和氮,以提高激光器的输出功率,其输出谱线波长分布在 $9\sim 11\mu m$ 区间内,通常调整在 $10.6\mu m$。这种激光器的运转效率高,连续功率可达 10^4 W 以上,脉冲能量可从 10^{-3} J 到 10^4 J,小型 CO_2 激光器可用于测距,大功率 CO_2 激光器可用作工业加工和热处理等。其他气体激光器还有氮分子激光器、准分子激光器等,在化学、医学等方面都有广泛的应用。

2. 固体激光器

目前可供使用的固体激光器材料很多,同种晶体因掺杂不同也能构成不同特性的激光器材料。

红宝石激光器是最早制成的固体激光器,其结构原理如图 1-8 所示。脉冲氙灯为螺旋形管,包围着红宝石作为光泵。红宝石磨成直径为 8mm,长度约 80mm 的圆棒,将两端面抛光,形成一对平行度误差在 $1'$ 以内的平行平面镜,一端镀全反射膜,另一端镀透射比为 10% 的反射膜,激光由该端面输出。两端面间构成的谐振腔亦即长间距的 F-P 标准具,间距满足干涉加强原理,即

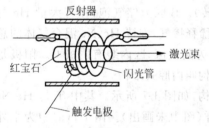

图 1-8 红宝石激光器结构原理

$$2nL = k\lambda \tag{1-6}$$

式中,n 为红宝石的折射率;L 为两端镜面间距离;λ 为激光波长;k 为干涉级。

光在两端面间多次反射,使轴向光束有更多的机会感应处于粒子数反转的激发态粒子,产生并不断增加受激光束的强度,同时使谱线带宽变窄。红宝石激光器输出激光的波长为 $0.6943\mu m$,脉冲宽度在 1ms 以内,能量约为焦耳数量级。

玻璃激光器常用钕(Nd)玻璃作工作物质,它在闪光氙灯照射下,$1.06\mu m$ 波长附近发射出很强的激光。钕玻璃的光学均匀性好,易做成大尺寸的工作物质,可做成大功率或大能量的固体激光器。

YAG激光器是以钇铝石榴石为基质的激光器。随着掺杂的不同,可发出不同波长的激光。最常用的是掺钕YAG,它可以在脉冲或连续泵浦条件下产生激光,波长约为 $1.064\mu m$。

3. 半导体激光器

半导体激光器是以半导体材料作为工作物质的激光器。最常用的材料为砷化镓,其他还有硫化镉(CdS)、铅锡碲(PbSnTe)等。其结构原理与发光二极管十分类似。如注入式砷化镓激光器,最常用波长为 $0.84\mu m$,如图1-9所示。将pn结切成长方块,其侧面磨成非反射面,二极管的端面是平行平面并构成端部反射镜。大电流由引线输入。当电流超过阈值时便产生激光辐射。

半导体激光器体积小,重量轻,寿命长,具有高的转换效率。随着半导体技术的快速发展,新型的半导体激光器也在不断出现。目前可制成单模或多模、单管或列阵,波长从 $0.4\mu m$ 到 $1.61\mu m$,功率由mW数量级到W数量级的多种类型半导体激光器。它们可应用于光通讯技术、光存储技术、光集成技术、光计算机和激光器泵浦等领域中,在光学测量中也发挥越来越重要的作用。

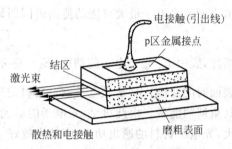

图1-9 半导体激光器结构原理

1.3 光学测量中的常用光电探测器

1.3.1 常用光电探测器的分类

在光学测量中,要涉及到如何将光信号转变为可测信号的问题。凡是能把光辐射量转换成另一种便于测量的物理量的器件,就叫做光探测器。由于电量是目前最方便的可测量,所以大多数光探测器都是把光辐射量转换成电量。从这个意义讲,凡是把光辐射量转换为电量的光探测器,都称为光电探测器。

光电探测器的物理效应通常分为两大类:光子效应和光热效应。

1. 光子效应

所谓光子效应,是指单个光子对产生的光电子起直接作用的一类光电效应。探测器吸收光子后,直接引起原子或分子内部电子状态的改变。光子能量的大小,直接影响内部电子状态改变的大小。因为光子能量为 $h\nu$,所以光子效应对光波频率 ν 表现出选择性。在光子直接与电子相互作用的情况下,其响应速度一般比较快。光子效应分为外光电效应(即光电发射效应)和内光电效应(当光照射材料时,无光电子逸出体外的光子效应),而内光电效应又分为光电导效应和光伏效应。

(1) 光电发射效应

在光照下,物体向表面的外空间发射电子(即光电子)的现象,称为光电发射效应。能产生光电发射效应的物体,称为光电发射体。

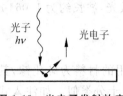

图 1-10 光电子发射效应

根据光的量子理论,频率为 ν 的光照到固体表面时,进入固体的光能量总是以单个光子的能量 $h\nu$ 起作用。固体中的电子吸收能量后将增加动能,其中向表面运动的电子,如果吸收的光能满足途中由于与晶格或其他电子碰撞而损失的能量外,尚有一定能量足以克服固体表面势垒(或称逸出功) W,那么这些电子就能穿出材料表面。这些逸出表面的电子称为光电子,这种现象叫光电子发射效应。图 1-10 为光电子发射效应示意图。

吸收光能的电子在向材料表面运动途中的能量损失显然与其到表面距离有关,若吸收光能的电子离表面越近,则耗损能量越少,越易逸出,当然它还与吸收的光子能量有关。逸出表面的光电子最大可能动能由爱因斯坦方程

$$E_k = h\nu - W \tag{1-7}$$

描述,式中 E_k 是光电子的动能,$E_k = \frac{1}{2}mV^2$,其中 m 是光电子的质量,V 是光电子离开材料表面时的速度;W 是光电子发射材料的逸出功,表示产生一个光电子必须克服材料表面对其束缚的能量。由此可见,光电子的动能与照射光的强度无关,仅随入射光的频率增高而增大,光电子材料的逸出功 W 应越小越好。光电材料应是非常薄的表面层,以使电子穿越到表面的损耗尽可能小,以致忽略不计。在临界情况下,当光电子逸出材料表面后,能量全部耗尽而速度减为零,即 $E_k = 0, V = 0$,则 $\nu_0 = \frac{W}{h}$。也就是说,当入射光频率为 ν_0 时,光电子刚刚能逸出表面;当光频率 $\nu < \nu_0$ 时,则无论光通量多大,也不会产生光电子。ν_0 称为光电子发射效应的低频极限值。这也说明了红外探测比可见光探测要求材料的逸出功更低。这是外光电效应探测器选择材料光谱响应的物理基础。

(2) 光电导效应

若光照射到某些半导体材料上时,透过表面到达材料内部的光子能量足够大,某些电子吸收光子能量后,从原来束缚态变成导电的自由态,这时在外电场的作用下,流过半导体的电流增大,即半导体的电导增大,这种现象叫光电导效应。

光电导效应可分为本征型和杂质型两类,如图 1-11 所示。前者是指能量足够大的光子使电子离开价带跃入到导带,价带中由于电子离开而产生空穴,在外电场作用下,电子和空穴参与导电,使电导增加,此时长波极限值由禁带宽度 E_g 决定,即 $\lambda_0 = hc/E_g$。

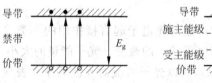

图 1-11 光电导效应示意图

当半导体材料中掺入某些杂质后,如金、银、镉等,在能带图中增加了受主和施主两个能级。能量足够大的光子使施主能级中的电子或受主能级中的空穴跃迁到导带或价带,从而使电导增加,此时波长极限值由杂质的电离能 E_{gA} 或 E_{gD} 决定,即 $\lambda_0 = hc/E_{gA}$,因为 $E_{gA} < E_g$,所以杂质型光电导的波长极限值比本征型光电导的要长得多。

（3）光生伏特效应

如果说光电导现象是半导体材料的体效应，那么光伏现象则是半导体材料的"结"效应。在 p 型半导体和 n 型半导体相接触时产生 pn 结；在结区有一个从 n 侧指向 p 侧的内建电场存在，如图 1-12(a)所示。在热平衡下，多数载流子（n 侧的电子和 p 侧的空穴）的扩散作用与少数载流子（n 侧的空穴和 p 侧的电子）由于内建电场的漂移作用相抵消，没有净电流通过 pn 结。pn 结两端没有电压，称为零偏状态。在零偏状态下，如用光照射 p 区（或 n 区），只要照射光的波长满足 $\lambda < \lambda_0$ 就会激发出光生电子-空穴对。如图 1-12(b)所示，当光照射 p 区时，由于 p 区的多数载流子是空穴，光照前热平衡空穴浓度本来就比较大，因此光生空穴对 p 区空穴浓度影响很小。相反，光生电子对 p 区的电子浓度影响很大，从 p 区表面（吸收光能多，光生电子多）向区内自然形成扩散趋势。如果 p 区厚度小于电子扩散长度，那么大部分光生电子都能扩散进入 pn 结，一进入 pn 结，就被内建电场拉向 n 区。这样，光生电子-空穴对就被内建电场分离开来，空穴留在 p 区，电子通过漂移流向 n 区。这时用电压表就能量出 p 区正、n 区负的开路电压 u_0，这种光照零偏 pn 结产生开路电压的效应，称为光伏效应。

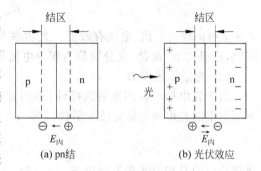

图 1-12　光生伏特效应原理

2. 光热效应

光热效应和光子效应完全不同。探测元件吸收光辐射能量后，并不直接引起内部电子状态的改变，而是把吸收的光能变为晶格的热运动能量，引起探测元件的电学性质或其他物理性质发生变化。所以，光热效应与单光子能量 $h\nu$ 的大小没有直接关系。原则上，光热效应对光波频率没有选择性，只是在红外波段上，材料吸收率高，光热效应也就更强烈，所以广泛用于对红外光辐射的探测。因为温度升高是热积累作用，所以光热效应的响应速度一般比较慢，而且容易受环境温度变化的影响。但有一种所谓的热释电效应，相比其他光热效应，如熟知的温差电效应，它的响应速度要快得多，因而获得了广泛应用。

1.3.2　光电探测器的主要特性参数

光电探测器种类繁多，如何判断光电探测器的优劣，以及如何根据特定的要求合理地选择探测器，必须找出能反映光电探测器特性的参量。光电探测器的基本参量如下。

1. 灵敏度和频率响应

灵敏度常称为响应度，它是光电探测器的光电转换特性、光电转换的光谱特性以及频率特性的量度。一般来说，光电探测器得到的光电流是探测器外偏置电压 V、入射光功率 P、光波波长 λ 和光强度调制频率 f 的函数，即

$$i = F(V, P, \lambda, f) \tag{1-8}$$

所以分别有积分(电流、电压)灵敏度、光谱灵敏度和频率灵敏度。

(1) 积分灵敏度 R

由式(1-8),如果 V,λ 和 f 为参量,则有 $i=F(P)$ 或通过负载电阻的输出电压 $u=g(P)$ 的关系,称为光电探测器的光电特性,相应曲线称为光电特性曲线。相应曲线的斜率定义为电流灵敏度 R_i 和电压灵敏度 R_u,即有

$$R_i = \frac{\mathrm{d}i}{\mathrm{d}P} \tag{1-9a}$$

$$R_u = \frac{\mathrm{d}u}{\mathrm{d}P} \tag{1-9b}$$

式中 i 和 u 均为电流、电压有效值。光功率 P 一般是指分布在某一定光谱范围内的总功率,因此,这里的 R_i 及 R_u 又分别称为积分电流灵敏度和积分电压灵敏度。

(2) 光谱灵敏度 R_λ

由于光电探测器的光谱选择性,不同波长的光功率谱密度 P_λ 在其他条件不变的情况下所产生的光电流 i 是波长的函数,记为 i_λ,于是定义光谱灵敏度 R_λ 为

$$R_\lambda = \frac{\mathrm{d}i_\lambda}{\mathrm{d}P_\lambda} \tag{1-10}$$

通常给出的是相对光谱灵敏度 S_λ,定义为

$$S_\lambda = \frac{R_\lambda}{R_{\lambda\max}} \tag{1-11}$$

式中 $R_{\lambda\max}$ 是指 R_λ 的最大值,相应的波长称为峰值波长。由 $S_\lambda = S(\lambda)$ 所绘制的曲线称为探测器的光谱灵敏度曲线。如果入射光功率有一波长范围,引入相对光功率谱密度函数 f_λ,定义为

$$f_\lambda = \frac{P_\lambda}{P_{\lambda\max}} \tag{1-12}$$

由式(1-3)知光电探测器和入射光功率的光谱匹配十分重要。

(3) 频率灵敏度 R_f

如果入射光强度被调制,以 V,P,λ 为参量,$i=F(f)$ 的关系称为光电频率特性,相应的曲线称为频率特性曲线。这时的灵敏度称为频率灵敏度 R_f,定义为

$$R_f = \frac{i_f}{P} = \frac{R}{\sqrt{1+(2\pi f\tau)^2}} \tag{1-13}$$

式中 τ 称为探测器响应时间或时间常数,由材料、结构和外电路决定。一般规定,R_f 下降到 $R/\sqrt{2}$ 时的频率 f_c 为探测器的截止响应频率或响应频率,有

$$f_c = \frac{1}{2\pi\tau} \tag{1-14}$$

如果入射光是脉冲形式的,则常用响应时间来表述,探测器对突然光照的输出电流要经过一定时间才能上升到与这一辐射功率相应的稳定值 i。当辐射突然除去后,输出电流也需经过一定时间才能下降到零。一般而言,上升和下降时间相等。时间常数值近似地由式(1-14)决定。

2. 量子效率

灵敏度 R 是从宏观角度描述了光电探测器的光电、光谱以及频率特性,而量子效率 η 则是对同一个问题的微观-宏观描述。量子效率 η 和电流灵敏度 R_i 的关系为

$$\eta = \frac{h\nu}{e}R_i \qquad (1\text{-}15)$$

式中 e 为电荷电量。

类似还可以得到量子效率与电压灵敏度等参数之间的关系。

3. 通量阈 P_{th} 和噪声等效功率 NEP

实际情况表明,当 $P=0$ 时,光电探测器的输出电流并不为零,这个电流称为暗电流或噪声电流,它是瞬时噪声电流的有效值。噪声的存在,限制了探测微弱光信号的能力。通常认为,如果信号光功率产生的信号光电流等于噪声电流 I_n,那么就认为刚刚能探测到光信号的存在。依照这一判据,利用式(1-9a),定义探测器的通量阈 P_{th} 为

$$P_{th} = \frac{I_n}{R_i} \quad (\text{W}) \qquad (1\text{-}16)$$

所以通量阈是探测器所能探测的最小光信号功率。

除用通量阈的概念外,还有一种更通用的表述方法,这就是噪声等效功率 NEP。它定义为单位信噪比时的信号光功率,即电流信噪比 $i_s/I_n=1$ 或电压信噪比 $\mu_s/V_n=1$ 时的信号光功率,按式(1-16)有

$$\text{NEP} = P_{th} = P_s \mid_{(\text{SNR})_i=1} = P_s \mid_{(\text{SNR})_u=1} \qquad (1\text{-}17)$$

显然,NEP 越小,表明探测器探测微弱信号的能力越强。

4. 归一化探测度 D^*

将 NEP 的倒数定义为探测度 D,即

$$D = 1/\text{NEP} \qquad (1\text{-}18)$$

但实际使用中发现,D 值大的探测器,其探测能力一定好的结论并不充分,原因在于探测器光敏面积 A 和测量带宽 Δf 对 D 值影响很大。因为探测器噪声功率与 A 和 Δf 成正比,所以 D 与 $(A\Delta f)^{1/2}$ 成反比,为消除这一影响,定义

$$D^* = D(A\Delta f)^{1/2} \quad (\text{cm} \cdot \text{Hz}^{1/2}/\text{W}) \qquad (1\text{-}19)$$

称为归一化探测度。这时就可以说,D^* 大的探测器其探测能力一定好。考虑到光谱特性影响,一般给出 D^* 值时要注明响应波长 λ、光辐射调制频率 f 及测量带宽 Δf,即 $D^*(\lambda, f, \Delta f)$。

5. 线性度

线性度是指探测器的输出光电流(或光电压)与输入光功率成正比例的程度和范围。

6. 其他参数

在使用探测器时,还需注意其他一些参数,例如光敏面积、探测器电阻、电容等,特别是极限工作条件。正常使用时不允许超过规定的工作电压、电流、温度以及光照功率范围,否则会影响探测器的正常工作,甚至使探测器损坏。

1.3.3 常用光电探测器的介绍

1. 光电倍增管

光电倍增管是一种非常灵敏的微弱信号探测器,它是依据光电发射效应而工作的,其结

构如图 1-13 所示。与光电管相比,除阴极 K、阳极 A 以及管壳外,多了若干个中间电极,这些中间电极称为倍增极或打拿极,每相邻两个电极称为一级,$V_i(i=1\sim n)$ 为分级电压,一般为百伏量级。这样,从阴极 K 经过打拿极 $D_i(i=1\sim n)$ 到阳极 A,各级间形成逐级递增的加速电场。阴极在光照下发射光电子,光电子被极间电场加速聚焦,从而以足够高的速度轰击倍增极,倍增极在高速电子轰击下产生更多的电子,即产生所谓二次电子发射,使电子数目增大若干倍。如此逐级倍增使电子数目大量增加,最后被阳极收集形成阳极电流。当光信号变化时,阴极发射的光电子数目发生相应变化。由于各倍增极的倍增因子基本上是常数,所以阳极电流亦随光信号而变化,此即光电倍增管的工作原理。

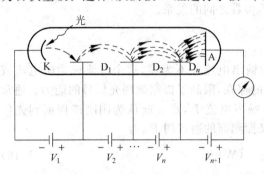

图 1-13　光电倍增管结构原理图

光电倍增管的性能主要由阴极和倍增极以及极间电压决定,负电子亲合势材料是目前最好的光阴极材料。倍增极二次电子发射特性用二次发射系数 σ 来描述,即

$$\sigma_n = \frac{N_{n+1}}{N_n} \tag{1-20}$$

式中,n 为倍增极级数;N 为发射的电子数;σ_n 表示第 n 级倍增极每一个入射电子所能产生的二次电子的倍数,即该级的电流增益。如果倍增极的总级数为 n,且各级性能相同,考虑到电子的传输损失,则光电倍增管的电流增益 M 为

$$M = \frac{i_A}{i_K} = f(g\sigma)^n \tag{1-21}$$

式中,i_A 为阳极电流;i_K 为阴极电流;f 为第一倍增极对阴极发射电子的收集效率;g 为各倍增极之间的电子传递效率。良好的电子光学设计可使 f,g 值在 0.9 以上。

2. 光电导器件

利用光电导效应原理而工作的探测器称为光电导探测器。光电导效应是半导体材料的一种体效应,无须形成 pn 结,故又常称为无结光电探测器。这种器件在光照下会改变自身的电阻率,光照愈强,器件电阻愈小,故又称为光敏电阻。本征型光敏电阻一般在室温下工作,适用于可见光和近红外辐射探测;非本征型光敏电阻通常必须在低温条件下工作,常用于中、远红外辐射探测。

(1) 光电转换规律

分析模型如图 1-14 所示,图中 V 表示外加偏置电压,L、w 和 h 分别表示 n 型半导体的三维尺寸,光功率 P 在 x 方向均匀入射。假定光电导材料的吸收系数为 α,表面反射率为 R,则光功率在材料内部沿 x 方向的变化规律为

$$i = \frac{e\eta'}{h\nu} MP \tag{1-22}$$

式中,v 为电子在外电场方向的漂移速度;$M = \dfrac{\mu_n V \tau}{L^2}$ 为电荷放大系数(也称为光电导体的光电流内增益);$\eta' = \alpha\eta(1-R)\displaystyle\int_0^h e^{-\alpha x}dx$ 为有效量子效率,μ_n 为电子迁移率,τ 为电子的平均

寿命，e 为电子电荷，η 为量子效率。

光电导探测器的实际结构如图 1-15 所示。掺杂半导体薄膜淀积在绝缘基底上，然后在薄膜面上蒸镀金或铟等金属，形成梳状电极结构。这种结构使得间距很近（即 L 小，M 大）的电极之间，具有较大的光敏面积，从而获得高的灵敏度。

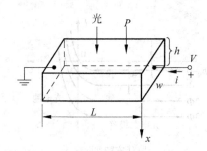

图 1-14 光敏电阻的分析模型

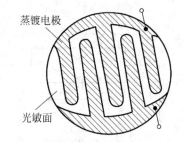

图 1-15 光敏电阻结构示意图

（2）常用光电导探测器件

① CdS 和 CdSe（CdS：$0.3\sim0.8\mu m$，CdSe：$0.3\sim0.9\mu m$）。主要特点是高可靠性和长寿命，这两种器件的光电导增益比较高（$10^3\sim10^4$），但响应时间比较长（约 50ms）。

② PbS。是一种性能优良的近红外辐射探测器，可在室温下工作，响应时间约为 $20\sim100\mu s$。

③ PbTe。在常温下对 $4\mu m$ 以内的红外光灵敏，冷却到 90K，可在 $5\mu m$ 范围内使用，响应时间约为 $10^{-4}\sim10^{-5}s$。

④ InSb。是一种良好的近红外（峰值波长约为 $6\mu m$）辐射探测器，能室温工作，但噪声较大。在 77K 工作时，噪声性能大大改善，响应时间比较短（约 $0.4\mu s$），因而适用于快速红外信号探测。

⑤ TeCdHg。是一种化合物本征型光电导探测器，由 HgTe 和 CdTe 两种材料混合在一起的固溶体。响应波长范围 $8\sim14\mu m$，工作温度 77K，广泛用于 $10.6\mu m$ 的 CO_2 激光探测。

3. 光伏探测器

pn 结受光照射时，即使没有外加偏压，pn 结自身也会产生一个开路电压，即光生伏特效应。这时如果将 pn 结两端短接，便有短路电流通过回路。利用光生伏特效应制成的结型器件有光电池和光伏探测器，而光伏探测器（光电二极管）又有两种工作模式，光导（PC）式和光伏（PV）式，由外偏压电路决定。在零偏压时为光伏工作模式，当外电路采用反偏压时，即外加 p 端为负，n 端为正时，为光导工作模式。光导模式工作时，可以大大提高探测器的频率特性，但反向电压产生的暗电流会带来较大的噪声。光伏模式工作时，噪声小，但频率特性较差。

（1）光伏效应器件的伏安特性

光伏效应器件工作的等效电路如图 1-16（a）所示。它与晶体二极管的作用类似，只是在光照下产生恒定的电动势，并在外电路中产生电流。因此其等效电路可由一电流源 I_ϕ 与二极管并联构成。U 是外电路对器件形成的电压，I 为外电路中形成的电流，以箭头方向为正。其伏安特性如图 1-16（b）所示。取 U、I 的正方向与坐标一致。当光伏效应器件无光照时,光生电流源的电流值 I_{Φ_0},于是等效电路只是一个二极管的作用,伏安特性与一般二极管的相同,见图中 $\Phi_0=0$ 的曲线。该曲线通过坐标原点,当 U 为正并增加时,电流 I_d 迅速上升。当 U 为负并随其绝对值增加时(为光导模式),反向电流很快达到饱和值 $I_d=I_s$,不再随电压变化而变化,直到击穿时电流再发生突变为止。

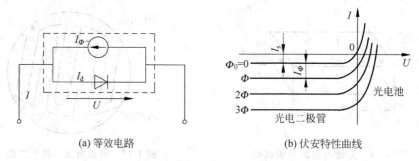

(a) 等效电路　　　　　　　　(b) 伏安特性曲线

图 1-16　光伏效应器件的等效电路和伏安特性

当有光照时,若射入光敏器件的通量为 Φ,对应电流源产生光电流 I_Φ,使外电路电流变为 $I=I_d-I_\Phi$,对应的伏安特性曲线下移一个间距 I_Φ。

当射入光敏器件的通量增加时,如 2Φ、3Φ 等,则对应伏安特性曲线等距或按对应间距下降,从而形成入射光通量变化的曲线族。

上述关系可用晶体二极管的特性方程加以改造来描述,即

$$I = I_d - I_\Phi = I_s(e^{qU/kT}-1) - I_\Phi \tag{1-23}$$

式中,I 为光电器件外电路中的电流;I_s 为器件不受光照时的反向饱和电流;I_Φ 为器件光照下产生的光电流;q 为电子电荷;U 为外电路电压;k 为玻耳兹曼常数;T 为器件工作环境的绝对温度。式中右端第一项是二极管的特性方程。

分析图 1-16(b) 第 IV 象限中曲线的情况可知,外加电压为正,而外电路中的电流却与外加电压方向相反为负。即外电路中电流与等效电路中规定的电流相反,而与光电流方向一致。这一现象意味着该器件在光照下能发出功率,以对抗外加电压而产生电流,该状态下的器件被称为光电池(光伏模式)。曲线族与电流轴之间的交点,即 $U=0$,表示器件外电路短路的情况,短路电流的大小可由式(1-23)获得,$I=-I_\Phi$,即短路电流与光电流大小相等方向相反。

(2) 常用光伏探测器

① PIN 硅光电二极管

从光电二极管的讨论中知道,载流子的扩散时间和电路时间常数大约同数量级,是决定光电二极管响应速度的主要因素。为改善其频率特性,就得设法减小载流子扩散时间和结电容,为此提出了一种在 p 区和 n 区之间相隔一本征层(I 层)的 PIN 光电二极管。性能良好的 PIN 硅光电二极管,其扩散时间一般在 10^{-10}s 量级,相当千兆赫频率响应。而且 PIN 结构的结电容 C_j 一般可控制在 10pf 量级。适当加大反偏压,C_j 还可减小一些。因此 PIN 光电二极管的响应速度比普通 pn 结光电二极管要快得多。

② 异质结光电二极管

异质结是由两种不同的半导体材料形成的 pn 结。pn 结两边是由不同的基质材料形成

的,两边的禁带宽度不同。通常以禁带宽度大的一边作为光照面,能量大于宽禁带的光子被宽禁带材料吸收,产生电子-空穴对。如果光照面材料的厚度大于载流子的扩散长度,则光生载流子达不到结区,因而对光电信号无贡献。而能量小于宽禁带的长波光子却能顺利到达结区,被窄禁带材料吸收,产生光电信号。所以异质结的宽禁带材料具有滤波作用。一般异质结探测器的量子效率高,背景噪声较低,信号比较均匀,高频响应好。

③ 雪崩光电二极管(APD)

以上讨论的光电二极管都是没有内部增益的,即增益≤1。这里讨论的雪崩二极管是有内部增益的,增益可达 $10^2 \sim 10^4$。它是利用雪崩管在高的反向偏压下发生雪崩倍增效应而制成的光电探测器。一般光电二极管的反偏压在几十伏以下,而 APD 的反偏压一般在几百伏量级。当 APD 在高反偏压下工作,势垒区中的电场很强,电子和空穴在势垒区中作漂移运动时得到很大的动能。它们与势垒区中的晶格原子碰撞,可将价键电子激发到导带,形成电子-空穴对。激发产生的二次电子与空穴在电场下得到加速也可以碰撞产生新的电子-空穴对,如此继续下去。此过程犹如雪崩过程,故名为 APD。

④ 位置敏感探测器(PSD)

PSD 是一种具有特殊结构的大光敏面的光电二极管,又称为 pn 结光电传感器,主要有两种结构形式:横向结构式和象限式。PSD 可将目标发射在光敏面上的位置转换为电信号。

横向结构式的 PSD

图 1-17(a)是一维 PSD 原理图。在高阻半导体硅的两面形成均匀的电阻层,即 p 型和 n 型半导体层,并在电阻层的两端制作电极引出电信号,图中 C 点决定了均匀扩散层(P-Si)中 AC 段和 BC 段电阻的比例。当有光照时,在无外加偏压时,面电极 A,B 与衬底公共电极相当于短路,可检测出短路电流。设 AC 段电阻值为 R_1,BC 段电阻值为 R_2,R 为 R_1 和 R_2 的并联值。光电流 I_0 分经 R_1 和 R_2 并由 A 和 B 流出,其值分别为

$$I_1 = \frac{I_0 R}{R_1} \tag{1-24a}$$

$$I_2 = \frac{I_0 R}{R_2} \tag{1-24b}$$

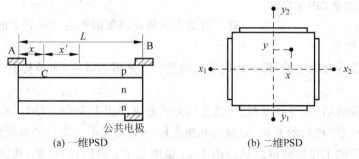

(a) 一维PSD (b) 二维PSD

图 1-17 横向结构的 PSD

假如 PSD 光敏面的表面电阻层具有理想的均匀特性,则表面电阻层的阻值和长度成正比,有

$$\left. \begin{array}{l} \dfrac{I_1}{I_0} = \dfrac{R}{R_1} = \dfrac{L-x}{L} \\ \dfrac{I_2}{I_0} = \dfrac{R}{R_2} = \dfrac{x}{L} \end{array} \right\} \tag{1-25}$$

由式(1-25)可得

$$x = \frac{L}{2}\left(1 - \frac{I_1 - I_2}{I_1 + I_2}\right) \qquad (1\text{-}26)$$

一般以 AB 的中点为坐标原点,则

$$x' = \frac{L}{2}\frac{I_1 - I_2}{I_1 + I_2} \qquad (1\text{-}27)$$

式中 $I_1 - I_2$ 与 $I_1 + I_2$ 的比值线性地表达了与光点位置的关系。它与光强无关,只取决于器件的结构及入射光点的位置,从而抑制了光点强度变化对检测结果的影响。

对二维 PSD 来说,如图 1-17(b)所示,有四个电极,一对为 x 方向,另一对为 y 方向。光敏面的几何中心设在坐标原点。当光点入射到 PSD 任一位置时,在 x 和 y 方向各有一个唯一的信号与其对应。同一维 PSD 的分析过程一样,光点坐标为

$$x = k\frac{I_1 - I_2}{I_1 + I_2} \qquad (1\text{-}28a)$$

$$y = k'\frac{I_3 - I_4}{I_3 + I_4} \qquad (1\text{-}28b)$$

其中 k 和 k' 为常数。

四象限光电二极管

把四个性能完全相同的光电二极管按照四个象限排列,称为四象限光电二极管,它的基本形态如图 1-18 所示。象限之间的间隔称为死区,工艺上要求做得很窄。光照面上二极管元各有一引出线,而基区引线则为四个所共有。光照时,每一个象限都输出一个相应于光照面积的电流 I_1、I_2、I_3 和 I_4。把这四个电流按如下的规则组合起来

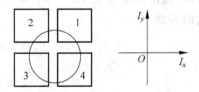

图 1-18 四象限 PSD 示意图

$$\left.\begin{array}{l} I_x = \dfrac{(I_1 + I_4) - (I_2 + I_3)}{I_1 + I_2 + I_3 + I_4} \\[2mm] I_y = \dfrac{(I_1 + I_2) - (I_3 + I_4)}{I_1 + I_2 + I_3 + I_4} \end{array}\right\} \qquad (1\text{-}29)$$

就可以给出光斑在四象限光电二极管上的位置信息。

⑤ 光电三极管

光电三极管具有内增益,但获得内增益的途径不是雪崩效应,而是利用一般晶体管的电流放大原理。

光电三极管的结构、等效电路、回路连接方式分别如图 1-19(a)、(b)、(c)所示。图中 b、e、c 分别表示光电三极管的基极、发射极和集电极,β 表示光电三极管的电流放大倍数。

光电三极管的工作原理可以结合图 1-19 说明如下:由图(c)可见,基区和集电区处于反向偏压状态,内电场从集电区指向基区。光照基区,产生光生电子-空穴对。光生电子在内电场作用下漂移到集电区,空穴留在基区,使基区电位升高,这相当于 eb 结上加了个正偏压。根据一般晶体管原理,基极电位升高,发射极便有大量电子经基极流向集电极,最后形成光电流。光照越强,由此而形成的光电流越大。上述作用可用等效电路(b)表示,光电三极管等效于一个光电二极管与一般晶体管基极、集电极并联。

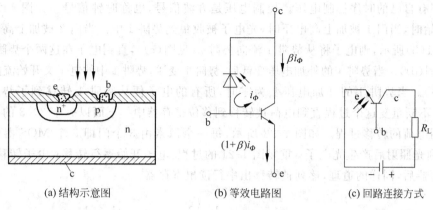

(a) 结构示意图　　　　(b) 等效电路图　　　　(c) 回路连接方式

图 1-19　光电三极管工作原理图

4. CCD 像传感器

CCD(charge-coupled device)即电荷耦合器件的简称。自美国贝尔实验室 Boyle 和 Smith 于 1970 年发明 CCD 以来,随着半导体微电子技术的迅猛发展,其技术研究取得了惊人的进展。由于 CCD 具有光电转换、信息存储等功能,并具有体积小、重量轻、较高的空间分辨率等优点,在图像传感、信号处理、数字存储三大领域内得到了广泛应用。

CCD 是基于 MOS(金属—氧化物—半导体)电容器在非稳态下工作的一种器件,具有三个基本功能:

(1) 电荷的收集;

(2) 电荷的转移;

(3) 将电荷转换成可测量的电压值。

图 1-20 是 CCD 的最基本单元 MOS 电容。给金属电极加上正电压,由于同性相斥,p 型硅中的空穴将朝衬底方向移动,形成了一个没有空穴的所谓耗尽层。如果有一个电子的能量大于耗尽层的能级,则它将在耗尽层中产生电子-空穴对,电子聚集在耗尽层中,而空穴则流向衬底。耗尽层能容纳电子的总数称势阱,是一个非常重要的

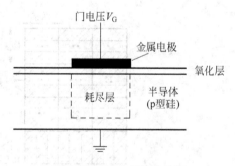

图 1-20　MOS 光敏元结构

参数,它和所加的电压大小、氧化层厚度和栅极的面积等参数成正比。

CCD 工作时,可以用光注入或电注入的方法向势阱注入信号电荷,以获得自由电子或自由空穴。势阱所存储的自由电荷通常也称为电荷包。在提取信号时,需要将电荷包有规律地传递出去,即进行电荷的转移。CCD 的电荷转移是利用耗尽层耦合原理,即根据加在 MOS 电容器上的 V_G(加在栅电极上的门电压)越高,产生的势阱越深的事实,在耗尽层耦合的前提下,通过控制相邻 MOS 电容器栅压的大小来调节势阱的深浅,使信号电荷由势阱浅的位置流向势阱深的位置。

CCD 寄存器由一系列如图 1-20 所示的 MOS 器件组成。按一定的顺序控制每个 MOS 器件上的门电压,电子就会像在传送带上一样从一个 MOS 器件传送到另一个器件中。每

一个门都有自己的时序控制电压。控制电压是方波信号,也称时钟信号。如图1-21(a)所示,刚开始时,当门1被加上高电压时,光电子被收集到势阱1中。当门2被加上高电压时,如图1-21(b)所示,则电子将从势阱1流向势阱2(见图(c)),直到电子在这两个势阱中达到平衡(见图(d))。当势阱1的外加电压变低后,势阱1变浅,势阱1中的电子又开始流向势阱2(见图(e))。当势阱1的外加电压变为零时,所有的电子便从势阱1转移到了势阱2(见图(f))。不断重复这个过程直到电荷被转移到移位寄存器中。下面以一个3×3的CCD为例来说明电荷的转移过程。如图1-22所示,每一个像素由3个门即3个MOS器件组成。CCD受到光照射后产生光电子;重复图1-21的过程,电子开始逐行转移;电子转移到串行读出寄存器后,同样的道理,逐列被转移出串行读出寄存器。

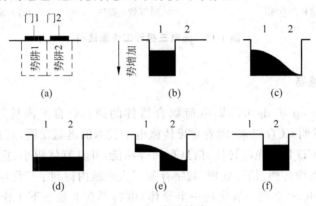

图 1-21 电荷转移

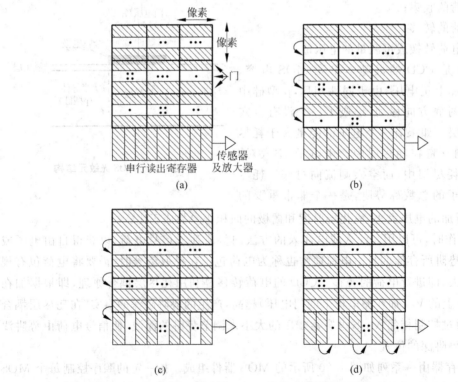

图 1-22 3×3 单元电荷转移

此外，CCD 中电荷的转移必须按照确定的方向。为此，MOS 电容器列阵上所加的电位脉冲必须严格满足相位时序要求，使得任何时刻势阱的变化总是朝着一个方向。

(1) 线阵 CCD 像传感器

用来完成摄像和传输两项功能的器件，由接收并转换光信号为电信号的光敏区和移位寄存器按一定方式联合组成。线阵 CCD 传感器的工作原理如图 1-23 所示。

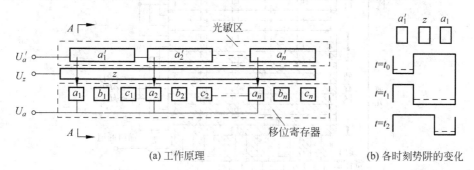

(a) 工作原理   (b) 各时刻势阱的变化

图 1-23　线阵 CCD 像传感器

光敏区在光信号作用下产生光电子，由转移门电极 z 控制转移到 $a_1, a_2, \cdots, a_n$ 相应的势阱中去，这是一个平行转移的过程，在 U_a'、U_z 和 U_a 间施加脉冲电压的时序关系如图 1-24 所示。U_a' 在光电转换积累过程中保持高电位，使其产生的光生载流子在各光敏区单元中累加。当需将光生载流子向移位寄存器转移时，将本来加低电位而关闭的转移门电位 U_z 升高，同时将光敏区 U_a' 施加低电位。这时 U_a 是高电位，于是光敏单元中积累的电荷通过 z 区向 a 区转移，为使这种转移彻底而不致产生回流，先使 U_z 降低关门，这时 U_a'、U_z 均为低电位，电荷进一步流向 a 区。然后 U_a' 返回高电位开始下一个周期的光电转换与电荷积累过程。同时 a 区电位开始下降，三相驱动脉冲电位开始工作，也就是说开始电荷传输的过程。全部电荷包的输出过程也正是光敏区光生载流子积累的时间间隔。当电荷包传输完毕，则开始下一个周期信号电荷的平行转移。以上是一种三相脉冲、单边读出的线阵 CCD 结构。

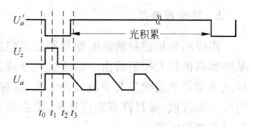

图 1-24　时序脉冲关系

(2) 面阵 CCD 像传感器

面阵 CCD 如图 1-25 所示。它由三个区域，即成像区、暂存区、水平输出移位寄存区和输出电路所组成。成像区相当于 m 个光敏元为 n 的线阵图像传感器并排组成，每一线列 CCD 就形成了一个电荷转移沟道，每列之间由沟相隔开，驱动电极在水平方向横贯光敏面，这就组成了像元素为 $m \times n$ 元的成像光敏面。当加上光敏元的积分脉冲后，便在成像区形成了一幅具有 $m \times n$ 像元的"电荷像"。

(3) CCD 像传感器特性及优点

评价 CCD 性能的指标主要是光谱响应特性、光灵敏度、电荷转移效率、读出信噪比；对于成像 CCD 来说，还应考虑其分辨能力、线性度和动态范围，以及图像的"脏窗"现象等。

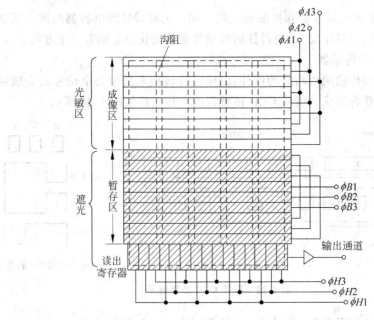

图 1-25 面阵光敏 CCD 结构原理

(4) 红外 CCD

在红外 CCD (IRCCD) 中,红外探测器阵列完成对目标红外辐射的探测,并将光生电荷注入到 CCD 寄存器中去,由 CCD 完成延时、积分、传输等信号处理工作。用于红外波段的 CCD 图像传感器会遇到背景辐射影响等问题。

5. 热电探测器

用以测量辐射量的热电探测器是光辐射探测器的重要组成部分。这些器件都是建立在某些物质接收光辐射后由于温度变化导致其电学特性变化的热电效应基础上。热电器件的特点主要是光谱响应几乎与波长无关,故称其为无选择性探测器;由于热惯性大,所以响应速度一般较慢,要提高其响应速度,则会使探测率下降。常用热电探测器有热敏电阻、热电堆以及热释电等。

热释电探测器是利用热释电效应制成的探测器,与其他类型的热探测器相比,具有许多突出的优点。它的工作频率可达几百千赫以上,远远超过所有其他类型的热探测器,而且在很宽的频率和温度范围内,$D^* > 1 \times 10^9 \, \text{cm} \cdot \text{Hz}^{1/2}/\text{W}$。此外,它还可以比较容易地制成各种尺寸和形状的探测器,而且受温度的影响较小,从近红外($2\mu m$)到远红外($1mm$)具有均匀的吸收率。

1.4 光学测量系统中的噪声和常见处理电路

1.4.1 光学测量系统中的噪声

在测量系统中,任何虚假的和不需要的信号统称为噪声。噪声的存在干扰了有用信息,影响了测量系统的准确性和可靠性。实际上组成光学测量系统中的每个环节,都会产生噪声,有来自光电子器件或系统产生的噪声,如散斑噪声;有电路产生的噪声,如放大器噪声;有光源产生的噪声,如自然光或背景光产生的干扰;有光电接收器产生的噪声。噪声的处理比较复杂,需要根据不同类型噪声的特点进行分别处理,例如采用调制方法可以减少背景光的影响,采用空间滤波可以减少散斑的影响,采用各种电路处理方法可以减少电路或光电接收器件噪声对测量结果的影响。

测量系统的噪声可分为外部干扰噪声和内部噪声。来自系统外部噪声,就其产生原因可分为人为造成的干扰和自然造成的干扰两类。人为造成的干扰噪声通常来自电器电子设备,如电磁干扰等。自然形成的干扰噪声主要来自大气和宇宙间的干扰,如大气折射率变化对激光测量的影响,自然光对光学测量的影响等。

系统内部的噪声就其产生的原因也可分为人为噪声和固有噪声两类。内部人为产生的噪声主要是指50Hz干扰和寄生反馈造成的自激干扰等。这些干扰可以通过合理地设计或调整将其消除或降到允许的范围内。内部固有噪声是由于系统各元器件中带电微粒不规则运动的起伏所造成的,它们主要是热噪声、散弹噪声、产生-复合噪声、$1/f$噪声和温度噪声等。这些噪声对实际元器件是固有的,不可能消除。对于某个工作中的探测器,还存在着光子噪声。固定噪声可以在制造、处理等环节予以抑制。

1.4.2 光学测量系统中的常用电路

下面简要介绍一些光学测量系统中的常用电路,主要说明这些常用电路的作用原理。

1. 前置放大器

在光学测量系统中,前置放大器主要完成将光电探测器接收到的微弱信号转换成电信号。由于工作所选的光电或热电探测器不同、使用要求不同、设计者的考虑方法不同,前置放大器的电路型式差别很大。前置放大器一般按以下步骤设计:

(1) 测试或计算光电探测器及偏置电路的源电阻 R_s;

(2) 从噪声匹配原则出发,选择前置放大器第一级的管型。如果源电阻小于 100Ω,可采用变压器耦合;在 10Ω 到 $1M\Omega$ 之间,可选用半导体三极管;在 $1k\Omega$ 到 $1M\Omega$ 之间选用运算放大器(OPAMP);在 $1k\Omega$ 到 $1G\Omega$ 之间,选用结型场效应管(JFET);超过 $1M\Omega$ 以上,可选用 MOS 场效应管(MOS-FET)。

(3) 在管型选定后,第一、二级应采用噪声尽可能低的器件,按照最佳源电阻的原则来确定管子的工作点,并进行工作频率、带宽等参量的计算及选择。

2. 选频放大器

在测量系统中,为突出信号和抑制噪声,常采用选频放大器。将放大器的选放频率与光电信号的调制频率一致,同时限制带宽,使所选频率间隔外的噪声尽可能滤除,达到提高信噪比的目的。

一类选频放大器是利用 LC 振荡电路,通过谐振的方式对所需频率的信号直接进行放大输出。放大电路中接有 LC 并联的谐振回路,如图 1-26 所示,最后用变压器输出。它适用于较高频率的选频电路。

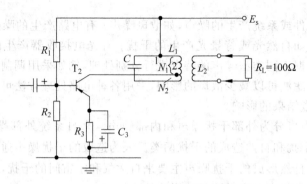

图 1-26　LC 振荡选频放大电路

另一种类型的选频放大器是利用 RC 振荡回路的选频特性，并把该振荡回路作为放大器的反馈网络而构成。该放大器中最典型的是带有双 T 型 RC 反馈网络的放大电路。双 T 型 RC 网络的电路及其频率特性如图 1-27 所示。可见网络的选频特性是对频率 ω_0 滤波最强，输出最小。该网络不同于 LC 谐振回路那样作为放大器的输出端，而是作为放大器的负反馈电路，以构成性能良好的选频放大器。由于双 T 网络有很好的频率特性，因此应用相当广泛。其缺点是频率调节比较困难，因此适用于对单一频率的选频。通常采用 RC 振荡器产生几赫到几百千赫的低频振荡，要产生更高频率的振荡，则要借助于 LC 振荡回路。

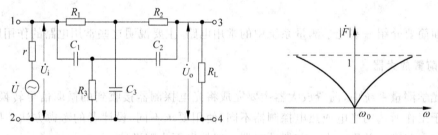

图 1-27　双 T 网络电路及其频率特性

3. 相敏检波器

相敏检波器的工作原理如图 1-28 所示。它由模拟乘法器和低通滤波器构成。图中 $u_i(t)=u(t)\cos\omega t$ 为振幅调制信号，即待测的振幅缓慢变化的信号。乘法器另一输入 $u_L(t)=u_L\cos(\omega t+\varphi)$ 是本机振荡或参考振荡信号，乘法器的输出信号为

$$u_1(t) = K_M u(t)\cos\omega t \cdot u_L\cos(\omega t + \varphi) = \frac{1}{2}K_M u(t) u_L [\cos\varphi + \cos(2\omega t + \varphi)] \quad (1\text{-}30)$$

低通滤波器滤去高频 2ω 的分量，其输出量为

$$u_o(t) = \frac{1}{2}K_\varphi K_M u(t) u_L \cos\varphi \quad (1\text{-}31)$$

式中 K_φ 为低通滤波器的传输系数。

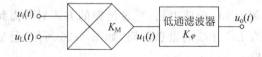

图 1-28　相敏检波器方框图

由式(1-31)可知,输出电压 u_o 的大小正比于载波信号 $u(t)$ 和本机振荡 u_L 之间的相位差的余弦。这说明输出大小对两者间相位差敏感,故称其为相敏检波器。当 $\varphi=0$ 时,检出信号幅度最大。

利用相敏检波器的上述特点可知,凡本机载波频率不同,或频率虽同但相位相差 90° 的信号,均能被相敏检波器的低通滤波器所滤除,即相敏检波器起到了抑制干扰与噪声的作用。因此在光学测量系统中,相敏检波器可将被淹没于强背景噪声中的微弱信号提取出来。具体做法是在对待检测信号进行调制的同时,引出与调制频率、相位一致的参考信号,以此作为本机载波信号,通过相敏检波器达到提取微弱信号的目的。

4. 相位检测器

在许多光学测量系统中,待测量反映在信号波的相位变化中,因此相位检测十分重要。下面介绍的相位检测器的相位范围为 ±180°,且输出电压与相位差成线性关系,其原理框图如图 1-29 所示。对应各环节的波形如图 1-30 所示。基准信号与待测信号分别加到不同的过零检测器上,将其变换为方波。

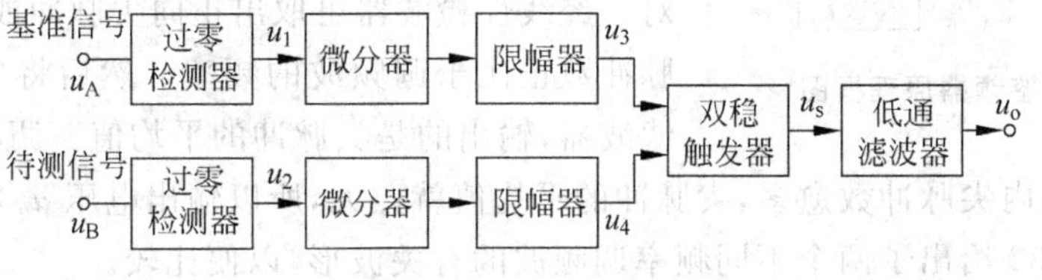

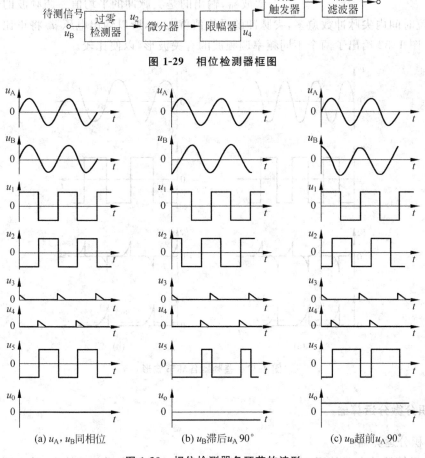

图 1-29　相位检测器框图

(a) u_A,u_B 同相位　　(b) u_B 滞后 u_A 90°　　(c) u_B 超前 u_A 90°

图 1-30　相位检测器各环节的波形

图 1-30(a)是两信号同相位的情况。实际输入时,把待测信号反相输入,于是 u_1 和 u_2 的相位相反,它们分别经微分器和限幅器后,各取其上升沿形成的尖脉冲 u_3 和 u_4,然后把它们送至双稳态触发器,产生脉冲 u_5,再经低通滤波器取其平均分量。由于 u_5 的正、负极性持续期相等,则平均分量 $u_o=0$。图 1-30(b)是 u_B 滞后 u_A 90°的情况。这时负极性持续时间为 $3T/4$,而正极性时间为 $T/4$,T 为周期。所以其平均分量 $u_o<0$。图 1-30(c)是 u_B 超前 u_A 90°的情况,同理 $u_o>0$。

5. 鉴频器

在光学测量系统中,有时被测信息包含在调频波中,即以频率的高低来表征待测信号量。为解出待测信号,需采用实现调频波解调的鉴频器。

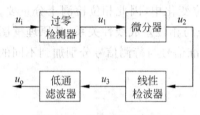

图 1-31 鉴频器原理框图

一种时间平均值鉴频器原理如图 1-31 所示。它由四部分组成。工作波形如图 1-32 所示。输入调频波经过零检测器后变换为方波,方波的频率随调频波频率变化。当方波经微分器后,每一方波变换成一正负尖脉冲对。经线性检波器可取出正向尖脉冲或负向尖脉冲,尖脉冲数正比于调频波的频率。然后将尖脉冲送入低通滤波器,输出的是尖脉冲的平均值。调频波的瞬时频率愈高,单位时间内尖脉冲数愈多,尖脉冲的平均值就愈大,所以输出电压 u_o 将正比于调频波的频率。图 1-32 给出了两个不同频率调频波的有关波形,以便比较。

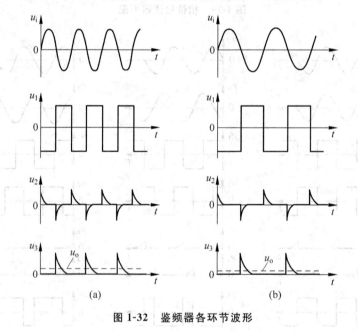

图 1-32 鉴频器各环节波形

6. 积分微分运算器

(1) 积分运算器

积分运算器的电路如图 1-33 所示。待积分的输入信号由反相端输入,并采用电容负反

馈,可获得基本积分运算器。这时输出信号 u_o 与输入信号 u_i 的关系为

$$u_o(t) = -\frac{1}{R_f C_f}\int u_i(t)\mathrm{d}t \tag{1-32}$$

可见这时输出电压正比于输入电压对时间的积分,比例常数与反馈电路的时间常数 ($\tau_f = R_f C_f$)有关,而与运算放大器的参数无关。

(2) 微分运算器

微分运算器的基本电路如图 1-34 所示。微分信号输入反相端,输出信号 u_o 与输入信号 u_i 间的关系为

$$u_o(t) = \frac{-R_f C_f \mathrm{d}u_i(t)}{\mathrm{d}t} \tag{1-33}$$

可见输出电压为输入电压对时间的导数,比例常数取决于反馈电路的时间常数 $\tau_f = R_f C_f$,与放大器的参数无关。

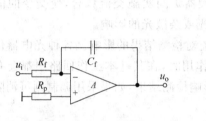

图 1-33 积分运算器

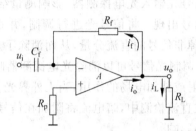

图 1-34 基本微分运算器

7. 锁相环及锁相放大器

自动相位控制是使一个简谐波自激振荡的相位受基准振荡的控制,即自激振荡器振荡的相位和基准振荡的相位保持某种特定的关系,叫做"相位锁定",简称"锁相"。锁相在电子学和自动控制技术中应用得十分广泛。锁相技术具有许多优点,例如采用锁相技术进行稳频比采用频率自动控制技术要好得多。

锁相环的方框图如图 1-35 所示。它主要由三部分组成:鉴相器、低通滤波器和压控振荡器。当输入信号 $u_i(t)$ 和输出信号 $u_o(t)$ 频率不一致时,其间必有相位差。鉴相器将此相位差变换为电压 $u_d(t)$,叫做误差电压,该电压通过低通滤波器,滤去高频分量后,控制压控振荡器,改变其振荡频率,使之趋向输入信号的频率。在稳定的情况下,输出信号 $u_o(t)$ 和输入信号 $u_i(t)$ 频率相同,但其间将保持一固定的相位差,该工作状态叫做锁定状态。另一种工作情况是输入信号频率在一定范围内变化,使输出信号跟随输入信号频率变化,该状态叫做跟踪状态。

图 1-35 锁相环方框图

1.5 光学测量中常用调制方法与技术

1.5.1 概述

为了对光信号的处理更加方便、可靠,并能获得更多的信息,常将直流信号转换为特定形式的交变信号,这一转换就叫做调制。

1. 调制光信号的优点

(1) 调制光信号可以减少自然光或杂散光对测量结果的影响。在测量过程中很难避免外界非信号光输入光电探测器,影响测量结果,这些附加信号的共同特点是以直流量或缓慢变化的信号出现。将信号光进行调制,并在放大器级间实施交流耦合,使交变的信号量通过,隔除掉非信号的直流分量,从而消除了自然光或杂散光的影响。

(2) 调制光信号可以消除光电探测器暗电流对检测结果的影响。各种光电器件由于温度、暗发射或外加电场的作用,当无外界光信号作用时,在其基本工作回路中都会有暗电流产生。在直流检测中,暗电流将附加在信号中影响检测结果,如果采用调制则可消除探测器暗电流的影响。

(3) 调制光信号的方法提供了多种形式的信号处理方案,可达到最佳检测的设计。通常交流电路处理信号方便、稳定,而没有直流放大器零点漂移的问题。如果与光信号的调制特性相匹配,采用选频放大或锁相放大等技术方案,又可有效地抑制噪声,从而实现高精度的检测。

2. 光电信号调制的途径

完整的光学测量过程都应包括光源发光、光束传播、光电转换和电信号处理等环节。这些环节中均可实施调制。

(1) 对光源发光进行调制

对光源发光进行调制是常用的调制方法之一。常用的光源有激光器、发光二极管等,通过调制电源来调制发光。采用光源调制的好处除了设备简单外,还能消除任何方向杂散光,以及探测器暗电流对测量结果的影响。

(2) 对光电器件产生的光电流进行调制

这种调制方法是在光电探测器上实施,对不同性质的器件采用不同的方法。这种方法只对后续的交流处理有好处,不能消除杂光或器件暗电流的影响。

(3) 在光源与光电器件的途径中进行调制

这种调制方法在光学测量中应用最多,如机械调制法、干涉调制法、偏振面旋转调制法、双折射调制法和声光调制法等。

具体选用哪一类调制方案,应按检测器的用途、所要求的灵敏度、调制频率以及所能提供光通量的强弱等具体条件来确定。

1.5.2 机械调制法

最简单的调制盘,有时叫做斩波器,如图1-36所示。在圆形的板上由透明和不透明相间的扇形区构成。当以圆盘中心为轴旋转时,就可以对通过它的光束M进行调制。经调制后的波形是由光束的截面形状和大小,以及调制盘图形的结构决定。调制光束的频率 f 由调制盘中透光扇形的个数 N 和调制盘的转速 n 决定,$f=Nn/60(\text{Hz})$。

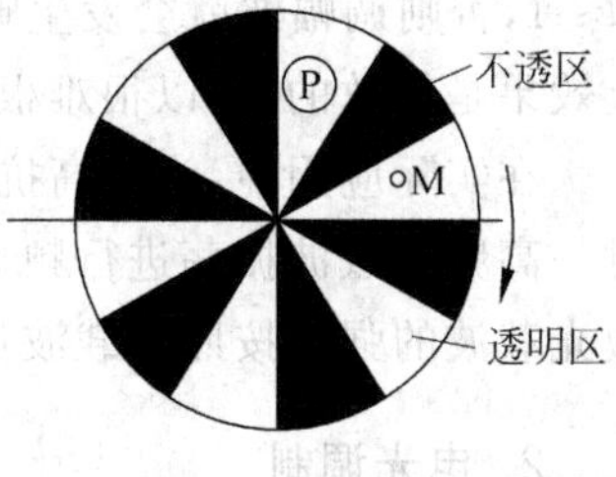

当光束是圆形截面,其大小与调制盘通光处相应半径上的线度相比又很小时,如图中M光束截面,那么调制波形近似为方波;当光束截面增大到与调制盘图形结构相仿时,如图中P光束截面,那么调制波形近似为正弦波形。

图 1-36 调制盘

1.5.3 利用物理光学原理实现的光调制技术

在光学测量技术中,大量采用物理光学的原理进行调制,主要包括干涉原理、电光效应、磁光效应和声光效应等实现光调制的方法。

1. 激光调制的基本概念

将信号加载到激光辐射源上,使激光作为传递信息的工具。把欲传输的信息加载到激光辐射的过程称为激光调制,把完成这一过程的装置称为激光调制器。激光起到携带低频信号的作用,所以称为载波,调制的激光称为已调制波或已调制光。

激光调制可分为内调制和外调制两类。内调制是指在激光振荡过程中加载调制信号,即以调制信号的规律去改变激光振荡的参数,从而改变激光的输出特性。半导体激光器一般是以注入调制电流的方式来实现内调制。外调制是指在激光形成以后,再用调制信号对激光进行调制,它不改变激光器的参数,而是改变已经输出的激光参数(如强度、频率、相位等)。

设激光瞬时电场表示为

$$E(t) = A_0\cos(\omega_0 t + \varphi) \tag{1-34}$$

则瞬时光强度

$$I(t) \propto E^2(t) = A_0^2\cos^2(\omega_0 t + \varphi) \tag{1-35}$$

若调制信号 $a(t)$ 是正弦信号,即 $a(t)=A_m\cos\omega_m t$,则振幅调制的表达式为

$$E_A(t) = A_0(1 + M\cos\omega_m t)\cos(\omega_0 t + \varphi) \tag{1-36}$$

强度调制表达式为

$$I(t) = \frac{A_0^2}{2}(1 + M_1\cos\omega_m t)\cos^2(\omega_0 t + \varphi) \tag{1-37}$$

频率调制的表达式为

$$E_F(t) = A_0\cos(\omega_0 t + M_F\sin\omega_m t + \varphi) \tag{1-38}$$

相位调制的表达式为

$$E_P(t) = A_0\cos(\omega_0 t + M_p\sin\omega_m t + \varphi) \tag{1-39}$$

式中 M, M_1, M_F, M_P 分别为调幅系数、强度调制系数、调频系数和调相系数。调幅时要求 $M \leqslant 1$，否则调幅波就会发生畸变。强度调制时要求 $M_1 \ll 1$。调频和调相在改变载波相位角上效果是等效的，所以很难根据已调制的振荡形式来判断是调频还是调相。

在实际应用中，为提高抗干扰能力，往往采用二次调制方式，即先用欲传递的低频信号对一高频副载波振荡进行频率调制，然后再用调制后的副载波进行激光载波的强度调制，使激光载波的强度按照副载波信号发生变化。

2. 电光调制

图 1-37 是一个典型的 KDP 晶体的电光强度调制器示意图。它由起偏器 P_1、调制晶体 KDP、1/4 波片和检偏器 P_2 组成。其中，P_1 的偏振方向平行于电光晶体的 x 轴，P_2 偏振方向平行于 y 轴。入射的激光经 P_1 后变成振动方向平行于 x 轴的线偏振光，在进入晶体时，在晶体感应主轴 x'、y' 上的分量为

$$E_{x'} = Ae^{i\omega t}, \quad E_{y'} = Ae^{i\omega t} \tag{1-40}$$

通过长度为 l 的电光晶体后，这两个分量之间产生相位差 $\Delta\varphi = \pi V/V_\pi$，$V_\pi = \lambda/(2n_0^3\gamma_{63})$ 为半波电压，γ_{63} 为 KDP 晶体的电光系数，$V = E_z l$ 是晶体两端所加的电压，n_0 为 KDP 的主折射率。

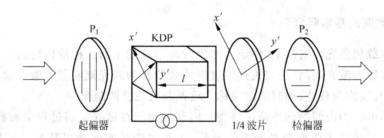

图 1-37　电光强度调制器结构示意图

为实现线性强度调制，在晶体和检偏器之间插入一个 1/4 波片，使其光轴与晶体主轴成 45°角，使 x'、y' 两个分量上有一个固定的相位差 $\pi/2$，这样经过晶体和 1/4 波片后的两个正交偏振分量间的相位差为

$$\Delta\varphi = \frac{\pi}{2} + \frac{\pi V}{V_\pi} \tag{1-41}$$

它们的电矢量表示为

$$E_{x'} = Ae^{i(\omega t+\varphi)}, \quad E_{y'} = Ae^{i(\omega t+\varphi-\Delta\varphi)}$$

其中 $\varphi = n_0 l/2\pi$。

x'、y' 两个分量的光通过检偏器后，出射的光是各自在 y 轴上的投影之和，即

$$E_y = A(e^{-i\Delta\varphi}-1)e^{i(\omega t+\varphi)}\cos 45° = \frac{A}{\sqrt{2}}(e^{-i\Delta\varphi}-1)e^{i(\omega t+\varphi)} \tag{1-42}$$

相应的输出光强

$$I = |E_y|^2 = 2A^2 \sin^2 \frac{\Delta\varphi}{2} = I_0 \sin^2 \frac{\Delta\varphi}{2} \tag{1-43}$$

式中 $I_0 = 2A^2$ 是光入射晶体时的光强。因此,光强透过率为

$$T = \frac{I}{I_0} = \sin^2 \frac{\Delta\varphi}{2} \tag{1-44}$$

若外加电场 $V = V_m \sin\omega_m t$,则有

$$T = \sin^2 \left(\frac{\pi}{4} + \frac{\pi V}{2V_\pi} \right) = \frac{1}{2} \left[1 + \sin\left(\frac{\pi V_m}{V_\pi} \sin\omega_m t \right) \right] \tag{1-45}$$

如果调制信号较弱,即有 $V_m \ll V_\pi$,则式(1-45)可写为

$$T \approx \frac{1}{2} \left(1 + \frac{\pi V_m}{V_\pi} \sin\omega_m t \right) \tag{1-46}$$

3. 声光调制

(1) 声光调制原理

当一块各向同性的透明介质受外力作用时,介质的折射率会发生变化,这就是所谓的弹光效应。声波是一种机械疏密波,当声波作用于介质时,也会引起弹光效应。通常把超声波引起的弹光效应称为声光效应。因此,超声波在声光介质中传播时,介质密度呈现疏密的交替变化,这会导致折射率大小的交替变化。这样,可以把超声波作用下的介质等效为一块相位光栅,当光通过该介质时就发生衍射。

若超声波以行波的形式在介质中传播,则在介质中形成的超声光栅将以声波的速度 v_s 移动。如果在声光介质中由相向传播的两组声波形成驻波,则声光介质折射率变化

$$\Delta n(z,t) = 2\Delta n_0 \frac{\omega_s}{v_s} z \sin\omega_s t \tag{1-47}$$

式中,ω_s 为声波角频率;Δn_0 为折射率变化幅值,其大小取决于声光介质特性及超声波场的强弱。对宽为 H,长为 L 的矩形截面的超声柱,理论上

$$\Delta n_0 = -\frac{1}{2} n^3 p \sqrt{2P_s / \rho v_s^3 LH} \tag{1-48}$$

式中,p 为介质的声光系数;n 为折射率;P_s 为超声功率;ρ 为介质密度。

图1-38是光垂直于声波传播方向入射时产生的拉曼-纳斯(Raman-Nath)衍射示意图。以频率为 ω_0 的平行光通过超声光栅时,将产生多级衍射,而且各级衍射光极值对称地分布在零级极值的两侧。

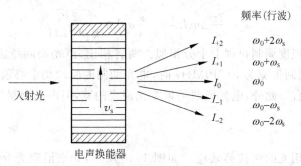

图1-38 拉曼-纳斯声光衍射示意图

各级衍射光的衍射角满足
$$\lambda_s \sin\theta_m = \pm m\lambda \quad (m = 0,1,2,\cdots) \tag{1-49}$$
各级衍射光的极值光强
$$I_m = I_i J_m^2(\phi) \tag{1-50}$$
式中，I_i 为入射光强；$\phi = \dfrac{2\pi}{\lambda}\Delta n_0 L$，表示光通过声光介质时产生的附加相移；$J_m(\phi)$ 为第 m 阶贝塞尔(Bessel)函数，而且由 $J_m^2(\phi) = J_{-m}^2(\phi)$，可知各级衍射光强是对称分布的。

对声行波光栅，各级衍射光的频率
$$\omega_m = \omega_0 \pm m\omega_s \quad (m = 0,1,2,\cdots) \tag{1-51}$$
当入射光的入射角 $\theta_i = \theta_B = \arcsin\dfrac{\lambda}{2\lambda_s}$ 时，产生布喇格(Bragg)衍射，θ_B 称为布喇格角。衍射方向由入射光和声波的相对传播方向而定，±1 级衍射光强可表示为
$$I_{\pm 1} = I_i \sin^2\left(\dfrac{\omega L}{2c}\Delta n_0\right) = I_i \sin^2\left(\dfrac{\phi}{2}\right) \tag{1-52}$$
式中 c 为光速。由 $I_i = I_{\pm 1} + I_0$ 可得 0 级衍射光强的表达式
$$I_0 = I_i \cos^2\left(\dfrac{\phi}{2}\right) \tag{1-53}$$
由此可见，可以适当的选择参数，使得 $\phi = \pi$ 或 2π，则入射光的能量便能全部都移到 1 级或 0 级的衍射方向上去。所以布喇格衍射效率比拉曼-纳斯的衍射效率高得多。

(2) 声光调制器

声光调制器主要由声光介质(如熔石英、钼酸铅($PbMoO_4$)、铌酸锂($LiNbO_3$)等)、电-声换能器、吸声(或反射)装置及驱动电源组成，如图 1-39 所示。作为调制器来说，无论采用哪种衍射形式，或是将零级光或一级衍射光作为输出，不需要的其他各级衍射光用光阑挡去。当超声波的功率随着调制信号改变时，光通过声光介质产生的附加相移 ϕ 将改变，衍射光的强度将随之发生变化，从而实现光强的调制。ϕ 和超声波功率 P_s 的关系为

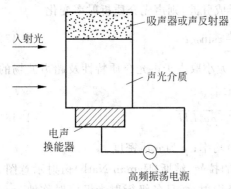

图 1-39 声光调制器的结构框图

$$\phi = \dfrac{2\pi}{\lambda}\Delta n_0 L = -\dfrac{\pi}{\lambda}n^3 Lp\sqrt{\dfrac{2P_s}{\rho V_s^2 LH}} \tag{1-54}$$

声光和电光在强度调制机理上十分相似。两者相比，声光调制所需的驱动功率远比电光的小。例如，在调制带宽为 0～10MHz 时，电光调制的驱动功率必须在几十瓦以上，而声光调制只要 1W 左右。此外，电光调制的带宽比声光的宽，但声光调制的热稳定性好。

4. 磁光调制

磁光调制是利用光的法拉第效应。如图 1-40 所示，光束沿磁光介质(如 YIG 棒)的轴向传播，在垂直于光的传播方向上加一直流磁场，其强度足以使棒的磁化方向与光传播方

向相垂直。另外,将高频线圈环绕在 YIG 棒上,以在棒内产生一个轴向的时变磁场来调制经起偏器产生的线偏振入射光,其偏振方向由于法拉第效应而在棒内发生旋转,其旋转角 $\phi(t)$ 与外加射频场强度 $H_{rf}\sin\omega t$ 和棒的长度 l 成正比,与外加直流磁场强度 H_{dc} 成反比,即

$$\phi(t) = \phi_s \frac{lH_{rf}}{H_{dc}}\sin\omega t \tag{1-55}$$

式中,l 为磁光介质的长度;ϕ_s 为磁光材料的旋光系数,与磁光介质的入射光波长有关,是一个表达介质磁光特性强弱的参数。对于给定的磁光介质,振动面的旋转方向只决定于磁场的方向,与光线的传播方向无关。这样,通过 YIG 棒的光的偏振面发生周期性变化,再通过检偏器,就可以把偏振面的旋转变为光的强度调制。

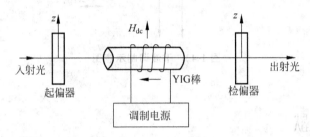

图 1-40　钇铁石榴石(YIG)磁光调制器

5. 光源直接调制

直接将调制信号加载于激光电源,从而使激光器发射的激光强度或激光脉冲参数随调制信号而变化的调制,称为电源调制或直接调制。对于半导体激光器,一般采用改变注入电流的方法来调制输出激光的强度或相位。如在光纤通信中,为提高抗干扰能力和工作的稳定性,多采用脉冲调制。图 1-41(a)是半导体激光器脉冲调制的原理方框图。由脉冲发生器产生一定幅度和宽度的脉冲去控制半导体激光器的泵浦电流密度,半导体激光器受脉冲调制后发射激光脉冲。脉冲发生器产生脉冲的时刻由比较器来控制,比较器将锯齿波与信号进行比较,在两者电平相同的每一瞬间都产生一个脉冲,如图 1-41(b)所示,这样,产生脉冲的位置就受到信号的控制,从而实现了脉冲调制。

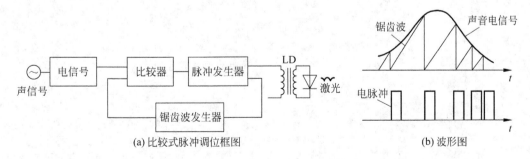

图 1-41　半导体激光脉冲调制原理图

6. 干涉调制

图 1-42 为一种干涉调制的示意图。利用迈克尔逊(Michelson)干涉仪的原理,把其中一个反射镜用压电元件驱动,压电元件上加上调制电信号,使动镜在干涉仪中产生有规律的周期变动,从而获得周期性变化的干涉,以实现光的调制。

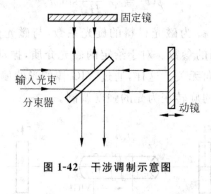

图 1-42　干涉调制示意图

本章参考文献

1　高雅允,高岳.光电检测技术.北京:国防工业出版社,1995
2　杨国光.近代光学测试技术.杭州:浙江大学出版社,1997
3　金国藩,李景镇.激光测量学.北京:科学出版社,1998
4　郑光昭.光信息科学与技术应用.北京:电子工业出版社,2002

第 2 章　光干涉技术

本章 2.1 节主要讲述光干涉的基础知识,包括光的相干条件、干涉条纹的形状、条纹对比度以及获得干涉的几种途径。2.2 节以光学零件或光学系统为对象,讲述用于检测这些光学零件或光学系统成像质量的常用干涉方法,2.3 节主要讲述用于测量长度的实用激光干涉仪的构成及各主要部件的作用原理。以后各节则分别介绍白光干涉、绝对长度干涉以及激光多自由度同时测量方法与技术。

2.1　光干涉的基础知识

2.1.1　光的干涉条件

光的干涉现象是光的波动性的重要特征。1801 年杨氏(Thomas Young)的双缝实验证明了光可以发生干涉,其后菲涅耳(A. Fresnel)等人用波动理论很好地说明了干涉现象的各种细节,20 世纪 30 年代,范西特(P-H·van Cittert)和泽尼克(F. Zernike)发展了部分相干理论,使干涉理论进一步完善。

在两个(或多个)光波叠加的区域,某些点的振动始终加强,另一些点的振动始终减弱,形成在该区域内稳定的光强强弱分布的现象称为光的干涉现象。下面从矢量波叠加的强度分布,引出光波相干的条件。

根据波的叠加原理,在空间一点处同时存在两个振动 E_1,E_2 时,叠加后该点的光强为

$$I = <(E_1+E_2)\cdot(E_1+E_2)>$$
$$= <E_1\cdot E_1>+<E_2\cdot E_2>+2<E_1\cdot E_2> = I_1+I_2+I_{12} \quad (2-1)$$

式中利用了关系式 $I=<E\cdot E>$,即该点的光强度应是该点光振幅平方的时间平均值。

从式(2-1)可以看出,因为 I_{12} 的存在,该点合振动的强度不是简单地等于两振动单独在该点产生的强度之和,I_{12} 称为干涉项。

两个平面波可表示为

$$E_1 = A_1\cos(k_1\cdot r - \omega_1 t + \delta_1), \quad E_2 = A_2\cos(k_2\cdot r - \omega_2 t + \delta_2)$$

则两光波在 P 点的合振动的强度为

$$I = I_1+I_2+I_{12} = I_1+I_2+2<E_1\cdot E_2> = I_1+I_2+A_1\cdot A_2\cos\delta \quad (2-2)$$

式中

$$\delta = [(\bm{k}_1 - \bm{k}_2) \cdot \bm{r} + (\delta_1 - \delta_2) - (\omega_1 - \omega_2)t] \tag{2-3}$$

干涉项 I_{12} 与两光波的振动方向 ($\bm{A}_1$, $\bm{A}_2$) 及在 P 点的相位差 δ 有关。分析这两项可以得到产生干涉的条件。

(1) 频率相同。由式 (2-3) 可以看出两光波频率差造成相位差 δ 随时间变化，如果变化太快，通过观察实际得到的是 I_{12} 的平均值，这个平均值等于零，看不到干涉现象。需要说明的是，若两个光波的频率如果相差不大，通过探测器仍然能看到拍波干涉现象。

(2) 振动方向相同。干涉项 I_{12} 与 $\bm{A}_1$, $\bm{A}_2$ 的标量积有关。当两光波的振动方向互相垂直时，则 $\bm{A}_1 \cdot \bm{A}_2 = 0$，$I_{12} = 0$，因此不产生干涉现象；当两光波的振动方向相同时，$I_{12} = A_1 \cdot A_2 \cos\delta$，类似于标量波的叠加；当两光波振动方向有一定夹角 α 时，$I_{12} = A_1 A_2 \cos\alpha\cos\delta$，即只有两个振动的平行分量能够产生干涉而其垂直分量将在观察面上形成背景光，对干涉条纹的清晰程度产生影响。

(3) 相位差恒定。在相位差 δ 表达式中，若 $\bm{k}_1$, $\bm{k}_2$ 是两个光波的传播矢量，则两光波在讨论区域内应该相遇，这时相位差应是坐标的函数。对于确定的点，则要求在观察时间内两光波的相位差 $(\delta_1 - \delta_2)$ 恒定，此时 δ 保持恒值，该点的强度稳定。否则，δ 随机变化，在观察时间内多次经历 $0 \sim 2\pi$ 的一切数值，而使 $I_{12} = 0$。

光波的频率相同、振动方向相同和相位差恒定是能够产生干涉的必要条件。满足干涉条件的光波称为相干光波，相应的光源称为相干光源。

两个普通的独立光源发出的光波是不能产生干涉的，即使同一光源不同部位辐射的光波也不能满足干涉的条件。因此，要获得两个相干光波，必须由同一光源的同一发光点或微小区域发出的光波，通过具体的干涉装置来获得两个相关联的光波，它们相遇时才能产生干涉。在具体的干涉装置中，还必须满足两叠加光波的光程差不超过光波的波列长度这一补充条件。因为实际光源发出的光波是一个个波列，原子某一时刻发出的波列与下一时刻发出的波列，其光波的振动方向和初始相位都是随机的，它们相遇时相位差无固定关系。只有当同一原子发出的同一波列相遇时才能相干。

2.1.2 干涉条纹的形状

图 2-1 给出一个由相干点源 S_1 和 S_2 在空间形成的干涉场。干涉条纹实际上是空间位置对 S_1 和 S_2 等光程差的轨迹（m 为等光程差簇的级数）。由 S_1 和 S_2 在 xoz 平面中形成的干涉条纹，显然是距 S_1 和 S_2 为等光程差点的集合，这是一簇以 S_1 和 S_2 为共焦点的双曲线，在 xyz-o 三维空间，等光程差轨迹则是该簇双叶双曲线绕 S_1、S_2 连线回转的双曲面簇。某个观察屏上的干涉条纹，相当于屏平面与双曲面簇的交线。在 S_1 和 S_2 连线的垂直平面上，得到的交线形成圆环形条纹，而在 S_1、S_2 连线的等分线的远方，得到的是杨氏干涉的直线等距条纹，在其他平面上得到双曲线状的条纹。

2.1.3 干涉条纹的对比度

1. 条纹对比度的定义

干涉场某点干涉条纹的对比度定义为

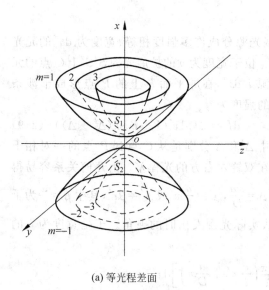
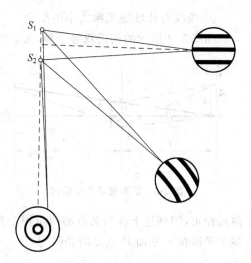

(a) 等光程差面   (b) 不同位置的条纹形状

图 2-1 两相干点源的干涉场

$$K = (I_{max} - I_{min})/(I_{max} + I_{min}) \tag{2-4}$$

它表征了干涉场中某处条纹亮暗反差的程度，是衡量干涉条纹质量的一个重要参数。式中 I_{max} 和 I_{min} 分别是所考察位置的最大光强和最小光强，双光束干涉的强度分布可表示为

$$I = (I_1 + I_2)\left(1 + \frac{2\sqrt{I_1 I_2}}{I_1 + I_2}\cos\delta\right) \tag{2-5}$$

由此可得条纹的对比度为

$$K = 2\sqrt{I_1 I_2}/(I_1 + I_2) \tag{2-6}$$

所以

$$I = (I_1 + I_2)(1 + K\cos\delta) \tag{2-7}$$

由上式可知，在求得余弦光强的分布式之后，将其常数项(直流分量)归化为 1，余弦变化部分的振幅(或称调制度)即是条纹的对比度。

2. 影响条纹对比度的因素

影响干涉条纹对比度的主要因素是两相干光束的振幅比、光源的大小和光源的单色性。

(1) 两相干光束振幅比的影响

由式(2-6)可得

$$K = \frac{2\sqrt{I_1 I_2}}{I_1 + I_2} = \frac{2(A_1/A_2)}{1 + (A_1/A_2)^2} \tag{2-8}$$

表明两相干光的振幅比对干涉条纹的对比度有影响，当 $A_1 = A_2$ 时，$K=1$；$A_1 \neq A_2$ 时，$K<1$。两光波振幅相差越大，K 越小。设计干涉系统时应尽可能使 $K=1$，以获得最大的条纹对比度。

(2) 光源大小的影响和空间相干性

实际光源总有一定的大小，通常称之为扩展光源。扩展光源可以看作是许多不相干点源的集合，其上每一点通过干涉系统形成各自的一组干涉条纹，在屏幕上再由许多组干涉条纹作强度叠加，叠加后干涉条纹的对比度将下降。

① 条纹对比度随光源大小的变化

如图2-2所示的杨氏双缝干涉,可以将扩展光源分成许多强度相等、宽度为 dx' 的元光源。位于宽度为 b 的扩展光源 $S'S''$ 上 C 点的元光源 $I_0 dx'$,在屏平面 x 上的 P 点形成干涉条纹的强度为

$$dI = 2I_0 dx'(1 + \cos k(\Delta' + \Delta)) \quad (2-9)$$

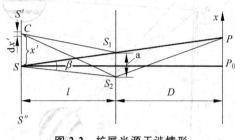

图2-2 扩展光源干涉情形

式中 Δ' 和 Δ 分别是从 C 点到 P 点的一对相干光在双缝左右方的光程差。由几何关系容易得到 $\Delta = \dfrac{xa}{D}$,$\Delta' = \dfrac{a}{l}x'$ 或 $\Delta' = \beta x'$,其中 $\beta = \dfrac{a}{l}$ 为干涉孔径角,即到达干涉场某点的两条相干光束从实际光源发出时的夹角。于是宽度为 b 的整个光源在 x 平面 P 点处的光强为

$$I = \int_{-b/2}^{b/2} 2I_0 \left[1 + \cos\frac{2\pi}{\lambda}\left(\frac{a}{l}x' + \frac{a}{D}x\right)\right]dx'$$

$$= 2I_0 b\left[1 + \frac{\sin(\pi b\beta/\lambda)}{\pi b\beta/\lambda}\cos\left(\frac{2\pi}{\lambda}\frac{a}{D}x\right)\right] \quad (2-10)$$

显然式(2-10)中的 $\dfrac{\sin(\pi b\beta/\lambda)}{\pi b\beta/\lambda}$ 就是干涉条纹的对比度,写成

$$K = \left|\frac{\lambda}{\pi b\beta}\sin\frac{\pi b\beta}{\lambda}\right| \quad (2-11)$$

式(2-11)中第一个 $K=0$ 值对应 $b=\lambda/\beta$,此时条纹的对比度为零,对应的光源宽度为光源的临界宽度,记为 b_c。$b_c = \lambda/\beta$ 是求解干涉系统中光源临界宽度的普遍公式。实际工作中,为了能够较清晰地观察到干涉条纹,通常取该值的 1/4 作为光源的允许宽度 b_P,这时条纹对比度为 $K=0.9$,有

$$b_P = \frac{b_c}{4} = \frac{\lambda}{4\beta} \quad (2-12)$$

② 空间相干性

由式 $b_c\beta = \lambda$,可知光源大小与干涉孔径角成反比关系。给定一个光源尺寸,就限制着一个相干空间,这就是空间相干性问题。也就是说,若通过光波场横方向上两点的光在空间相遇时能够发生干涉,则称通过空间这两点的光具有空间相干性。如图2-3所示,对于大小为 b 的光源,相应地有一干涉孔径角 β,在此 β 所限定的空间范围内,任意取两点 S_1 和 S_2,它们作为被光源照明的两个次级点光源,发出的光波是相干的;而同样由光源照明的 S_1' 和 S_2' 次光源发出的光,因其不在 β 角的范围内,其发出的光波是不相干的。

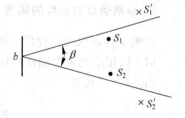

图2-3 空间相干性

(3) 光源单色性的影响和时间相干性

① 光源单色性的影响

实际使用的单色光源都有一定的光谱宽度 $\Delta\lambda$,会影响条纹的对比度。因为条纹间距与波长有关,$\Delta\lambda$ 范围内的每条谱线都各自形成一组干涉条纹,且除零级以外,各组条纹相互有偏移且重叠,结果使得条纹对比度下降。

为简便起见,以带宽为 Δk 的矩形分布的光源光谱结构为例,求解干涉条纹对比度与光谱带宽的关系。

设位于波数 k_0 处的元谱线 dk 的强度为 $I_0(dk)$,I_0 为光强的光谱分布,在此为常数。元谱线(dk)在干涉场中产生的光强分布为 $dI=2I_0dk(1+\cos k\Delta)$。则所有谱线在干涉场中产生的光强分布为

$$I = \int_{k_0-\frac{\Delta k}{2}}^{k_0+\frac{\Delta k}{2}} 2I_0(1+\cos k\Delta)dk = 2I_0\Delta k\left(1+\frac{\sin(\Delta k \cdot \Delta/2)}{\Delta k \cdot \Delta/2}\cos(k_0\Delta)\right) \quad (2\text{-}13)$$

于是有

$$K = \left|\frac{\sin(\Delta k \cdot \Delta/2)}{\Delta k \cdot \Delta/2}\right| \quad (2\text{-}14)$$

K 随 Δ 的变化如图 2-4(b)所示。当 $(\Delta k)\cdot\Delta/2 = \pi$ 时,求得第一个 $K=0$ 对应的光程差为

$$\Delta_{\max} = \frac{2\pi}{(\Delta k)} = \frac{\lambda_1\lambda_2}{(\Delta\lambda)} \approx \frac{\lambda^2}{(\Delta\lambda)} \quad (2\text{-}15)$$

这时的 Δ 就是对于光谱宽度为 $\Delta\lambda$(或 Δk)的光源能够产生干涉的最大光程差,即相干长度。

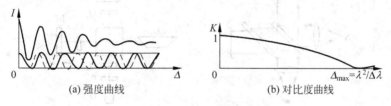

(a) 强度曲线　　　　　(b) 对比度曲线

图 2-4　光源非单色性对条纹的影响

② 时间相干性

光波在一定的光程差下能发生干涉的事实表现了光波的时间相干性。通常把光通过相干长度所需的时间称为相干时间。显然,若光源某一时刻发出的光在相干时间 Δt 内,经过不同的路径相遇时能够产生干涉,称光的这种相干性为时间相干性。它对应于光波场纵方向上空间两点的相位关联。相干时间 Δt 是光的时间相干性的量度,它决定于光波的光谱宽度。显然,由式(2-15)可得

$$\Delta_{\max} = c\Delta t = \lambda^2/\Delta\lambda \quad (2\text{-}16)$$

由波长 λ 与频率 ν 之间的关系 $\lambda\nu=c$,可以得到波长宽度 $\Delta\lambda$ 与频率宽度 $\Delta\nu$ 之间的关系为 $\Delta\lambda/\lambda = \Delta\nu/\nu$。将此代入式(2-15)可得

$$\Delta t\Delta\nu = 1 \quad (2\text{-}17)$$

上式表明 $\Delta\nu$(频率带宽)越小,Δt 越大,光的时间相干性越好。所以相干长度、光谱带宽、单色性都是时间相干性的参数。

2.1.4　产生干涉的途径

尽管有很多具体方案可以将一束光分成两束或多束光,并使它们相遇产生干涉。但从原理上讲可以把这些方法分为三类:分波阵面、分振幅和分偏振方向。

1. 分波阵面

分波阵面就是将一个点光源所发出的波阵面,经过反射或折射,分成两个或多个波阵

面,使其在重叠区域产生干涉,如图2-5中的(a)、(b)、(c)、(e)、(f)所示。在分波阵面方法中,必须选择合适的光源的大小,才能产生干涉。

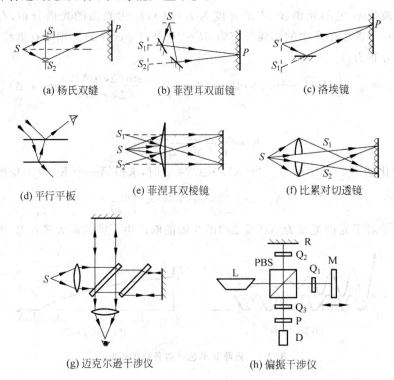

图 2-5　常见干涉实验装置

2. 分振幅

将一束光的振幅分成两个或多个部分,使其在重叠区域产生干涉就是分振幅,如图2-5中的(d)、(g)所示。常用的分光器有平行平板分光器和立方体分光器。在分振幅干涉中,对光源的大小没有限制。

3. 分偏振方向

一般来说,分偏振法就是通过偏光分光器将一束光分成偏振方向相互垂直的两个部分,通过一个检偏器使其在偏振方向相同的重叠区域产生干涉,如图2-5(h)所示。常见的偏振分光器有渥拉斯顿棱镜、洛匈棱镜、格兰-傅科棱镜和格兰-汤普森棱镜。在分偏振方向干涉中,同样对光源的大小没有限制。

2.2　干涉光学测量技术

2.2.1　概述

这里的光学干涉测量主要是指使用光干涉方法来测量光学系统或光学零件的成像质量。

1. 光学系统像差的概念

在几何光学中,若任何一个物点发出的光线经过光学系统后,所有出射光线仍然相交于一点,而且只相交于这一点,称这样的光学系统为理想光学系统或理想光组。实际光学系统只有在近轴区内,才具有理想光组成完善像的性质。但只能以细光束对近轴小物体成完善像的光学系统是没有实际意义的,因为恰恰是孔径和视场这两个因素与光学系统的功能和使用价值紧密相连。从实用的角度,光学系统都需要一定大小的视场和孔径,它远超出近轴区所限定的范围,此时一个物点发出的光线在系统的作用下,其出射光线不再相交于一点,而是形成一个斑。这种由于实际光路与理想光路之间差别而引起的成像缺陷,称为像差,它反映为实际像的位置和大小与理想像的位置和大小之间的差异。

在所有的光学零件中,平面反射镜是唯一能成完善像的光学零件。

如果只讨论单色光的成像,光学系统会产生性质不同的五种像差,它们分别是球差、彗差、像散、像面弯曲和畸变,统称为单色像差。实际上,绝大多数光学系统以白光或复色光成像。白光是不同波长的单色光所组成的,它们对于光学介质具有不同的折射率,因而白光进入光学系统后就会因色散而有不同的传播光路,形成复色像差。这种由不同色光的光路差别引起的像差称为色差。像差是光学系统设计的基础,在很多光学设计书中都有介绍,这里不作详细介绍。

2. 理想光学系统的成像与分辨率

以如图 2-6 所示的望远镜成像为例,从波动光学的角度来看:无穷远一点 P 经过望远镜后,在其焦平面上得到的不是一点,而是一幅夫琅和费衍射图案,衍射图案的中间亮斑就是爱里斑。计算可以得到爱里斑对望远镜光轴的张角为

$$\theta_1 = 1.22 \frac{\lambda}{D} \quad (2-18)$$

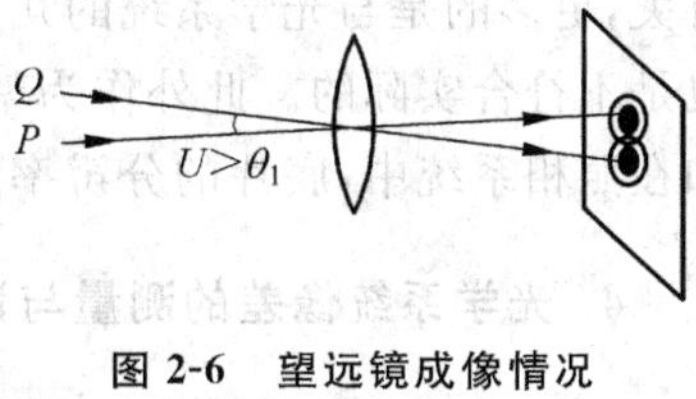

式中 λ、D 分别为入射光的波长和望远镜的通光口径。

图 2-6 望远镜成像情况

若物空间另外有一个与 P 相邻的 Q 点,通过光学系统成像,它们各自都会形成一幅衍射图样,由于这两个点光源是不相干的,故光屏上的总照度是两组明暗条纹按各自原有强度的直接相加,如图 2-7 所示。图(a)为能分开的两点的像,图(b)为刚能分辨时的像,而图(c)为难以区分的像。为了区别两个像点能被分辨的程度,通常都按瑞利提出的判据来判断,即当一个中央亮斑的最大值位置恰和另一个中央亮斑的第一个最小值位置相重合时,两个像点刚好能被分辨,如图(b)所示的圆孔衍射情况。此时,其总照度分布曲线中央凹下部分强度约为每一曲线最大值的74%,两个发光点对望远镜入射光瞳中心所张的视角 U 等于各衍射图样第一暗环半径的衍射角 θ_1,即 $U=\theta_1$。

视角 $U>\theta_1$ 时,能分辨出两点的像;视角 $U<\theta_1$ 时,则分辨不出。$U=\theta_1$ 的这个极限角称为光学系统的分辨极限,而它的倒数称为分辨本领。也用像面上或物面上能够分辨的两点间的最小距离来表示分辨极限。

因此,由于衍射的效应,即使是一个理想的光学系统也不能将一个物点成像为一个理想的像点,而是形成一个爱里斑,爱里斑的大小决定了光学系统的分辨率。理想光学系统的分

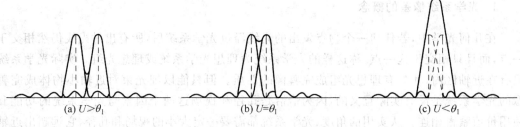

图 2-7　光强分布情况

辨率与光学系统的通光口径以及入射光的波长有关。常见光学系统的理论分辨率有：

人眼的分辨本领。眼睛瞳孔的半径约为 1mm，波长为 $\lambda=555$nm 的黄绿色光进入瞳孔时，人眼在明视距离(250mm)处能分辨两个点之间的距离约为 0.08mm，也就是说，对物面上比这个距离更小的细节，人眼就分辨不出了。

望远镜的分辨率。望远镜的分辨率一般用分辨角表示，具体的计算公式为式(2-18)。

显微镜的分辨率。其计算公式为

$$\Delta y = \frac{0.61\lambda}{n\sin u} = \frac{0.61\lambda}{NA} \tag{2-19}$$

式中 λ, n, u, NA 分别为入射波长，入射物空间的折射率、入射角和数值孔径。

3．实际光学系统的成像情况

一个光学系统实际的成像更为复杂，其分辨率不仅与光学系统的通光孔径或数值孔径有关，更多的是与光学系统的几何像差有关。通过光学系统设计完全来消除像差是困难的，也是不符合实际的。此外作为整个光电系统，有时其他一些因素也影响整个系统的分辨率，如在照相系统中，底片的分辨率同样也影响整个系统的分辨率。

4．光学系统像差的测量与评估方法

对一个光学系统性能评价，总体上讲有三种方法。其一是使用像差评价技术，设计者经常选择对光学系统进行光线追迹来评价其系统的性能；其二是采用分辨率板来测试光学系统的性能指标，使用者有时采用测量光学系统的传递函数来评价光学系统。最后一种方法经常被光学系统制造者采用，即使用性能测试来评价他们制造的系统，往往在光学系统的加工过程中进行测试。这样的测试不仅需要知道光学系统的像差，还需要知道如何来修正这些像差。最常用的测试方法就是采用基于光学干涉的方法来测量光学系统的波前质量，因为光学干涉方法具有测量灵敏度高、容易实现测量自动化、得到的干涉图像容易解释等优点。

瑞利判据表明，对于一个趋于衍射极限的光学系统，其实际波前与理想波前之间的偏差不应该大于 $\lambda/4$。由于干涉的自然单位是波长，要求采用单色光源，激光成为干涉仪的标准光源。实际上，所有用于光学系统测试的干涉仪都是将被测波前与参考波前进行比较，得到的干涉条纹实际上是两个波前之间差别的包络线。如果参考波前是个理想的平面或球面波，干涉条纹实际上就是被测波前的等高线。

使用干涉测量最简单的方法是使用测试样板，当被测零件与测试样板放在一起，在它们的接触面就会出现干涉条纹,根据干涉条纹就可以得到被测零件的像差或尺寸。这种方法测量简单、快速、干涉图像直观、易懂,其缺点是容易损伤被测表面,此外需要制作精密的测试板,且测试板尺寸受到了限制不能做得太大,因此在实际中经常采用下面将要介绍的各种光学干涉系统来测量光学系统或零件的成像质量。

2.2.2 泰曼-格林干涉仪

泰曼-格林干涉仪实质上是迈克尔逊干涉仪的一种变型,是近代光学检验领域里一种很重要的仪器,其光路原理如图 2-8 所示。准单色点光源和透镜 L_1 提供入射的平面波,干涉仪的一臂装有参考反射镜 M_1,另一臂则装上被测试的光学元件。透镜 L_2 使得全部通过孔径的光都能进入位于 L_2 焦点处的观察孔,所以能看到整个视场,即能看到 M_1 和 M_2 的任何一部分。干涉条纹可用目视观察或用照相机把干涉条纹拍摄下来进行分析。根据干涉条纹的变化,就可判断被测光学元件的质量。采用连续输出功率为 1mw 的 He-Ne 激光器,就足以在整个干涉场上产生明亮而清晰的干涉条纹,使泰曼-格林干涉仪不仅能适应各种静态测试的要求,也能适应大位移的动态测量。激光条纹的高亮度,还能缩短对条纹照相的曝光时间,因而能减少不希望有的振动效应。图 2-8 中所示的仪器是检验透镜的泰曼-格林干涉仪,其中球面镜 M_2 的曲率中心和被测透镜的焦点重合。如果待测透镜没有像差,返回到分束器的反射波将仍是平面波;如果被测透镜有像差引起波阵面的变形,那么就会清楚地看到具有畸变的一幅干涉条纹图。若把 M_2 换成平面镜,就可以检验其他类型的光学元件,如棱镜,光学平板等。还可直接采用 CCD 摄像技术获得干涉图,用计算机分析得到各种像差。

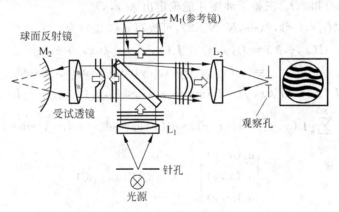

图 2-8 泰曼-格林干涉仪

2.2.3 移相干涉仪

如图 2-9 所示的迈克尔逊干涉仪,参考镜上装有压电陶瓷移相器(PZT),驱动参考镜产生几分之一波长量级的光程变化,使干涉场产生变化的干涉图形。干涉场的光强分布可表示为

$$I(x,y,t) = I_d(x,y) + I_a(x,y)\cos[\phi(x,y) - \delta(t)] \tag{2-20}$$

式中,$I_d(x,y)$,$I_a(x,y)$ 分别为干涉场的直流光强分布和交流光强分布;$\phi(x,y)$ 为被测波面与参考波面的相位差分布;$\delta(t)$ 为两支干涉光路中的可变相位。

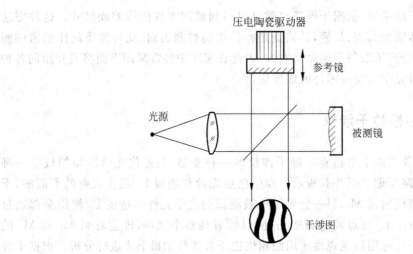

图 2-9 装有压电陶瓷驱动的迈克尔逊干涉仪

传统的干涉测量方法是,固定 $\delta(t)=\delta_0$,直接判读一幅干涉图中的条纹序号 $N(x,y)$,由此获得被测波面的相位信息 $\phi(x,y)=2\pi N(x,y)$。由于干涉域的各种噪声、探测与判读的灵敏度限制及其不一致性等因素的影响,其条纹序号的测量不确定度只能做到 0.1,相应的被测波面的面形不确定度为 $0.1\lambda\sim0.05\lambda$。

为了减小干涉测量的不确定度,设法采集多幅相位变化的干涉图中的光强分布 $I(x,y,t)$,用数值计算解出 $\phi(x,y)$。对于给定的干涉场某点 (x,y) 处,式(2-20)中 I_a,I_d 和 ϕ 均未知,至少需 $\delta(t_1)$、$\delta(t_2)$ 和 $\delta(t_3)$ 三幅干涉图才能确定出 $\phi(x,y)$。

一般取 $\delta_i=\delta(t_i)$,$i=1,2,\cdots,N(N\geqslant 3)$,可改写式(2-20)为

$$I(x,y,\delta_i)=I_d(x,y)+I_a(x,y)\cos[\phi(x,y)+\delta_i]$$
$$=a_0(x,y)+a_1(x,y)\cos\delta_i+a_2(x,y)\sin\delta_i \quad (2\text{-}21)$$

式中 $a_0(x,y)=I_d(x,y)$,$a_1(x,y)=I_a(x,y)\cos\phi(x,y)$,$a_2(x,y)=-I_a(x,y)\sin\phi(x,y)$。按最小二乘原理 $\sum_{i=1}^{N}[I_i(x,y)-a_0(x,y)-a_1(x,y)\cos\delta_i-a_2(x,y)\sin\delta_i]^2=\text{Min}$,得

$$\begin{bmatrix} a_0(x,y) \\ a_1(x,y) \\ a_2(x,y) \end{bmatrix} = \boldsymbol{A}^{-1}(\delta_i)\boldsymbol{B}(x,y,\delta_i) \quad (2\text{-}22)$$

$$\boldsymbol{A}(\delta_i)=\begin{bmatrix} N & \sum\cos\delta_i & \sum\sin\delta_i \\ \sum\cos\delta_i & \sum\cos^2\delta_i & \sum\cos\delta_i\sin\delta_i \\ \sum\cos\delta_i & \sum\sin\delta_i\cos\delta_i & \sum\sin^2\delta_i \end{bmatrix} \quad (2\text{-}23a)$$

$$\boldsymbol{B}(x,y,\delta_i)=\begin{bmatrix} \sum I_i(x,y) \\ \sum I_i(x,y)\cos\delta_i \\ \sum I_i(x,y)\sin\delta_i \end{bmatrix} \quad (2\text{-}23b)$$

最后,被测相位 $\phi(x,y)$ 可通过 $a_2(x,y)$ 与 $a_1(x,y)$ 的比值求得

$$\phi(x,y) = \arctan\left(\frac{a_2(x,y)}{a_1(x,y)}\right) \tag{2-24}$$

取四步移相，即，$N=4$，$\delta_1=0$，$\delta_2=\frac{\pi}{2}$，$\delta_3=\pi$，$\delta_4=\frac{3}{2}\pi$，代入式(2-22)、式(2-23)和式(2-24)得

$$\phi(x,y) = \arctan\left(\frac{I_4(x,y)-I_2(x,y)}{I_1(x,y)-I_3(x,y)}\right) \tag{2-25}$$

如果考虑干涉场中有固定噪声 $n(x,y)$，面阵探测器的灵敏度分布 $s(x,y)$，则式(2-20)改为

$$I(x,y,t) = s(x,y)\{I_0(x,y)+I_1(x,y)\cos[\phi(x,y)+\delta(t)]\}+n(x,y) \tag{2-26}$$

由于式(2-25)中含有减法和除法运算，上述干涉场中的固定噪声和面阵探测器的不一致性影响均自动消除，这是移相干涉技术的一大优点。

2.2.4 共路干涉仪

在泰曼-格林干涉仪或迈克尔逊干涉仪中，由于参考光束和测量光束沿着彼此分开的光路行进，它们受到环境因素（如振动、温度等）的影响不同，如果不采取适当的隔震和恒温措施，得到的干涉条纹是不稳定的，将影响测量结果的稳定性，共路干涉仪可以解决这个问题。所谓共路干涉仪，就是干涉仪中参考光束与测量光束经过同一光路，对外界振动和温度、气流等环境因素的变化能产生彼此共模抑制，一般无需隔震和恒温条件也能获得稳定的干涉条纹。在某些共路干涉仪中，甚至不需要专门的参考表面，参考光束直接来自被测表面（或系统）的微小区域，它不受被测表面误差或像差的影响。当这一光束与通过被测表面全孔径的测量光束干涉时，就可直接获得被测表面或系统缺陷的信息。在这类共路干涉仪中，干涉场中心的两支光束的光程差一般为零，对光源的时间相干性要求不高，甚至可以使用白光光源。在另一类共路干涉仪中，干涉是由一支光束相对于另一支光束错位产生的，参考光束和检测光束均受被测表面信息的影响，干涉图不直接反映被测表面的信息，需经计算才能求得被测表面或系统的信息，此类干涉仪称为共路剪切干涉仪。

1. 斐索共路干涉仪

当参考面与被检面靠得很近，且两者通过一合理的具有足够刚度的机械结构连接在一起时，就形成了早期的共路型干涉仪。这种干涉仪有较好的抗干扰性能，可以用于车间现场测试。

平面斐索干涉仪的工作原理如图 2-10 所示。一针孔置于准直物镜的焦点处，单色光源的尺寸受针孔限制。单色光经针孔、分束器 BS 及准直物镜后形成准直光束，直接射向参考平面和被检表面。当参考平面 R 和被测表面 T 之间形成很小空气楔时，人眼可以通过小孔观察到由两者形成的等厚条纹，如果参考平面是理想的，则等厚条纹的任何形状变化（弯曲或局部弯曲等）就是被检表面的缺陷。斐索干涉仪不仅可方便地测量平面被检面的缺陷，也可检测球面或非球面的表面缺陷，当然此时的参考面也应该是理想的球面或非球面。此外斐索干涉还可用于棱镜及透镜像质的检测，是一种多功能的测试仪器。

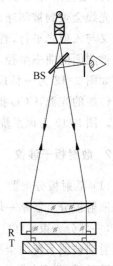

图 2-10 斐索共路干涉仪

在斐索干涉中,针孔的离焦、准直透镜的像差及分光板的厚度都会使出射光束的准直性受到破坏,设计时应有严格的要求。作为参考面的平面样板通常与透镜一起安置且预先调节平面样板,使参考面反射的针孔像落回到针孔上。参考面样板常做成楔形(大约 $10'\sim 20'$),以隔离样板背面产生的有害反射光线。在近代的斐索干涉仪中,基准面与准直物镜可形成一体,透镜的下表面设计成平面作为参考面,上表面设计成非球面,以消除像差对准直光束的影响。

必须指出,对斐索干涉仪来说,只有参考面与被检面之间的空气间隔很小,且在结构上使两者形成一体时,它才具有共路干涉的特性,对外界干扰才具有"脱敏"性能。如果不满足上述条件,则斐索干涉仪将丧失共路干涉的特性,此时不能把斐索干涉仪看作共路干涉仪。通常把空气间隔很小时的斐索干涉仪称为共路型斐索干涉仪,而把空气间隔较大且无法在结构上把两者连成一体的斐索干涉仪称为非共路型斐索干涉仪。

球面斐索干涉仪通常采用凹球面参考波。如图 2-11(a)所示的干涉布置可以测量凸面镜和凹面镜。在两种情况下,被测面的中心必须与参考面的中心重合,这样能保证当被测表面理想时,所有光线能够相交于中心,并沿原路返回,回来的波前与入射的波前(即参考波前)有相同的曲率半径。当被测物为凸面镜时,凸面镜应放在参考面和参考面球心之间,且其曲率半径应该小于参考镜的曲率半径,被测凸面的直径应该小于干涉仪的通光口径。

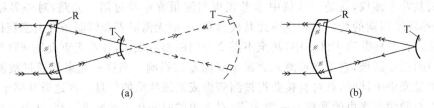

图 2-11 球面斐索干涉仪的光路图

通过如图 2-11(b)所示的猫眼光路安排,球面斐索干涉仪还可以用来测量被测面的曲率半径。当被测表面的球心与参考表面的球心重合时,反射光沿原路返回,经过参考球面后,其测量光束与参考光束平行,干涉条纹的间距最大或没有干涉条纹。移动被测球面,当入射光线会聚到被测球面顶点时,形成猫眼光路,反射光线沿对称方向,经过参考面后反射光线又与入射光平行,看到的条纹间距最大或看不到条纹。测量出这两个特殊位置的距离,就是被测面的曲率半径。

如图 2-12 为一种现代激光数字波面干涉测量凹球面的光路原理图,He-Ne 激光器代替了传统的光源,CCD 摄像机代替了人眼,通过专用软件可以分析和得到被测物体的各种像差。图 2-13 为该系统测量其他光学系统或零件的光路图。

2. 散射板干涉仪

(1) 散射板分束器

散射板分束器是一块利用特种工艺制作的弱散射体。会聚入射光束经散射板后被一分为二,一部分光束 t 直接透过散射板,通过被测系统中心区域;另一部分光束 s 经散射板后,被散射到被测系统的全孔径,如图 2-14 所示。这两支光束经过第二个散射板后,再次被散射板透射、散射,形成四束光,它们分别是:

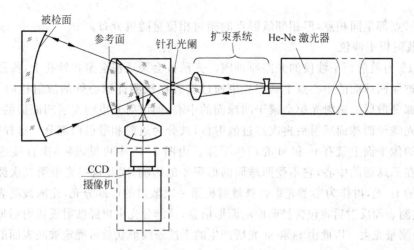

图 2-12 激光数字波面干涉仪测量凹球面的光路

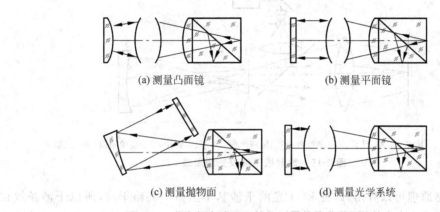

图 2-13 激光数字波面干涉仪测量其他光学零件的光路

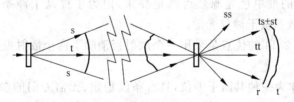

图 2-14 散射板分束器

① tt 光，两次都是直接透过散射板的光束。
② ts 光，第一次直接透过散射板，第二次被散射板散射的光。
③ st 光，第一次被散射板散射，第二次直接透过散射板的光。
④ ss 光，两次都经散射板散射的光。

上述四种光振幅中，tt 光在像平面上形成中心亮斑，常称热斑（hot spot），它实际上是光源经干涉后所形成的像。ts 光和 st 光相互干涉，形成干涉条纹。而两次散射的 ss 光，由于发生随机的干涉而形成背景散斑，必须很好控制这部分光，以免影响条纹对比度。

在散射板分束器上，各散射点的相位并非像普通散射板那样为随机分布。散射板分束器上的每一散射点，都具有对散射板中心反转对称的相位分布，即相对于散射板中心的每一对对称散射点都是同相点,但相邻散射点的相对相位呈随机分布。

(2) 散射板干涉仪

图 2-15 为散射板干涉仪的光路原理图。光源被会聚透镜会聚在针孔上,投影物镜把针孔成像在被测凹球面的中心点上。当光束通过安置在被测件球心处的散射板时,光束被部分透射和部分散射。透射光束会聚于凹球面的中心,而散射光束则充满凹面镜的整个孔径。这两部分光线经凹球面反射后再次经过散射板,被分为透射和散射两部分。这样,在与被测表面共轭的像平面上就有 ts 和 st 光产生干涉。由图 2-15 中可见,第一次直接透过散射的光束会聚在凹球面的中心,它不受凹球面面形误差的影响,因此这一光束第二次经散射板散射后形成的 ts 光,可作为参考光束。被散射板第一次散射的这部分光,充满被测表面的整个孔径,经被测表面反射后将包含被测面的面形信息,这部分光束再经散射板透射后所形成的 st 光,可作为测量光束。因此由 ts 和 st 光所产生的干涉条纹形状就可确定被测表面的面形。

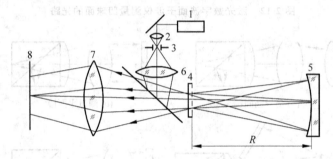

1—光源;2—聚光镜;3—针孔;4—散射板;5—被测凹面;6—投影物镜;7—成像物镜;8—观察屏

图 2-15 散射板干涉仪光路原理

由上述光路原理可以看出,ts 光和 st 光的干涉基本上是一共路干涉,所以干涉条纹比较稳定。干涉仪没有专门的参考表面,参考光束来自被测表面中心的微小区域。虽然从光路原理看,采用普通的准单色光源就可满足要求,但为了提高干涉条纹亮度,目前常采用 He-Ne 激光器来作散射板干涉仪光源。

图 2-15 相比图 2-14 的优点是采用一个散射板消除了两个散射板性能不一致给测量带来的误差。

散射板干涉仪作为一种共路干涉仪,具有条纹稳定、无需专门的参考表面、结构简单等优点,特别适用于大口径凹面反射镜的干涉测试。其主要缺点是目前还无法用它来检测凸面面形,以及干涉场上存在散斑背景,条纹对比度受到一定的影响。

3. 剪切干涉仪

剪切干涉仪是另一类共路干涉仪,也称波面错位干涉仪。通过一定的装置将一个具有空间相干性的波面分裂成两个完全相同或相似的波面,并且使这两波面彼此产生一定量的相对错位,在错位后的两波面重叠区形成一组干涉条纹。根据错位干涉条纹的形状,并通过一定的分析就可获得原始波面所包含的信息。

剪切干涉仪具有共路干涉仪的共同优点。由于剪切干涉条纹是被测波面互相错位干涉的结果,它并不直接反映被测波面。为求被测波面,必须进行一定的分析计算,这在一定程度上曾影响其应用。当剪切干涉仪与计算机结合以后,这个问题才得到了很好的解决。此外剪切干涉由于是自身波前相互错位形成的干涉现象,不需要参考系统,是一种较为经济的干涉系统。

根据波面剪切方式的不同,波面剪切可分为横向、径向、旋转和翻转剪切四类,如图 2-16 所示。图中 ABCD 为原始波面,A'B'C'D' 为剪切后的波面,两波面的重叠区即为干涉区。

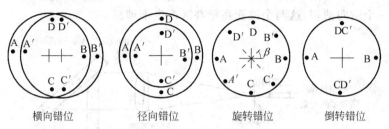

图 2-16 波面剪切的四种方法

原始波面与剪切波面之间,在某一参考面内产生的小量横向位移称为横向剪切,如图 2-17 所示。其中图(a)为平面波的横向剪切,其参考面显然是平面;图(b)为球面波的横向剪切,其参考面是一与实际波面接近的球面。横向剪切是由于原始波面与剪切波面之间存在绕参考球面球心的相对转动而引起。在平面波横向剪切中,其剪切量以线量 s 表示。在球面波横向剪切中,其剪切量则以角量 α 表示。

(a) 平行光

(b) 会聚光

图 2-17 横向剪切干涉仪图

图 2-18 所示为横向剪切波面及其干涉图。设图中所示波面相对某参考平面的波差为 $W(x,y)$,波面上任意点 P 的坐标为 (x,y),若波面在 x 方向上的错位量为 s,两波面在 P 点的光程差为

$$\Delta W(x,y) = W(x,y) - W(x-s,y) = m\lambda \tag{2-27}$$

式中,m 为干涉条纹的相对干涉级次;λ 为光源波长。

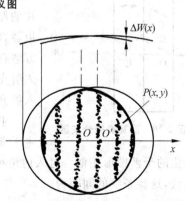

图 2-18 横向剪切波面及其干涉图

(1) 平板剪切干涉仪

图 2-19 是默蒂(Murty)1964 年设计的一种平板横向剪切干涉仪。由 He-Ne 激光器出射的光束经过扩束系统(被测透镜形成扩束系统的一部分),并经过针孔滤波后,形成平行光束射向平板。一部分被前表面反射后形成原始波面,另一部分透过平板再被后表面反射,与原始波面有一个横向剪切,这两个波面在重叠区产生干涉。

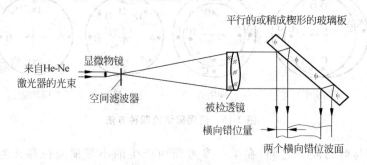

图 2-19　使用平板的横向剪切干涉仪

平板是一个关键剪切干涉器件,横向剪切量不仅与平板的厚度、折射率以及光线的入射角有关,同时平板本身的质量(表面形貌和光学折射率均匀性等)直接影响干涉条纹的质量。

(2) 萨瓦干涉仪

萨瓦(Savart)偏振分束镜由两个完全相同的单轴晶体片组成,晶体的光轴与晶片法线成 45°,如图 2-20 所示。两个晶片的主截面(包含晶体光轴和晶片法线的平面)彼此交叉。第一个晶片的光轴位于图平面内,第二个晶片的光轴与图平面成 45°角,图中双箭头线表示该光轴在图平面内的投影。入射光束被第一个晶片分成两束,即寻常光 O 和非常光 E。因为第二个晶片相对于第一个晶片转过 90°,所以第一个晶片中的寻常光在第二个晶片中变为非常光,反之亦然。光线 OE 不在图面内,而是穿过图面出射,并与它相伴的光线 EO 平行,虚线表示该光线在图面内的投影。两晶片中每个晶片在两光线间产生的横向位移量相等,并且在互相垂直的方向上。厚度为 $2t$ 的萨瓦偏振分束器在出射光线 EO 和 OE 间产生的总位移量为

$$d = \sqrt{2}\,\frac{n_e^2 - n_o^2}{n_e^2 + n_o^2} t \tag{2-28}$$

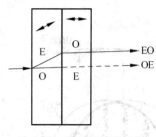

图 2-20　萨瓦偏振分束器

式中,n_o 和 n_e 分别为寻常光和非常光的折射率;t 为每一晶片的厚度。若偏振分束器由石英制成,则 10mm 厚的偏振分束器,OE 和 EO 的横向位移量为 $80\mu m$;如果偏振分束器由方解石制成,则可产生 1.5mm 的横向位移。在图 2-20 中,若入射光线不平行于晶片法线,则出射的两束光线仍平行于原入射光线,而且它们的相对位移量保持不变。

平行的出射光线在无限远处或在一正透镜的后焦点上产生干涉,干涉图形与杨氏干涉实验中用两间距为 d 的相干光源产生的干涉图形相似。对入射角小的光线,产生的干涉条纹是与横移方向垂直的等间隔直条纹,这些条纹的间距为

$$e = \frac{\lambda}{\theta} \tag{2-29}$$

零级条纹与垂直入射的光线相对应,它位于干涉场的中心。从萨瓦分束器出射的 OE 光和 EO 光,其偏振方向互相垂直。为使这两束光干涉,分束器后面可用一检偏振器来使它们的振动方向一致,只要检偏振器的轴线与两相互正交的偏振光成 45°即可。与此同时,在分束器前也应放一起偏振器,使自然光中只有一个偏振分量进入分光器。

萨瓦偏振分束器的横向剪切干涉仪已被广泛用于测定光学系统的像差,图 2-21 为一测量像差用的萨瓦干涉仪。被检透镜 L 使小光源 S 成像于 S',透镜 L_1 准直 S' 发出的光线,使经过萨瓦分束镜的光线是一束平行光。萨瓦分束器使有像差的波面产生横向错位,在分束器的前后各放一线偏振器。透镜 L_1 和 L_2 组成一低倍显微镜,并调焦于被检透镜 L 上。萨瓦干涉仪将产生一组等间隔的直条纹,若被测透镜存在像差,直条纹将会变形。

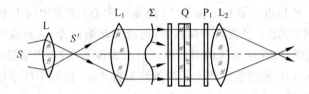

图 2-21 检验光学系统的萨瓦干涉仪

(3) 渥拉斯顿棱镜干涉仪

图 2-22(a)为渥拉斯顿分束器的光路,该分束器由两个相似的单轴晶体光楔组成,它们胶合在一起,组成一个平行平板。两光楔的光轴与外表面平行且彼此垂直。渥拉斯顿棱镜将入射光线分成两条沿不同方向行进的光线,两光线偏振方向正交,两光线的横向位移量随入射光线在渥拉斯顿棱镜上的高度不同而不同,其分束角

$$\alpha = 2(n_e - n_o)\tan\theta \tag{2-30}$$

式中 θ 为光楔楔角。在大多数实际应用中,可认为分束角 α 与入射角无关。$\theta = 5°$ 的石英渥拉斯顿棱镜,其分束角为 $6'$。而同样角度的方解石渥拉斯顿棱镜,其分束角为 $2°$。

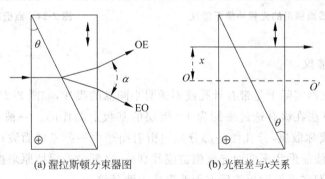

(a) 渥拉斯顿分束器图   (b) 光程差与 x 关系

图 2-22

与渥拉斯顿棱镜 $O\text{-}O'$ 轴相距 x 处出射的 OE 光和 EO 光间的光程差(图 2-22(b))可由下式给出

$$\Delta = 2(n_e - n_o)x\tan\theta = \alpha x \tag{2-31}$$

沿 $O\text{-}O'$ 轴出射的光线,其光程差为零,此处两光楔的厚度相同。光程差随 x 而线性增

大。在渥拉斯顿棱镜前后各安置一偏振器,只要两偏振器取向合适,就可观察到一组与楔边平行且定域于棱镜内的直条纹,条纹方向垂直于图面,沿 $O\text{-}O'$ 轴的光程差为零,其条纹间隔为

$$e = \frac{\lambda}{2(n_e - n_o)\tan\theta} \tag{2-32}$$

如 $\theta = 5°, \lambda = 0.55\mu m, (n_e - n_o) = 9 \times 10^{-3}$ 的石英渥拉斯顿棱镜,每毫米大约有三个条纹。减小楔角 θ,可使条纹间隔增大。

严格来说,OE 光和 EO 光的光程差关系式(2-31)只有对垂直入射光才是正确的。对非垂直入射光,式(2-31)的右边要加上一个与入射角平方成比例的项,但由于一般入射角都小于10°,故此项可以忽略。

图 2-23 所示为用渥拉斯顿棱镜干涉仪测试凹面镜的装置。光源 S 成像在渥拉斯顿棱镜分束器上的 S' 点,S' 接近于被检凹面镜 M 的曲率中心,成像物镜 L 使 M 成像于观察屏 M' 上。在照明及接收光路上各安置一偏振器,前者为起偏振器,它可绕光轴旋转,用来调节 EO 光和 OE 光的光强,以保证条纹的对比度。后者为检偏振器,用来进行偏振耦合,使不同偏振方向的 EO 光和 OE 光产生干涉。干涉条纹为直条纹,根据干涉条纹的形状变化,即可测量被检凹面镜的面形。

在这种干涉装置中,渥拉斯顿分束棱镜类似于萨瓦干涉仪中萨瓦分束器的作用,所产生的干涉图为横向剪切干涉图。

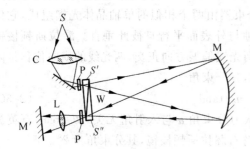

图 2-23 检验凹面镜用的光程补偿干涉仪

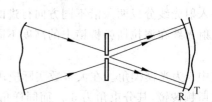

图 2-24 点衍射分束器

4. 点衍射干涉仪

点衍射板分束器实际上是带有针孔或不透明小圆盘的膜片,如图 2-24 所示。针孔通常是用光刻或镀膜方法在镀有透过率约为 1% 镀层的基板上制作的。一被测波前聚焦,就会在点衍射板上形成弥散斑,针孔使一部分光线衍射而产生一参考球面波;另一部分直接透过膜片的光线,其波前形状不变而光振幅被膜片衰减,这部分光保持原来被测波前的形状而作为测量光束,它们在点衍射板的后方干涉形成干涉条纹。

为了得到高对比度的干涉图,透过膜片的光与针孔衍射的光振幅应相等,这可通过改变膜片的透过率和针孔的大小来控制。此外,点衍射波的光强还决定于有多少成像光线落在针孔上,而这又取决于被测波前波像差的大小和针孔的位置。最常用的膜片透过率为 1%,而针孔的最佳尺寸约等于无像差时原波面产生的爱里斑大小。

点衍射干涉仪是 1972 年由斯马特(Smartt)和斯特朗(Strong)发明的。图 2-24 为用于

测量物镜像差的点衍射干涉仪。平面波前通过被测物镜后，带有物镜像差信息的波前聚焦在点衍射板上并被一分为二，透过点衍射板的光波保持被测前的相位分布，形成测量波前 Σ_M；经针孔衍射的波前形成参考波前 Σ_r，它们的复振幅可用下式表示

$$W_r = a \cdot e^{i2kL_1} \tag{2-33a}$$

$$W_M = b e^{i2k[L_2 + w(x,y)]} \tag{2-33b}$$

式中，a,b 分别表示参考和测量波前的振幅；L_1,L_2 分别为针孔和像点中心到观察点的距离；$k=2\pi/\lambda$；$w(x,y)$ 为被测物镜的波像差。则干涉条纹的强度为

$$I = 1 + K\cos 2k[L_1 - L_2 - w(x,y)] \tag{2-34}$$

式中 $K = 2ab/(a^2 + b^2)$，为干涉条纹的对比度。

点衍射干涉仪的干涉图与泰曼-格林干涉仪的干涉图类似，若点衍射板垂直于光轴方向移动，使针孔相对于焦点横移，则相当于参考波前与被测波前互相倾斜，从而形成直条纹。若点衍射板沿光轴轴向移动，具有一定离焦，则将形成圆条纹，波像差 $W(x,y)$ 使得干涉条纹变形。

2.3 激光干涉仪

2.3.1 迈克尔逊干涉仪

在大多数激光干涉测长系统中，都采用了迈克尔逊干涉仪或类似的光路结构。因此，迈克尔逊干涉仪是激光干涉仪的基础。

迈克尔逊干涉仪的光路如图 2-25 所示。光源发出的光经由透镜 L_1 和 L_2 组成的准直望远镜，准直成平行光束。此平行光束由平板分光器 BS 分为两路，一路反射向上，一路透射向右。这两路光分别经固定全反镜（参考镜）M_1 和可动全反镜（测量镜）M_2 反射后，形成参考光束和测量光束，并在分光器 BS 上重新会合后向下出射，成为相干双光束。通过接收系统 D，可以接收到典型的双光束干涉条纹。

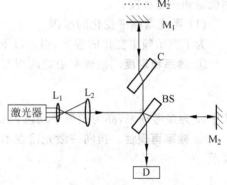

图 2-25 迈克尔逊干涉仪光路

在分析迈克尔逊干涉仪时，常常将 M_1 和 M_2 反射形成的双光束干涉等效成 M_1 和 M_2' 两反射镜表面构成的空气虚平板的干涉。M_2' 是 M_2 经分光器 BS 所生成的虚像。调整 M_2 使得 M_2' 与 M_1 完全平行，这时将观察到等倾条纹；调整 M_2 使得 M_2' 与 M_1 构成楔形空气平板，这时将观察到等厚条纹。

由图 2-25 可知，测量光经过分光器 BS 三次，而参考光只经过分光器一次。在使用白光光源时，即使 M_1,M_2 相对于分光器 BS 等距分布，双光束的光程仍然是不等的。为此，必须加入材料、厚度与分光器 BS 完全相同的程差补偿板 C，使双光束能够实现零程差，以便得到白光干涉时标志明显的零级条纹。若分光器 BS 两面均不镀半透银膜，参考光束与测量光束半波损失的情况不同，因此两光程差为零时，将得到黑色零级条纹。若在分光器的表面

镀上半透银膜,则两光的附加程差与该银膜的厚度有关,当银膜厚度刚好使双光束的附加程差完全相同时,将得到白色的零级条纹。

当使用激光光源时,程差补偿板 C 可以取消,因为这时分光板引起的附加程差可以通过调整测量镜 M_2 的位置来加以补偿。

迈克尔逊干涉仪的测长原理很简单。若起始时双光束光程差为零,则当测量镜 M_2 沿光轴方向位移 L 距离时,两光产生程差 $2L$,由亮纹条件可知 $2L=k\lambda$,式中 k 为干涉级次。因此,测量镜每移动半个波长的距离,光电接收器 D 接收到的干涉场固定点上的条纹级次就变化 1,也即有一个亮条纹移过。数出移过该点的亮条纹数目,就可以求出被测长度,即

$$L = \frac{N\lambda}{2} \tag{2-35}$$

式中 N 是光电接收器 D 接收到的干涉场固定点明暗变化的次数。

2.3.2 实用激光干涉仪主要构件的作用原理

大多数实用激光干涉仪都采用迈克尔逊干涉仪的光路形式,但在以下几个方面都采用了特殊的技术,以提高测量精度和满足实际测量的需要。

1. 稳频激光器

在式(2-35)所表达的激光干涉测量长度中,激光的波长是一种标准值,测量的精度很大程度上决定于波长的精确程度,这就要求激光器在实现单频输出的同时,还要求激光频率变动尽可能小。要使频率保持某一特定值不变是不可能的,但可采用一定的措施,使输出频率稳定到一定程度。

(1)激光器频率变化的原因

为了表示频率变化的程度,引入以下两个物理量:

① **频率稳定度**。指频率稳定的程度,以 S_ν 表示。

$$S_\nu = \frac{\Delta \nu}{\bar{\nu}} \tag{2-36}$$

式中,$\bar{\nu}$ 为参考频率,亦为频率平均值;$\Delta \nu$ 为频率的变化量。

② **频率再现性**。指同一激光器在不同时间、不同地点、不同条件下频率的重复性,以 R 表示。

$$R = \frac{\delta_\nu}{\bar{\nu}} \tag{2-37}$$

式中 δ_ν 表示在不同时间、不同地点、不同条件下频率的变化量。

一台普通的单横模、单纵模激光器的频率是随时间变化的,激光的纵模频率为

$$\nu_q = q \frac{c}{2nl} \tag{2-38}$$

式中 ν_q,q,n,l,c 分别为激光器的纵模频率,模数,介质折射率,腔长和光速。

如果激光器的腔长和介质折射率发生变化,激光器的纵模频率必然发生改变。造成腔长和介质折射率变化的主要原因有以下三点:

① 温度。任何物体的线性尺寸都随温度而变化,同时,温度变化也会引起介质折射率的变化。

② 振动。振动会引起激光管变形,使腔长发生变化。

③ 大气的影响。外腔式 He-Ne 激光管,谐振腔的一部分暴露在大气之中,大气的气压和温度的改变影响折射率,使谐振频率发生变化。

(2) 激光器的稳频方法

一般 He-Ne 激光器可能达到的频率稳定度极限为 $S_\nu = 5 \times 10^{-17}$,这是在只考虑原子自发发射所造成的无规则噪声时的频率稳定度理论极限值。不加任何稳频措施的频率稳定度约为 $S_\nu = 10^{-6}$,不能满足精密激光测量长度的要求,需要对激光器进行稳频。稳频方法分为主动稳频和被动稳频两种。

① 被动稳频

在激光器工作时间内,设法使其腔长保持不变,一般采用的措施有以下三个:

控制温度。如 $\Delta T = 0.01℃$,一般 $S_\nu \approx 10^{-8}$。

腔体材料互补。采用正、负线膨胀系数的材料组合,达到腔长稳定的效果,一般 $S_\nu \approx 10^{-8}$。

防震。一般采用防震平台。

由于条件、环境及相关技术的限制,被动稳频达到的效果是有限的,必须采用进一步的措施。

② 主动稳频

主动稳频技术选取一个稳定的参考标准频率,当外界影响使激光频率偏离此特定的标准频率时,设法鉴别出来,再通过控制系统自动调节腔长,将激光频率恢复到特定的标准频率上,最后达到稳频的目的。主动稳频大致可以分为两类:一类是利用原子谱线中心频率作为鉴别标准进行稳频,如兰姆(Lamb)稳频法;另一类是利用外界参考频率作为鉴别标准进行稳频,如饱和吸收稳频法。下面简单介绍兰姆凹陷稳频法。

由于增益介质的增益饱和,在激光器的输出功率 P 和频率 ν 的关系曲线上,在中心频率 ν_0 处输出功率出现凹陷,且凹陷对中心频率对称,这种现象称为兰姆凹陷。图 2-26(a) 是兰姆凹陷稳频装置示意图。它由 He-Ne 激光器和稳频伺服系统组成。激光管是采用热膨胀系数很小的石英管,谐振腔的两个反射镜安置在硬钢架上,并把其中一个贴在压电陶瓷环上,环的内外表面接有两个电极,利用压电陶瓷的电致伸缩效应,通过改变加在压电陶瓷上的电压来调整谐振腔的长度。音频振荡器除供给相敏检波器信号外,还提供一个可调正弦电压加在陶瓷环上,以对腔长进行调制。光电接收器将光信号转变为电信号。相敏检波器采用环形相敏桥,当输入信号与参考信号同相时,则输出一个正的直流电压,当两电压信号反相时,则输出一个负的直流电压。

当压电陶瓷环上加有音频调制电压时,其长度产生周期性的伸缩,因而激光器腔长将以相同的频率周期性地变长缩短,于是激光器的振荡频率也产生周期性的变化。设频率变化的幅度为 $\Delta\nu$,激光器的输出功率也将相应地产生幅度为 ΔP 的周期性变化。如图 2-26(b) 所示,如果激光器工作频率由于某种外界因素偏离了中心频率 ν_0,如图中的 ν_A,则相应 ν_A 处的功率调谐曲线的斜率是负值,所得到的输出功率的变化与调制信号同频且反相。如果偏离到 ν_B,则所得到的输出功率的变化与调制信号同频且同相。而相应 ν_0 处输出功率变化的频率是调制频率的二倍。由此可知,输出功率变化的规律,不仅反映激光工作频率偏离中心频率 ν_0 的大小,而且反映了激光工作频率偏离标准频率的方向。由此可以通过压电陶瓷调节激光器的腔长,精确地将激光器的输出波长稳定在中心频率 ν_0 处。

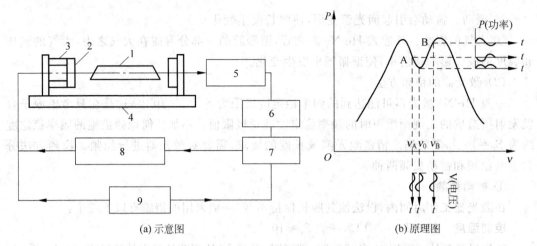

(a) 示意图　　　　　　　　　　　(b) 原理图

1—He-Ne 激光管；2—反射镜；3—压电陶瓷；4—一般钢架；5—光电接收器；6—选频放大；
7—相敏检波；8—直流放大；9—振荡器

图 2-26　兰姆凹陷稳频装置

兰姆凹陷稳频是以原子跃迁中心频率 ν_0 作为标准频率的，所以 ν_0 本身的漂移会直接影响频率的长期稳定性和再现性。采用兰姆凹陷法可使 He-Ne 激光器 $0.6328\mu m$ 谱线的频率稳定度达到 $10^{-9} \sim 10^{-10}$，再现度只有 10^{-7}，满足一般用途的激光干涉测量。

（3）常用稳频激光器

在激光干涉系统中，常用光源如表 2-1 所示，白光常用于干涉条纹定位。

表 2-1　常见干涉光源的光谱特性与相干长度

光源类型	波长 λ/nm	频率 ν/THz	频谱宽 $\Delta\nu$	相干长度 d_{max}
白光	400～600	700～450	250THz	<1μm
多模离子激光器	515	482	10GHz	1cm
水银灯	546	550	300MHz	30cm
单模半导体激光器	780	380	50MHz	2m
单模 He-Ne 激光器	633	473	1MHz	100m
主动稳频的 He-Ne 激光器	633	473	50kHz	2km

2．准直系统

尽管激光的方向性好，但一般 He-Ne 激光器的发散角为 1～2 毫弧度，意味着激光每传播 1m 距离，其激光光斑的直径要增加 2～4mm。传播较远距离后必然造成如图 2-25 所示的迈克尔逊干涉仪中参考光和测量光的光斑大小的不一致，造成干涉条纹对比度的下降。因此在实际干涉仪的应用中，往往需要改善激光光束的方向性，即要压缩光束的发散角。常使用倒置望远镜系统，如图 2-27 所示。两透镜间的距离 D 等于其焦距之和，即 $D = f_1 + f_2$，其中 $f_2 \gg f_1$。如有一高斯分布的激光光束，其发散角为 θ，从左方入射倒置望远镜系统，出射后光线的发散角 θ'' 近似为

$$\theta'' = \frac{\theta}{M} = \frac{f_1 \theta}{f_2} \tag{2-39}$$

式中 $M=f_2/f_1$ 是望远镜主镜 L_2 和副镜 L_1 的焦距比,通常称为倒置望远镜系统的压缩比。

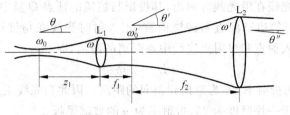

图 2-27　高斯光束准直

3. 光线反射器

在一般的迈克尔逊干涉仪中,测量镜常采用平面反射镜。平面反射镜的特点是当它作平行于镜面的横向移动时,不会带来测量误差。但是,当平面反射镜的镜面在测量过程中出现偏转角 α 时,则相干双光束的夹角随之变化 2α,不仅带来附加的光程差,严重时造成参考光和测量光的光斑不能相交,不能产生干涉。要保证回来的测量光与参考光干涉,需要精密的移动导轨,因此只有对导轨的直线度提出极为苛刻的要求,才能保证平面镜在移动中不出现镜面偏转,否则就无法保证测长精度。但是对导轨的这种苛刻要求很难在加工中实现。为此,激光干涉仪中常常采用对偏转不敏感的角锥棱镜或猫眼系统来作测量镜,降低了对导轨直线度的要求。常用光线反射器有以下几种。

（1）角锥棱镜

角锥棱镜如图 2-28(a)所示,它就好像是从一个玻璃立方体上切下的一角。角锥棱镜的基础是三面直角反射镜,如图 2-28(b)所示,三面直角反射镜由三块平面反射镜互成90°组装而成。与三面直角反射镜相比,角锥棱镜制造比较容易,性能也比较稳定。但在白光干涉仪中,由于很难制造出完全补偿色差的角锥参考镜和角锥测量镜"镜对"(要求材料折射率等各种性能均相同),因此不能用角锥棱镜代替三面直角反射镜。

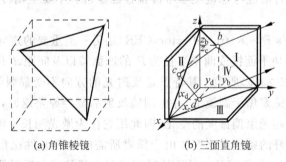

(a) 角锥棱镜　　　　　　　　(b) 三面直角镜

图 2-28　角锥棱镜与三面直角反射镜

如图 2-28(b)所示,若在三面(分别为Ⅰ、Ⅱ、Ⅲ面)直角反射镜上加一平面Ⅳ(称为斜面或底面),则可构成一个四面体。这样的四面体若由玻璃实心体制成,则成为上面讨论的角锥棱镜。四面体中为空气介质的角锥棱镜又称为空心角锥棱镜。

容易证明角锥棱镜具有如下特性:

① **入射光与出射光始终平行**。迎底面入射于棱镜的光线,经过三个面相继反射后,其出射光线平行于入射光线。而且棱镜绕角顶转动时,不会引起反射光线方向的变化。

② **点对称**。不管入射光线与底面成何种角度入射，只要光线在三个直角面上依次反射，入射光线和出射光线在沿光线方向出，其投影与棱镜的顶点 O 呈中心对称。

③ **光程恒定**。对等边三面直角棱镜而言，正入射时光线在角锥棱镜内的路程为一定值，它等于从顶点到入射点和出射点连线中点距离的两倍，即

$$nL = 2nh \tag{2-40}$$

式中，n 为棱镜材料的折射率；h 为锥顶到斜面的距离。因此当光线正入射角锥棱镜的斜面时，角锥棱镜可等效于一块厚度为 $2h$，折射率为 n 的玻璃平板。

一般情况下，很难保证入射光线与角锥棱镜的斜面严格垂直。研究可知，入射角 i 不为零时角锥棱镜内光线的光程为

$$nL = \frac{2nh}{\sqrt{1 - \frac{\sin^2 i}{n^2}}} \tag{2-41}$$

由上式可以看出，入射角 i 不为零以及测量过程中 i 的变化，都会产生附加光程，这个附加光程差为

$$\Delta = i^2 h \left(1 - \frac{1}{n}\right) \tag{2-42}$$

测量初始位置时这一光程差可以通过计数器清零而消除。但在以后的测量过程中，测量棱镜的入射角 i 将因导轨的直线度影响而发生变化，从而引起附加光程差 Δ 的变化。将式(2-42)对 i 微分即可得到因 i 变化而引起的附加光程差 Δ 的变化量为

$$d\Delta = 2ih\left(1 - \frac{1}{n}\right)\delta i \tag{2-43}$$

式中，i 为测量初始时刻角锥棱镜斜面上激光束的入射角；δi 为测量过程中入射角 i 的变化量(即棱镜在测量过程中的偏转角)；$d\Delta$ 为棱镜偏转角引起的附加光程差的变化量。

必须指出的是，如果参考棱镜由于某种原因产生了上述这种偏转，则将产生同样的附加光程差。因此结构设计时应考虑避免参考棱镜在测量过程中发生偏转。

(2) 猫眼测量镜

猫眼测量镜(Cat's Eye Retro-reflector, CER)是另一类重要的逆向反射器，它是由一焦距为 f 的凸透镜及一块平面镜或曲率半径为 R 的凹面镜以及间距 d 共轴组装起来，并满足 $f = R = d$ 条件，如图 2-29(a)所示。其特点是反射光的方向不受猫眼绕凸透镜光心摆动的影响。入射光束经主镜聚焦于副镜上，并由副镜反射后复经原路返回，形成逆向反射。通过猫眼的反射光不会引起光束偏振度的变化，因此用它作为激光测长干涉仪的逆向反射器，可以得到比角锥棱镜更好的条纹对比度。由于猫眼所需的光学元件比角锥棱镜容易得到，只要严格满足 $f = R = d$ 的条件就是一种性能较好且较省钱的逆向反射器。

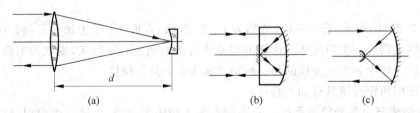

图 2-29 三种形式的猫眼系统

图 2-29(b)、(c)所示的逆向反射器是猫眼系统派生出来的,它是把平面镜或凸面镜放在凹球面的焦点上,平行入射光束会聚于焦点,即平面镜或凸面镜上,反射后复经凹面镜出射,形成逆向反射。

(3) 对摆动和横移都不敏感的测量镜

采用角锥棱镜作干涉测长仪的测量镜,虽对偏摆不灵敏,降低了对导轨直线性的要求,但对角锥棱镜在移动过程中的横移有较高的要求,否则将产生附加光程差,影响测量精度。图 2-30 所示的特伦测量镜系统,是一种对偏摆和横移都不灵敏的测量镜。该测量镜是由一角锥棱镜和一平面反射镜组合而成,平面反射镜调整成与光束垂直,并固定不动,入射光束从角锥棱镜的下半部射入,由上半部射出,经平面反射镜反射后沿原路返回,再经角锥棱镜反射,反射光与入射光平行反向。当测长时,棱镜在导轨上平移,而平面镜始终固定不动。由图显而易见,在这种情况下,由于平面镜的作用,无论角锥镜在移动过程中存在偏摆、俯仰或上下左右的移动,反射光束都能逆向反射,因而进一步降低了对导轨的要求,这是这种测量镜的最大特点,高精度的激光干涉测长仪常用这种测量镜系统。由于入射光束是从棱镜的一边射入的,因此这种测量镜的通光口径要比单独的角锥棱镜测量镜大一倍,体积也相应增大,这是其不足之处。

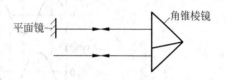

图 2-30 特伦逆向反射系统

4. 干涉条纹计数及判向原理

干涉仪在实际测量位移时,由于测量反射镜在测量过程中可能需要正、反两方向的移动,或由于外界振动、导轨误差等干扰,使反射镜在正向移动中,偶然有反向移动,所以干涉仪中需设计方向判别部分,将计数脉冲分为加和减两种脉冲。当测量镜正向移动时所产生的脉冲为正脉冲,而反向移动时所产生的脉冲为减脉冲。将这两种脉冲送入可逆计数器进行可逆计算,就可以获得真正的位移值。如果测量系统中没有判向能力,光电接收器接收的信号是测量镜正、反两方向移动的总和,并不代表真正的位移值。

图 2-31 和图 2-32 为判向计数原理和电路波形图。通过移相获得两路相差 90°的干涉条纹光强信号。该信号由两个光电探测器接收,便可获得与干涉信号相对应的两路相差 90°的正弦信号和余弦信号,经放大、整形、倒向及微分等处理,可以获得四个相位依次相差 90°的脉冲信号。若将脉冲排列的相位顺序在反射镜正向移动时定为 1,2,3,4,反向移动时则为 1,4,3,2。由此,后续的逻辑电路便可以根据脉冲 1 后面的相位是 2 还是 4 判断脉冲的方向,并送入加脉冲的"门"或减脉冲的"门",这样便实现了判向的目的。同时,经判向电路后,将一个周期的干涉信号变成四个脉冲输出信号,使一个计数脉冲代表 1/4 干涉条纹的变化,即表示目标镜的移动距离为 $\lambda/8$,实现了干涉条纹的四倍频计数。

5. 大气修正

(1) 大气条件的影响

激光干涉测长是以激光波长为尺子来测量长度的,测得的结果应是标准大气条件下的被测件长度。在测长公式 $L = N\lambda/2$ 中,λ 是标准大气条件下传播介质中的激光波长,简称标准激光波长。通常的标准大气条件是指气温为 20℃,气压为 760mmHg,湿度(水汽分压

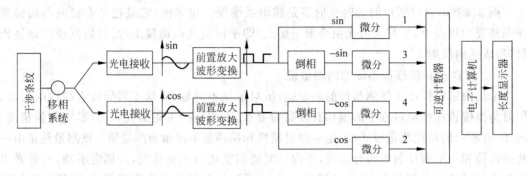

图 2-31 判向计数原理

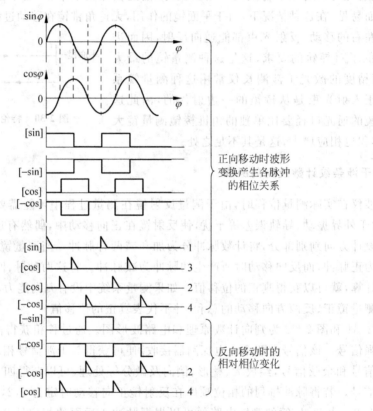

图 2-32 判向计数电路波形

为 10mmHg。测长公式可改写为

$$L = N \frac{\lambda_0}{2n} \tag{2-44}$$

式中，λ_0 为激光的真空波长；n 为标准大气条件下的空气折射率。

(2) 大气条件修正

空气折射率是大气条件的函数，当测量环境的大气条件偏离标准大气条件时，空气的折射率将随之变化，使激光干涉测量用的激光波长这把尺子不标准，从而造成测量误差，目前主要采用两种方法来修正激光的波长。

① Edlen 经验公式

空气折射率与气压、气温、湿度以及大气成分有关。Edlen 于 1965 年给出了适用于气压 100~800mmHg，气温 5~30℃ 范围内计算空气折射率的一组经验公式，即

$$\left.\begin{array}{l} n_{15} - 1 = (8342.13 + 2406030(130-\sigma^2)^{-1} + 15997(38.9-\sigma^2)^{-1}) \times 10^{-8} \\ n_{t,p} - 1 = \dfrac{p(n_{15}-1)}{720.775} \times \dfrac{1 \times p(0.817 - 0.0133t) \times 10^{-6}}{1+0.0036610t} \\ n_{t,p,f} = n_{t,p} - f(5.7224 - 0.0457\sigma^2) \times 10^{-8} \end{array}\right\} \quad (2\text{-}45)$$

式中，n_{15} 是温度为 15℃，气压为 760mmHg，CO_2 含量为 0.03% 时干燥空气的折射率；$\sigma = \lambda_0^{-1}$ 称为真空波数，λ_0 是激光的真空波长（μm）；t 是实测的温度（℃）；p 是实测的气压（mmHg）；$n_{t,p}$ 是温度为 t、气压为 p 时的空气折射率；$n_{t,p,f}$ 是要确定的测量环境气温为 t、气压为 p、湿度为 f 时的空气折射率。

对温度在 15~30℃、气压在 700~800mmHg 范围内的干燥空气，式(2-45)中的 $(n_{t,p}-1)$ 表达式可简化为

$$\left.\begin{array}{l} n_{t,p} - 1 = (n_{15}-1) \times \dfrac{0.00138823p}{1+0.003671t} \\ n_{t,p,f} - 1 = n_{t,p} - 5.608343365f \times 10^{-8} \end{array}\right\} \quad (2\text{-}46)$$

这种简化带来的误差小于 1×10^{-8}。因此，一般情况下，测量出大气的气温，压强以及相对湿度，就可以按式(2-46)计算得到空气的实际折射率，再代入式(2-44)对激光的波长进行修正。

② 空气折射率的实时测量

用经验公式计算空气折射率往往不能正确反映实际测量环境的许多复杂情况，因此不能满足高精度测量的要求。为此，人们发展了许多采用干涉法实时测量空气折射率的方法，图 2-33 就是其中的一种。图中长度为 L 的真空室和空气室用玻璃和两块厚度均匀的玻璃平板制成。激光经过移相分光器 B_1、反射器 B_2 以及角锥棱镜 S_1 和 S_2 后，形成分别通过真空室和空气室的两支光路，干涉场分别由光电接收器 D_1 和 D_2 接收，接收条纹信号经放大整形后由 32 倍频可逆计数器计数。

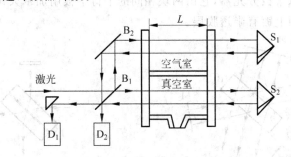

图 2-33 空气折射率的干涉测量光路

进行空气折射率测量时，用真空泵抽走真空室中的空气，则干涉仪两臂出现的光程差为

$$(n_{t,p,f}-1)L = N\frac{\lambda_0}{64} \quad (2\text{-}47)$$

式中 N 为可逆计数器所计的条纹数。环境大气参数变化引起的 $n_{t,p,f}$ 的变化，随时都可由 N 的变化反映出来，因此这种方法可以对测量环境的空气折射率作连续的实时测量，对激

光的波长进行实时修正。

此外,当温度变化时,被测件的长度也会发生变化,也应进行修正。其温度修正量为 $\Delta L_t = L(t-20)\alpha$,式中 L 为标准温度 20℃时工件的长度,t 为被测工件的温度,α 为工件材料的线膨胀系数。

6. 分光器

激光干涉仪常需要分光器件将一束光分成两束或多束光,下面介绍常用的分光器件。

(1) 平板分光器

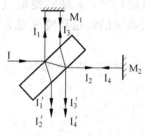

图 2-34 干扰双光束的生成

激光干涉仪中使用较多的分光器是镀有半透膜的平行平板分光器。由于激光具有高亮度的特性,因此平板分出的许多非主干涉光束仍能干涉而形成非主干涉条纹。图 2-34 中仅画出了最主要的非主双光束 I_3' 和 I_4'。图中的主双光束 I_1' 和 I_2' 形成主干涉条纹,二次反射光生成的光束 I_3' 和分光器背面的反射光束 I_4' 将在干涉场中形成非主干涉条纹。当分光器的厚度 d 较薄时,主干涉条纹和非主干涉条纹将发生重叠,结果使主干涉条纹的对比度下降,影响测量结果。

当分光平板存在一定的楔角时,分光器前后表面的一、二次反射光生成的 I_3' 和 I_4' 光还将形成与测量镜的运动无关的一组等厚条纹。这组固定的干涉条纹也将干扰主条纹,同样也影响主条纹的对比度。

为了消除干扰因素,可以采用厚度足够的分光平板,使非主双光束 I_3' 和 I_4' 与主双光束 I_1' 和 I_2' 完全分开,可用光阑将干扰双光束 I_3' 和 I_4' 挡住。通过图 2-35 所示关系的计算可知,为了使干扰双光束与主双光束分开,分光板的厚度不应小于由下式求得的数值

$$d = \frac{n\cos i'}{\sin 2i}D \tag{2-48}$$

式中,n 是平板的折射率;i 是入射角;i' 是折射角;D 是入射光束的直径。

图 2-36 所示是双平板分光器,它由两块相同的平行平板用加拿大树脂等胶合剂胶合而成,在其中一个胶合面上镀有半透膜层。

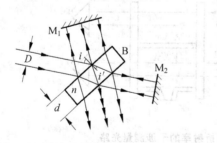

图 2-35 分光平板最小厚度时的情况

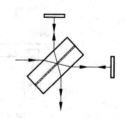

图 2-36 双平板分光器

(2) 非偏振分光棱镜

在一般迈克尔逊干涉仪中,也常常使用如图 2-37 所示的非偏振分光棱镜。这些分光棱镜都由结构对称的两部分胶合而成,在一个胶合面上镀有半透膜层。其中斜立方体分光棱镜(b)的每个锥面角都与直角差 1°~2°,这样可以消除光束在棱镜直角面反射而产生的有害

光线。如图(c)所示的柯斯特分光棱镜分出的两光相互平行,因此温度变化对两光程差的影响大致相等。这些分光器的特点是结构紧凑,半透膜层得到了很好的保护,机械稳定性和热稳定性好。这些分光器都能用于白光干涉,而无需另加程差补偿板。

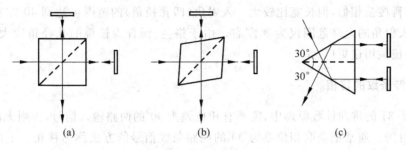

图 2-37　非偏振分光镜

图 2-38 所示的干涉光路使用了两表面镀有全反射膜的立方体分光棱镜。这种整体式结构虽然调整比较困难,但使用元件少,稳定性好,而且可以实现光学二倍频,即当测量角锥棱镜沿着光传播方向平移 L 距离时,干涉仪的测量公式为

$$L = N \frac{\lambda}{4} \tag{2-49}$$

式中 N 是干涉场观测点亮暗变化的次数。

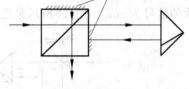

图 2-38　整体式结构的二倍频干涉光路

(3) 偏振分光器

在偏振干涉仪中,还常常使用偏振分光器。一些由双折射原理产生两个振动方向互相垂直的线偏振光的元件,也可以用作偏振干涉仪的分光器。图 2-39 中示出了四种双折射偏振分光棱镜。其中图(a)所示是渥拉斯顿棱镜,在 2.2.4 节中已进行了介绍。图(b)所示的是洛匈棱镜,它的作用与渥拉斯顿棱镜相类似。这种棱镜也是由光轴互相垂直的两个方解石直角棱镜胶合而成,其中第一个直角棱镜的光轴与入射表面垂直,因此当光线垂直入射时,第一个棱镜中实际上不产生双折射效应。另外,由于粘合用胶的折射率与方解石对寻常光的折射率 n_o 一样,所以对胶合面上的寻常光分量而言,胶合层就像不存在一样,寻常光分量将按入射方向直线传播,因此洛匈棱镜的第一个方解石直角棱镜完全可以用一个折射率与方解石的 n_o 相等的玻璃直角棱镜来代替。

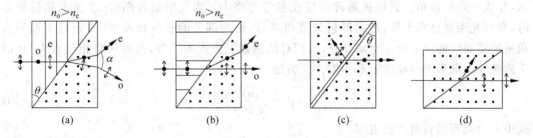

图 2-39　几种类型的偏光分光镜

格兰-傅科棱镜是一种为产生紫外线线偏振光而设计的偏振棱镜,其结构如图(c)所示,两块方解石棱镜之间留有空气隙。这种棱镜的 θ 角大约为 $38.5°$,振动方向垂直于纸面的偏

振分量传播方向不变,而振动方向平行于纸面的偏振分量则被全反射。这种偏振棱镜的缺点是光在棱镜界面上的衰减较大。

为了减小棱镜界面上的光损耗,又产生了如图(d)所示的格兰-汤普森棱镜。这种棱镜与格兰-傅科棱镜相似,但长宽比较大。入射角(即孔径角)的范围可达到 40°左右,而格兰-傅科棱镜入射角的允许范围仅为 8°左右。由于格兰-汤普森棱镜的孔径角较大,因此它比格兰-傅科棱镜用途更广。

7. 干涉条纹的移相

在图 2-31 的辨向计数原理中,需要有相位差为 90°的两路输入信号,否则无法达到倍频和鉴向的目的。通常把获取相位差为 90°的两路条纹信号的方法称为移相。下面介绍几种常见的移相方法。

(1) 机械法移相

图 2-40 为两种机械法移相的原理示意图。如图(a)所示,使布置在干涉条纹间距方向上的两个接收光电管的中心间距等于 1/4 条纹宽度。这时若 D_1 接收的信号为 $\cos\varphi$,则 D_2 接收的信号为 $\sin\varphi$。图(b)所示是用光阑将接收的两组条纹互相错开 90°的相位。

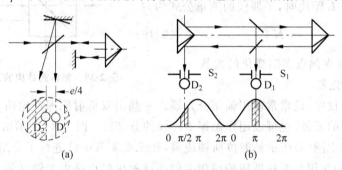

图 2-40 两种机械法移相的原理示意图

机械法移相的特点是简单,适用于干涉条纹的宽度和走向都较稳定的场合。

(2) 移相板移相

① 翼形板移相

翼形板由两块材料、厚度均相同的平行平板胶合而成。两块平板的表面如图 2-41 所示,互成一定的倾角。翼形板通常放置在参考光路中。当翼形板如图 2-42 所示那样放置时,参考光束通过翼形板,被翼形板分成两部分,这两部分的相位相差 90°。通过下面的直角棱镜将对应的两部分在空间分开,与相对的测量光束产生干涉,获得两组相位差为 90°的干涉条纹。翼形板的厚度 d 和角度 β 应满足

$$\beta = \sqrt{\frac{n\lambda}{2d}} \tag{2-50}$$

式中 n 为翼形板材料的折射率。

② 介质膜移相板移相

图 2-43 所示的介质膜移相板是在一块平行平板的一个表面蒸镀上一定光学厚度的介质膜层而制成的。当介质膜移相板用来代替图 2-42 所示光路中的翼形板时,介质膜层的厚度 d 应满足

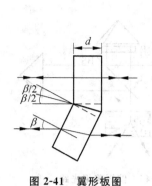 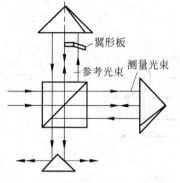 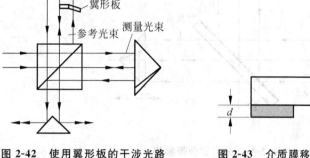

图 2-41 翼形板图　　　图 2-42 使用翼形板的干涉光路　　　图 2-43 介质膜移相板

$$d = \frac{\lambda}{8(n-1)} \tag{2-51}$$

式中 n 为所镀介质膜材料的折射率。

使用移相板移相时，一般调整使测量光束与参考光束的夹角等于零，这时左右两半干涉场中任意两等路程点的相位差均为 90°，因此两个光电接收器只要大致对称地放置在移相双光束的两半边，就可以得到相移量比较稳定的移相信号。

(3) 分光器镀膜分幅移相

利用光波经过金属膜反射和透射都会使光波改变相位的原理，在干涉仪分光器表面镀上适当厚度的金属材料（如铝、金银合金等）膜层，使反射光波与透射光波的相位差正好为 45°。由图 2-44 可知，入射光由分光器分成两组双光束，其中 Ⅱ′经移相膜反射两次，Ⅰ′经移相膜透射两次；而 Ⅱ″、Ⅰ″均经移相膜一次反射和一次透射。因此，双光束 Ⅱ′和 Ⅰ′的干涉图样将与 Ⅱ″和 Ⅰ″的干涉图样在相位上相差 90°，从而实现了分幅移相的目的。

镀膜分幅移相分光器也可采用介质膜系，但这种分光器通常存在条纹对比度不理想或 90°相移量不准确等问题，这是由于镀膜技术很难同时兼顾好条纹对比度（即输出等光强双光束）和准确的 90°相移量这两个要求的缘故。为了解决这个问题，可以采用相位补偿的方法，即对移相膜主要要求输出信号的等光强性，放宽对 90°相移量准确度的要求，然后通过电子相位补偿电路将两路信号的相移量精密地调整为 90°，这样不仅避免了对分光器蒸镀移相膜的过高要求，还可避免在干涉光路中添加用来改善条纹对比度的其他光学元件。若条纹对比度很好，则采用相位补偿板往往是精确调整相移量的一种简单而有效的办法。

(4) 偏振移相

图 2-45 为一种偏振移相光路。入射的 45°线偏振光经分光器 BS 分为两束。其中参考光两次经过一个 1/8 波片后，成为圆偏振光透过分光器，测量光束经分光器 BS 反射后仍为 45°线偏振光。由于圆偏振光的两个正交分量相位差为 90°，而 45°线偏振光的两个正交分量相位相同，因此当用渥拉斯顿棱镜将水平分量与垂直分量分开时，便可得到两组相位差为 90°的干涉条纹，其中一组条纹由两个水平分量相干形成，另一组条纹是由两个垂直分量相干形成。

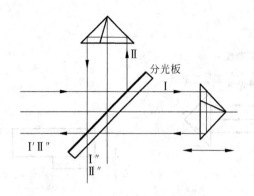

图 2-44　分光器分幅移相

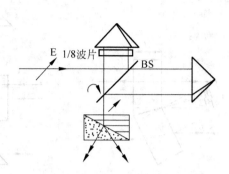

图 2-45　偏振移相光路

8. 激光干涉中的零光程差布局

在激光干涉仪中，为使初始光程差不随环境条件的变化而变化，常采用参考臂 L_c 和测量臂 L_m 相等且将两臂布置在仪器同一侧的结构形式。此时，干涉仪的初始光程差 $L_m - L_c = 0$，即所谓的零光程差结构形式，这种结构布局可以提高干涉仪的测量精度。

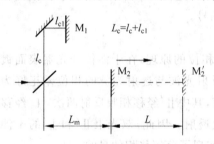

图 2-46　零光程差的结构布局

图 2-46 所示是一个测量起始时为非零程差布局的激光干涉光路。起始位置两臂程差对应的条纹计数为

$$N_1 = \frac{2n}{\lambda_0}(L_m - L_c) \tag{2-52}$$

式中 L_m, L_c 分别为起始位置测量光束和参考光束的路程。当测量镜 M_2 移过 L 距离时，两臂程差对应的条纹计数应为

$$N = \frac{2n}{\lambda_0}(L_m - L_c) + \frac{2n}{\lambda_0}L = N_1 + N_2 \tag{2-53}$$

式中

$$N_2 = \frac{2n}{\lambda_0}L \tag{2-54}$$

当大气条件变化时，将产生干涉条纹的计数误差。对式(2-53)全微分，可得

$$dN = dN_1 + dN_2 \tag{2-55}$$

式中

$$dN_1 = \frac{\partial N_1}{\partial n}dn + \frac{\partial N_1}{\partial (L_m - L_c)}d(L_m - L_c) = \frac{2}{\lambda_0}\left[(L_m - L_c)dn + nd(L_m - L_c)\right] \tag{2-56}$$

$$dN_2 = \frac{\partial N_2}{\partial n}dn + \frac{\partial N_2}{\partial L}dL = \frac{2}{\lambda_0}[Ldn + ndL] \tag{2-57}$$

显然，测量结束时因测量环境的大气条件变化导致的条纹误计数的积累，就是大气条件变化所引起的测量误差，即条纹计数误差为

$$\Delta N = \int dN = \int dN_1 + \int dN_2 = \Delta N_1 + \Delta N_2 \tag{2-58}$$

在实际测量时,测量起始时刻的大气条件就可能已经偏离了标准大气条件。而在测量过程中,测量环境的大气条件相对于起始状态又可能产生偏离。因此,上述测量误差中的每一项都包括了两部分,即

① 测量起始时刻大气条件偏离标准大气条件造成的条纹计数误差

$$\Delta N_{10} = \frac{2}{\lambda_0} [(L_m - L_c)\Delta n + n\Delta(L_m - L_c)] \tag{2-59}$$

$$\Delta N_{20} = \frac{2}{\lambda_0} (L\Delta n + n\Delta L) \tag{2-60}$$

式中 Δn, $\Delta(L_m - L_c)$ 以及 ΔL 分别为测量起始时大气条件偏离标准大气条件造成的空气折射率、两臂程差以及被测长度的增量。对以后整个测量过程而言,测量起始时刻的条纹计数误差是常值,因此式(2-59)、式(2-60)两式是由式(2-56)、式(2-57)两式用增量形式改写后得到的。

② 测量过程中大气条件偏离测量起始时刻大气条件造成的条纹计数误差

这一误差在每个测量时刻不一定相等,测量结束时,该项误差是整个测量过程中所有误差的积累,即

$$\delta N_1 = \frac{2}{\lambda_0} \int (L_m - L_c) dn + \frac{2}{\lambda_0} n \int d(L_m - L_c) \tag{2-61}$$

$$\delta N_2 = \frac{2}{\lambda_0} \int (L dn - n dL) \tag{2-62}$$

式中 dn, $d(L_m - L_c)$ 以及 dL 分别是测量过程中大气条件偏离测量初始时刻大气条件造成的空气折射率、两臂程差以及被测长度的变化量。所以,总的条纹计数误差为

$$\Delta N = \Delta N_1 + \Delta N_2 = \Delta N_{10} + \delta N_1 + \Delta N_{20} + \delta N_2 \tag{2-63}$$

显然,由于大气条件变化的影响,测量结束时计得的条纹总数应为

$$N + \Delta N = (N_1 + \Delta N_{10} + \delta N_1) + (N_2 + \Delta N_{20} + \delta N_2) \tag{2-64}$$

测量起始时一般将计数器清零,即

$$N_1 + \Delta N_{10} = 0 \tag{2-65}$$

计数器清零是指将图 2-46 中所示测量镜的开始位置定作测量起点,因此式(2-65)必然成立。但计数器清零不能使 $\delta N_1 = 0$,因为 δN_1 是测量过程中大气条件偏离测量起始时刻的大气条件而形成的,测量起始时计数器清零不能清除与测量过程有关的误差项。由式(2-61)可见,δN_1 与被测长度 L 完全无关,这说明测量过程中大气条件的变化会使测量零点发生变化,造成零位计数误差,且该项误差与光路两臂的布局有关。当测量起始时刻光路两臂为零程差布局(即 $L_m = L_c$)时,则可使该项误差为零,此时有

$$\Delta N = \Delta N_{20} + \delta N_2 \tag{2-66}$$

9. 实用激光干涉仪的实际构成

由以上的讨论可知,实用激光干涉系统实际上是在迈克尔逊干涉仪的基础上,对每个影响测量精度的光学与电子学部分进行了技术改进。一般来说,一套实用激光干涉测长系统主要包括三大部分,即稳频激光器、干涉仪本体以及光电信号接收与处理部分(参见图 2-47)。光电信号接收与处理部分实现条纹的可逆计数,并在长度显示器上直接以数字形式显示出测量镜的位移量。另外,激光干涉测长系统一般还配有测量空气折射率和测量工件温度的

辅助装置或附件,环境条件变化对测量的影响可以通过将测得的环境参数置入信号处理部分进行修正。

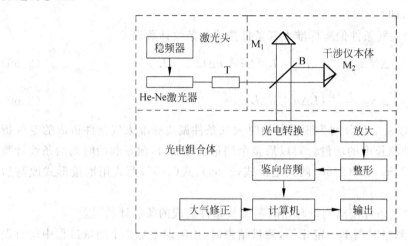

图 2-47 激光干涉测长系统的构成

10. 激光干涉常见的光路

在激光干涉仪光路设计中,一般应遵循"共路原则",即测量光束与参考光束尽量走同一路径,以避免大气等环境条件变化对两条光路影响不一致而引起测量误差。同时,根据不同应用需要,要考虑测量精度、条纹对比度、稳定性及实用性等因素,还要考虑使用不同移相方法得到两组干涉条纹,实现可逆计数。下面介绍几种典型光路布局。

① 使用角锥棱镜反射器。这是一种常用的光路布局,如图 2-48 所示。图(a)所示为使用介质膜移相的光路布局。图中角锥棱镜可使入射光和反射光在空间分离一定距离,所以这种光路可避免反射光束返回激光器。激光器是一个光学谐振腔,若有光束返回激光器,将引起激光输出频率和振幅的不稳定。图 2-42、图 2-44 和图 2-45 均采用双角锥棱镜的光路布局,不同的是采用的移相方法不同。角锥棱镜还具有抗偏摆和俯仰的性能,可以消除测量镜偏转带来的误差。图(a)所示光路的缺点是这种成对使用的角锥棱镜要求配对加工,而且加工精度要求高,常采用一个作为可动反射镜,参考光路中用平面反射镜 M 作固定反射镜。使用一个角锥棱镜作可动反射器还可采用其他几种光路。图(b)中,反射镜 M_1 和 M_3 上都镀有半反半透膜,M_1 用作分光器,参考光束经 M_1 反射后在镜 M_3 上与测量光束叠加,产生干涉,同时采用机械移相的方法得到相位相差 $90°$ 的两路信号。M_1 和 M_3 还能做成一体,如图(c)所示,在这里也采用了使用介质膜移相板得到两路信号。图(d)是采用分振幅移相和采用 1/4 波片得到相位相差 $90°$ 的一种光路。只用一个角锥棱镜作测量镜还可以组成图(e)所示的双光束干涉仪,它也是一种较理想的光路布局,基本上不受镜座多余自由度的影响,而且光程增加一倍。

② 整体式布局。这是一种将多个光学元件结合在一起,构成一坚固的组合结构的布局,参见图 2-38。整个系统对外界的抗干扰性较好,测量灵敏度提高一倍,但这种布局调整起来不方便,对光的吸收较严重。

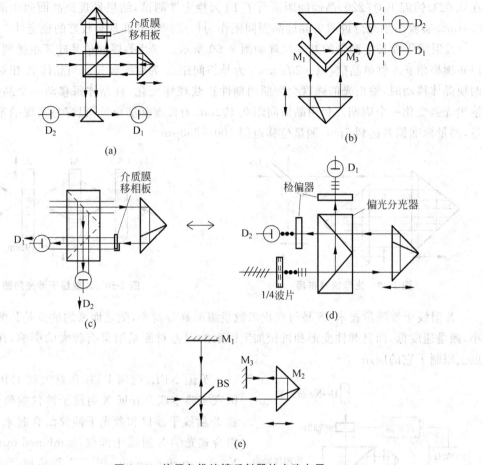

图 2-48 使用角锥棱镜反射器的光路布局

11. 提高激光干涉仪分辨率的途径

（1）电路倍频

激光干涉仪经常用倍频的方法来提高测量分辨率。除了使光程差倍增的光学倍频方法外，更多的是采用硬件电路和软件方法来实现条纹的细分。图 2-31 就是一种典型四倍频鉴向电路的原理图。

（2）光路倍频

为提高干涉仪的灵敏度，可使用光学倍频（也称光程差放大器）的棱镜系统，如图 2-49 所示。

（3）X 射线干涉仪

减少干涉仪的波长，同样可以提高干涉的分辨率，X 射线干涉仪可以提高分辨率。

利用 X 射线衍射效应进行位移测量的设想最初是由 Hart 等人在 1968 年提出的。在实际使用中，单晶硅的晶格尺寸是非常稳定的，美国 NIST 和德国 PTB 分别对硅（220）晶体的晶面间距进行了测量，结果为，PTB：$d=192015.560\pm0.012$fm，NIST：$d=192015.902\pm0.019$fm。可见，在不同地域不同条件下生长的硅单晶，其晶面间距非常接近。日本 NRLM

在 0.02℃ 恒温下对 (220) 晶面间距进行了 18 天稳定性测试,结果发现该晶面间距的变化为 0.1fm。实验结果充分说明单晶硅晶面间距作为长度测量基准具有较好的稳定性。

X 射线干涉长度测量的基本原理如图 2-50 所示。三片等厚的单晶硅等距排列,X 射线以布喇格角 θ 入射单晶硅,$n\lambda = 2d\sin\theta$,d 为晶格间距,λ 为射线波长。当晶体 A 相对于其他两块晶体移动时,输出光的强度会按照周期性正弦规律变化,且晶体每移动一个晶格间距,输出光强变化一个周期。利用晶格间距 0.192nm 为长度基准单位,很容易实现纳米精度测量,测量标准偏差达到 5pm,测量位移范围 $100 \sim 200 \mu m$。

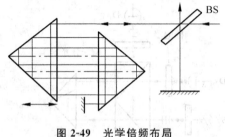

图 2-49 光学倍频布局

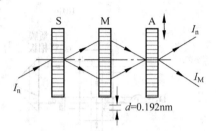

图 2-50 X 射线干涉光路图

X 射线干涉测量技术,容易得到皮米数量级的高分辨率,随之而来的缺点是其测量范围小,测量速度低,而且弹性变形和机械加工因素的误差对测量结果有较大的影响,在很大程度上限制了它的应用。

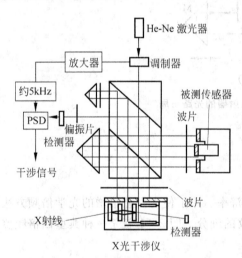

图 2-51 X 射线干涉仪与平面干涉仪相结合测量方案

英国 NPL、德国 PTB 和意大利 IMGC 三个国家实验室联合开展 X 射线干涉仪的研制工作,将 X 射线干涉仪和激光干涉仪结合起来,研制成组合式光学 X 射线干涉仪 (combined optical and X-ray interferometer) 用于位移传感器的校准,图 2-51 是该系统的原理框图。图中平面干涉仪给出的条纹移动当量为 $\lambda/4$,约为 158nm,相当于 X 射线干涉仪中 824 个干涉条纹。在 100 倍条纹细分的情况下,这个系统的测量精度可以达到 2pm。实验结果证实,该系统在 $10\mu m$ 范围内达到 10pm 的测量精度,在 1mm 范围内达到 100pm 的测量精度。

要实现 X 射线干涉测量,提高系统抗干扰能力与测量速度是需要解决的关键问题。由于在纳米、亚纳米计量领域的特殊优越性,X 射线干涉计量技术愈来愈显示出其重要的研究及应用价值,其应用范围包括:

(1) 建立亚纳米量级长度尺寸的基准;

(2) 实现物理常数的精确测定;

(3) 点阵应变的精确测量和晶体缺陷的观察;

(4) 在医学方面,利用 X 射线干涉仪进行病理切片的 CT 分析,其分辨率远高于传统的 CT 技术;

(5) 进行纳米尺度上各种物理现象的研究等。

2.4 白光干涉仪

由于白光条纹的特点,使其在长度计量中得到广泛利用。迈克尔逊1893年使用台阶标准距来比较测量国际米原器的长度。图 2-52 所示是应用法布里-珀罗标准具来检验线纹尺的光学原理示意图,其中法布里-珀罗标准具在此并不起干涉的作用,它的两个高反射内表面距离可以精确测定。光源所发射的光,经过聚光镜、光阑和准直物镜组成的平行光管后成为平行光,透过标准具后,由分光板、补偿板分为两部分,分光板与补偿板在此处胶合在一起。由参考镜、测量镜组成的虚平板使光发生干涉,通过物镜和目镜来观测干涉条纹的移动。可见,如去掉标准具,与迈克尔逊干涉仪没有什么区别。放入标准具后,光束将在标准具内多次反射,依次透出光束Ⅰ、Ⅱ、Ⅲ……,相邻两光束间光程相差 $2d$,这些光束经分光镜后分为向上的光束Ⅰ′、Ⅱ′、Ⅲ′……和向右的光束Ⅰ″、Ⅱ″、Ⅲ″……如果参考镜、测量镜到分光板反射面有相等的光程,则相干光束Ⅰ′和Ⅰ″、Ⅱ′和Ⅱ″、Ⅲ′和Ⅲ″……的光程分别相等,在视场中心产生零级暗条纹。移动测量镜,白光条纹很快消失,可是当移动量正好等于 d 时,光束Ⅰ″、Ⅱ″、Ⅲ″……都增加 $2d$ 的光程。这样光束Ⅰ″、Ⅱ″、Ⅲ″……将分别和Ⅱ′、Ⅲ′、Ⅳ′……对应地在视场中心产生白光零级暗条纹,而光束Ⅰ′只作为背景,使条纹的对比略为下降而已。继续移动测量镜一个 d 距离时,可看到类似现象。当然,移动测量镜数次后,最好将参考镜也移动同样距离,不然将使干涉条纹的对比度过分降低而模糊,以致影响测量精度。这样通过显微镜瞄准被测的线纹尺上的刻线,通过以上白光干涉得到线纹尺刻线之间的距离,实现对线纹尺的检测。

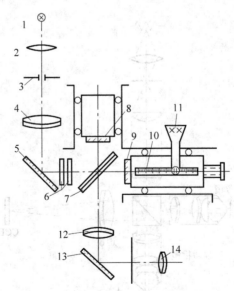

1—水银灯;2—聚光镜;3—光阑;4—准直物镜;5—反射镜;6—标准具;7—分光板和补偿板;
8、9、13—反射镜;10—线纹尺;11—显微镜;12—物镜;14—目镜组

图 2-52 标准具检验线纹尺的光学原理示意图

图 2-53 为一种白光定位的激光干涉测长装置的光路原理图。图中 B_1、B_2 分别为白光干涉仪和激光干涉仪的分光器；D_1、D_2 分别为白光干涉仪和激光干涉仪的光电接收器。两干涉仪的测量镜由滑板带动作同向联动。当滑块移动使白光干涉仪中测量光光程与量块上表面形成的参考光光程严格相等时，D_1 将接收到白光干涉零级条纹信号，将此信号用作激光干涉计数的开门信号；当滑块继续移动且使白光干涉仪中的测量光光程与量块下表面也即平晶上表面形成的参考光光程严格相等时，D_1 将再次接收到清晰的白光干涉零级条纹信号，用此信号来控制激光干涉计数关门，这样就完成了对待测量块长度的干涉测量。

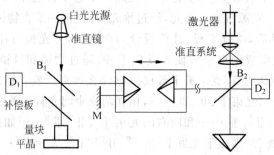

图 2-53　激光量块干涉仪光学系统

随着计算机和图像处理技术的发展，近年来白光干涉越来越受到重视。相对于激光干涉仪，白光干涉具有如下优点：不存在 $\lambda/2$ 的测量盲区，垂直分辨率与光学系统的放大倍数无关，对光滑表面同样能够达到干涉的分辨率，测量装置能够应用于不连续表面。如图 2-54 为 LINNIK 白光干涉仪测量物体表面形貌的光路结构图。在测量臂和参考臂中使用两套相同的物镜系统，采用普通 CCD 摄像头，通过 16 位 D/A 转换和压电陶瓷驱动，可得到 1.5nm 的测量分辨率。

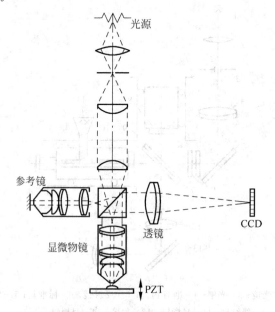

图 2-54　白光干涉测量表面形貌

2.5 外差式激光干涉仪

2.5.1 概述

1. 直流干涉仪的不足

以上介绍的激光干涉测量系统,以光波波长为基准来测量各种长度,具有很高的测量精度。但在这种干涉测量系统中,由于测量镜在测量时一般是从静止状态开始移动到一定的速度,因此干涉条纹的移动也是从静止开始逐渐加速,为了对干涉条纹的移动数进行正确的计数,光电接收器后的前置放大器一般只能用直流放大器,因此对测量环境有较高要求,测量时不允许干涉仪两臂的光强有较大的变化。为了保证测量精度,一般只能在恒温、防震的条件下工作。

图 2-55 所示为当激光干涉仪的测量镜移动时,光电接收器经直流前置放大器后的输出信号。由于测量时外界环境的干扰,使干涉仪两支光路的光强发生变化,引起光电信号的直流电平也相应地发生起伏。当光强变化使光电信号幅值低于计数器的触发电平时,计数器停止计数,此时测量镜虽在继续移动,但计数器却没有累加计数,造成测量误差。要使计数器恢复计数,就要重新调整触发电平。有些情况下,可以用调低触发电平来适应光强的变化,但对车间现场各种干扰因素引起的光强随机变化,调整触发电平的方法往往跟不上光强的变化。因此,一般的激光干涉仪不能用于车间现场进行精密计量。为了适应在车间现场实现干涉计量的需要,必须使干涉仪不仅具有高的测量精度,而且还要能克服车间现场环境因素变化引起的光电信号直流漂移,光外差干涉技术就是在这种要求下发展起来的。这类技术的一个共同点是在干涉仪中引入具有一定频率的载波信号,干涉后被测信号是通过这一载波信号来传递,并被光电接收器接收,从而使光电接收器后面的前置放大器可以用交流放大器来代替常规的直流放大器,以隔绝由于外界环境干扰引起的直流电平漂移,使仪器能在车间现场环境下稳定工作。利用这种激光外差技术设计的干涉仪称为外差干涉仪,由于它是用交流放大器工作的,所以外差干涉仪也常称交流(AC)干涉仪,而常规用直流放大器的干涉仪则可称为直流(DC)干涉仪。

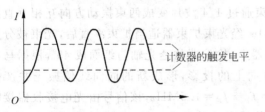 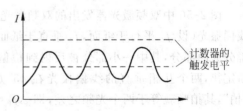

图 2-55 直流干涉仪的漂移情况

2. 产生激光外差干涉的途径

(1) 双频激光器

通过某些途径,使激光器本身能产生两种频率的激光,且两种频率的激光的偏振方向相互垂直,频差在 1~100MHz。典型的激光器有基于塞曼效应的 He-Ne 双频激光器,在激光器内安装双折射器件得到的双频激光器等。

(2) 声光调制器、电光调制与磁光调制

用声光调制器、电光调制器或磁光调制器直接对激光器发出的光进行调制,同样可以得到两个频差的激光。

2.5.2 双频激光干涉仪

双频激光干涉仪是一种精密、多功能的干涉测量系统,可以测量多种几何量,如位移、角度、垂直度、平行度以及直线度、平面度等等,广泛用于装配、制造、非接触测量等精密计量工作。

图 2-56 为双频激光外差干涉仪的光学系统图。干涉仪的光源为一双频 He-Ne 激光器,这种激光器是在全内腔单频 He-Ne 激光器上加上约 300×10^{-4} T(特拉斯)的轴向磁场。由于塞曼效应和频率牵引效应,使该激光器输出两个不同频率的左旋和右旋圆偏振光,其频率差 Δf 约为 1.5MHz。

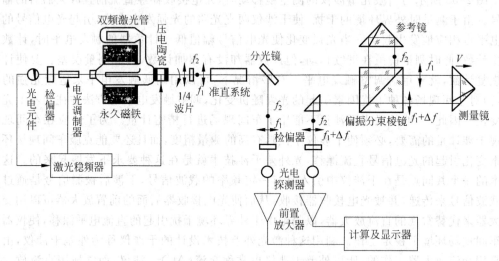

图 2-56　双频激光干涉光路图

图 2-56 中双频激光器发出的双频激光束通过 1/4 波片变成两束振动方向互相垂直的线偏振光(设 f_1 平行于纸面,f_2 垂直于纸面)。经光束扩束器适当扩束准直后,光束被分束镜分为两部分,其中一小部分被反射到检偏器上,检偏器的透光轴与纸面成 45°,根据马吕斯定律,两个互相垂直的线偏振光在 45°方向上的投影,形成新的同向线偏振光并产生"拍",其拍频就等于两个光频之差,即 $\Delta f_0 = f_1 - f_2 = 1.5$MHz,该信号由光电接收器接收后进入前置放大器,放大后的信号作为基准信号送给计算机。另一部分光束透过分束镜沿原方向射向偏振分束棱镜。偏振方向互相正交的线偏振光被偏振分束镜按偏振方向分光,f_2 被反射至参考镜,f_1 则透过到测量镜。这时,若测量镜以速度 V 运动,由于多普勒效应,从测量镜返回光束的光频发生变化,其频移 $\Delta f = 2V/\lambda$。该光束返回后重新通过偏振分束镜与 f_2 的返回光会合,经反射镜及透光轴与纸面成 45°的检偏器后也形成"拍",其拍频信号可表示为

$$f_1 - (f_2 \pm \Delta f) = \Delta f_0 \pm \Delta f \tag{2-67}$$

式中正负号由测量镜移动方向决定。当测量镜向偏振分束器方向移动时 Δf 为负,反之为

正。拍频信号被光电接收器接收后,进入交流前置放大器,最后也被送到计算机。

计算机先将拍频信号 $\Delta f_0 \pm \Delta f$ 与参考信号 Δf_0 进行相减处理后,就可得到所需的测量信息 Δf。

设在测量镜移动的时间 t 内,由 Δf 引起的条纹亮暗变化次数为 N,则有

$$N = \int_0^t \Delta f \mathrm{d}t = \int_0^t \frac{2V}{\lambda} \mathrm{d}t = \frac{2}{\lambda} \int_0^t V \mathrm{d}t \tag{2-68}$$

式中 $\int_0^t V \mathrm{d}t$ 为在时间 t 内测量镜移动的距离 L,于是有

$$L = N \cdot \frac{\lambda}{2} \tag{2-69}$$

由 Δf 换算成 L 的工作由计算机通过软件自动进行,最后由显示器显示被测长度值。

以上采用多普勒(Doppler)方法对外差式激光干涉测长的计算公式进行了推导,下面使用干涉的方法来进行描述。由激光器出射的两个相互垂直的线偏振光可以表示为

$$E_1 = E_0 \sin(2\pi f_1 t + \phi_{01}) \tag{2-70a}$$
$$E_2 = E_0 \sin(2\pi f_2 t + \phi_{02}) \tag{2-70b}$$

这两束线偏振光被分光镜反射后,通过检偏器后,产生干涉,由光电接收器得到的参考信号为

$$I_{\mathrm{ref}} = \frac{1}{2} E_0^2 \{\cos[2\pi(f_1 - f_2)t + (\phi_{01} - \phi_{02})]\} \tag{2-71}$$

同样透过分光器的光,被偏光分光镜分为两部分,参考光 f_2 和测量光 f_1,它们被各自的角锥棱镜反射后返回,再次通过偏光分光镜和检偏器后,产生干涉,在光电接收器上得到的干涉信号为

$$I_{\mathrm{meas}} = \frac{1}{2} E_0^2 \{\cos[2\pi(f_1 - f_2)t + (\phi_{01} - \phi_{02}) + \Delta\phi]\} \tag{2-72}$$

式中 $\Delta\phi$ 是测量光束与参考光束之间的相位差,其大小为

$$\Delta\phi = \frac{4\pi nL}{\lambda_0} \tag{2-73}$$

式中,n 为介质折射率;L 为测量光与参考光之间的路程差或测量移动的距离。

由式(2-73)可得

$$L = \frac{\Delta\phi}{2\pi} \cdot \frac{\lambda_0}{2n} = N \cdot \frac{\lambda}{2} \tag{2-74}$$

与式(2-69)完全一样。

双频激光干涉仪中,双频起了调频的作用,被测信号只是叠加在这一调频载波上,这一载波与被测信号一起均被光电接收器接收并转换成电信号。当测量镜静止不动时,干涉仪仍然保留一个 $\Delta f = 1.5 \mathrm{MHz}$ 的交流信号。测量镜的运动只是使这个信号的频率增加或减少,因而前置放大器可采用交流放大器,避免了用直流放大器时所遇到的棘手的直流漂移问题。一般单频激光干涉仪中,光强变化50%就不能继续工作;而对双频激光干涉仪,即使光强损失达95%,干涉仪还能正常工作,抗干扰性能强,适用于现场应用。

2.5.3 激光测振仪

基于多普勒测速的非接触激光测振方法与技术发展已相当成熟,激光多普勒测速实际上就是使用激光干涉仪来测量多普勒频移。

如图2-57所示为POLYTEC公司生产的激光测振仪(laser Doppler vibrometry,LDV)的工作原理示意图。由He-Ne激光器发出频率为ν_0的激光束,通过一个M-Z干涉仪,其中在M-Z干涉仪的一个臂上安装一个布喇格盒(声光调制器),通过声光调制器后,得到频率为$\nu_0+\nu_s$(ν_s为声光调制器的调制频率)的调制光。频率ν_0的光透过分束器BS_2后,经透镜会聚在被测振动体上,并由物体后向散射,经过BS_2和BS_3后到达光电接收器,这一束光为测量光束,其在光电接收器上的光频为$\nu_0\pm\Delta\nu$($\Delta\nu$为振动引起的多普勒频移)。频率为$\nu_0+\nu_s$的光由分束器BS_3反射后,直接到达光电接收器,两光束会合后获得的拍频光束的频率为

$$\nu_D = \nu_0 + \nu_s - (\nu_0 \pm \Delta\nu) = \nu_s \pm \Delta\nu \tag{2-75}$$

其中多普勒频移$\Delta\nu$为

$$\Delta\nu = \frac{2v(t)}{\lambda_0} \tag{2-76}$$

式中,$v(t)$是物体振动的速度;λ_0为入射激光的波长。

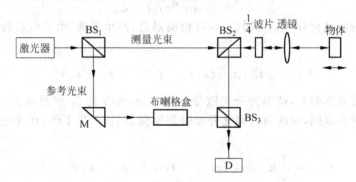

图2-57 激光外差测振原理图

因此参考光与测量光的频率差与振动物体的速度成比例,或者说参考光与测量光之间的相位差与振动物体的移动距离成比例,即$\Delta\phi=2\pi(n\cdot\Delta L/\lambda_0)$,$\Delta L$为测量光与参考光之间的路程差。

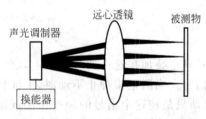

图2-58 声光光线偏转器的工作原理

由于被测振动体常为漫反射体,为尽可能收集由漫反射表面散射回来的光,并尽量改善返回光的波面,测量光必须是会聚光。会聚光点越小,会聚透镜的口径就越大,越有利于收集返回光和改善返回光波面。

以上激光测振仪只能对物体表面的单点振动进行测量与分析,一种使用声光调制器的扫描激光测振仪原理如图2-58所示。

利用声光调制器可以实现光线偏转,由式(1-49)得到第一级衍射光相对于入射光的偏转角为

$$\theta_m \approx \sin\theta_m = \frac{\lambda}{\lambda_s} = \frac{f_s}{V_s}\lambda \tag{2-77}$$

式中V_s、f_s分别为声波在晶体中的传播速度和声波的频率。

因此光的偏转角与声波的频率成正比,改变声波的调制频率,就可以对光的偏转方向进

行控制,通过一个远心透镜就可以将偏转的激光会聚到被测物体表面,经过被测表面散射后再经过该透镜会聚到原来的发射处。

基于以上声光偏转器的一种扫描激光测振系统如图 2-59 所示。激光器发射的光经过空间滤波器、声光调制器(AOM)后,没有衍射的光直接透过分光器,经过第一个声光偏转器(AOD)后,偏转光经分光器透射后由远心透镜会聚到被测物体表面;而经过声光调制器(AOM)后发生衍射的光被分光镜反射,经过第二个性能完全相同的声光偏转器(AOD)后,其偏转光经分光器透射后由另外一个远心透镜会聚到固定的参考表面;经被测表面和参考表面反射回来的光再次通过各自的远心透镜,经过分光镜反射后达到光探测器 2,形成测量信号。当改变声光调制器的频率,测量光束和参考光束发生同样的光线偏转,实现对物体表面的扫描。此外经过两个声光偏转器后的零级光束被两个分光器反射后,达到光探测器 1,形成参考信号。由于参考信号和测量信号经过相同的 M-Z 干涉仪,外界振动及温度变化等均形成共模信号而被抑制,从而提高了测量系统的抗干扰能力。

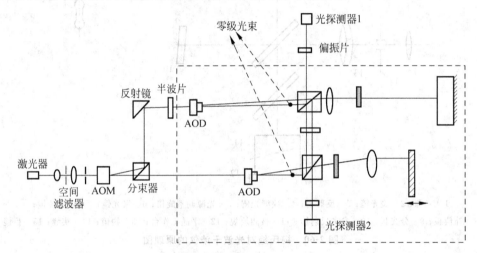

图 2-59 激光扫描测振仪的光路图

2.6 绝对长度干涉计量

绝对长度(距离)干涉计量是 20 世纪 60 年代后期兴起的一种以多波长激光为基础的大长度计量技术,它的基本原理是条纹小数重合法。由于该技术只测量干涉条纹的尾数,测量镜无须移动,因此免除了干涉测长仪中加工困难而又价格昂贵的精密导轨,特别是大长度(距离)的干涉测长,精密导轨的制造及设置更为困难,因此这种无导轨干涉测长是大长度测量的发展方向。

2.6.1 柯氏绝对光波干涉仪

如图 2-60 所示为柯氏绝对光波干涉仪的原理图。其工作原理与迈克尔逊干涉仪类似,只是有几个部件略有不同,其中光源是镉光谱灯,能同时发出三条谱线,$\lambda_1 = 0.643847 \mu m$,

$\lambda_2 = 0.508582\mu m$, $\lambda_3 = 0.479991\mu m$；图中色散棱镜由三块棱镜组合而成，它的作用是将光源发出的三条谱线分开，借助调整旋钮每次只让其中一条谱线进入干涉系统。将被测块规的一个表面和平晶表面研合后，由块规的另一表面和平晶表面一起作为测量反射镜。由于参考反射镜的虚像和块规上表面、平晶表面分别形成两个虚楔形平板，因此在视场里将有两组干涉条纹。又因为块规表面和平晶表面平行，所以这两组条纹具有相同间距(见图 2-61)。在测量中等尺寸的块规时，为了不使光程差太大导致干涉条纹对比度下降太多，需要调节参考镜使其虚像处于块规上表面和平晶表面之间约为一半的地方。

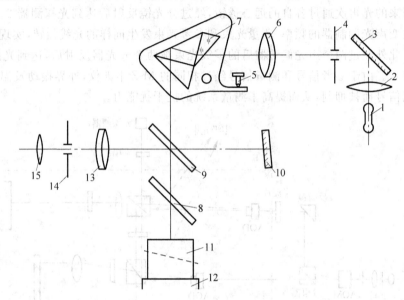

1—光源；2—聚光镜；3—反射镜；4—狭缝光阑；5—光源调整旋扭；6—聚光镜；7—色散棱镜；
8—补偿板；9—分光板；10—参考反射镜；11—被测块规；12—平晶工作台；13—物镜；14—狭缝；15—目镜

图 2-60　柯氏绝对光波干涉仪的原理图

测量时还要判定条纹级数增加的方向，用手轻压参考镜，使其稍微远离分光板，此时条纹运动的方向就是干涉级次增加的方向，用箭头 A 表示。需要注意，在图 2-61 的情况下，当参考镜虚像向下时，条纹移动如箭头 A 所示，对于其和平晶所组成的楔形平板来说，箭头方向就是干涉级数增加方向，但对于和块规上表面所组成的楔形平板来说，则是条纹级次减小的方向。

如块规长为 d，则从图上可以看出

$$d = d_1 + d_2$$
$$= (k_1 + \Delta k_1)\lambda/2 + (k_2 + \Delta k_2)\lambda/2$$
$$= (k + \Delta k)\lambda/2 \tag{2-78}$$

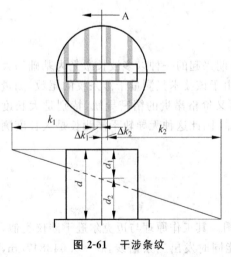

图 2-61　干涉条纹

式中，k_1 为由参考镜虚像和量块上表面形成的上楔形板在观察中心处形成的干涉条纹级数，k_2 为由参考镜虚像和平晶表面形成的下楔形板在观察中心处形成的干涉条纹级数，$k = k_1 + k_2$，$\Delta k = \Delta k_1 + \Delta k_2$。

k 为块规长 d 对应于 $\lambda/2$ 的整数倍，Δk 则是小数部分。显然小数部分可以从图中直接测出，在图中约为 0.7。困难的是干涉级次的整数不能确定，因此就要采用多个波长分别测出其小数部分，然后用小数重合法求得整数。

被测件是一种精度较高的基准件，可以先用其他测量方法测出其长度初值。这个初值的误差不会超过 $\pm(1\sim2)\mu m$，用这个初值估算出来的条纹干涉级数整数的变化范围应在 $\pm(4\sim8)$ 内。

如应用的波长为 $\lambda_1, \lambda_2, \lambda_3$，分别测得的小数分别为 $\Delta k_1, \Delta k_2, \Delta k_3$，设块规长度初值为 d_0，选 λ_1 为基本波长，就可以近似地算得对应 λ_1 的干涉级数为

$$k_1 + \Delta k_1 = \frac{d_0}{\lambda_1/2}$$

只需得到整数 k_1 的近似值，Δk_1 采用测量值，就可得到对于 λ_1 的可能的级数 $k_1 + \Delta k_1$，将级数变更 $\pm 1, \pm 2, \pm 3, \cdots$，得到一组可能级数 $k_1 + \Delta k_1, k_1 \pm 1 + \Delta k_1, k_1 \pm 2 + \Delta k_1, \cdots$，由式(2-78)用这些级数可以算得块规的可能长度

$$\left.\begin{array}{l} d_0 = (k_1 + \Delta k_1)\lambda_1/2 \\ d_1 = (k_1 \pm 1 + \Delta k_1)\lambda_1/2 \\ d_2 = (k_1 \pm 2 + \Delta k_1)\lambda_1/2 \\ \cdots \end{array}\right\} \tag{2-79}$$

反过来用这组可能长度值对另外两个波长，来求其干涉条纹级数 k_2, k_3（包括小数部分 $\Delta k_2, \Delta k_3$）。如这组长度中的某一个长度，对于另两个波长求得的级数小数正好和测得的小数重合或极其重合，那么这个级数的整数也就是所需的级数了。

举例计算如下：已知 $\lambda_1 = 0.643847(\mu m), \lambda_2 = 0.508582(\mu m), \lambda_3 = 0.479991(\mu m)$。测得小数部分为：$\Delta k_1 = 0.8, \Delta k_2 = 0, \Delta k_3 = 0.9$。预测块规长为 $d_0 = 9.997 \pm 0.001(mm)$。

首先用 λ_1 求得近似级数 $k_1 = 2d_0/\lambda_1 \approx 31054$，因此对于 λ_1，其可能级数为 31054.8，31053.8，31052.8，$\cdots$ 由此级数求出可能长度，转而再求对于 λ_2, λ_3 的可能级数 k_2, k_3，如表 2-2 所示。

表 2-2 柯氏绝对波长干涉仪测量块规长度数据表

$\lambda_1=0.643847$	$\lambda_2=0.508582$	$\lambda_3=0.479991$	$\lambda_1=0.643847$	$\lambda_2=0.508582$	$\lambda_3=0.479991$
31051.8	39310.5	41652.1	31055.8	39315.6	41657.5
31052.8	39311.8	41653.4	31056.8	39316.8	41658.8
31053.8	39313.0	41654.9	31057.8	39318.1	41660.1
31054.8	39314.3	41656.1			

从表 2-2 中可以看出，仅在 $k_1 = 31053, k_2 = 39313$ 和 $k_3 = 41654$ 时，计算的小数部分和测得的小数部分重合，因此块规的真实长度应为

$$d_0 = \frac{31053.8 \times \lambda_1 + 31313.0 \times \lambda_2 + 41654.9 \times \lambda_3}{2 \times 3} = 9.99699(mm)$$

2.6.2 激光无导轨测量

尽管柯氏绝对光波干涉仪能实现无导轨测量，但由于采用光源的相干长度很短，无法实

现长距离的无导轨测量。对于大长度的无导轨检测,入射光必须用时间相干性好的激光,如何用单一激光器产生多波长进行无导轨测长,是 20 世纪 80 和 90 年代各国学者进行研究的一个重点。下面介绍一种红外双线 He-Ne 激光绝对干涉测长系统。

以双波长干涉仪为例来说明多波长干涉的情况。如图 2-62(a)所示,双波长激光器发出的波长为 λ_1 和 λ_2 的光,其干涉条纹由光电探测器 D 接收。探测器输出的信号是一个受空间频率 $2/\bar{\lambda}$ 调制的波长为 λ_s 的空间拍波,$\bar{\lambda} = \dfrac{2\lambda_1\lambda_2}{\lambda_1+\lambda_2}$,$\lambda_s = \dfrac{\lambda_1\lambda_2}{\lambda_1-\lambda_2}$,其波形如图 2-68(b)所示,图中 λ_s 称为 λ_1 和 λ_2 的合成波长。干涉仪两光束的光程差

$$L = \frac{\lambda_s}{2}(m_s + \varepsilon_s) \tag{2-80}$$

式中 m_s 和 ε_s 分别为合成波长干涉的条纹整数和条纹小数。

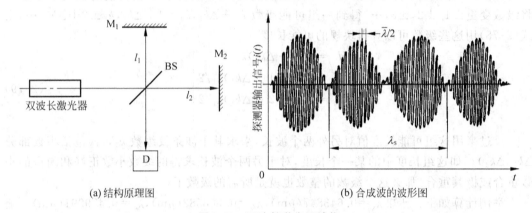

(a) 结构原理图   (b) 合成波的波形图

图 2-62 双波长激光干涉仪

从式(2-80)可以看出,激光绝对测量的方程与一般激光干涉的测量方程完全相同,所不同的是合成波长 λ_s 比激光器的波长要大得多,合成波长一般在 10mm 至几百毫米之间,给估算测量的整数部分提供了基础,例如:若激光的合成波长为 100mm,只要使用简易的测量工具,使得测量的误差在 $\lambda_s/4$ 个波长之内,即在 25mm 以内,就可完全依照初测的数据,按式(2-80)计算出整数部分,这样绝对干涉测量系统就只需要测量出小数部分即可。

图 2-63 为红外拍波干涉仪原理图。图中 He-Ne 激光器同时输出波长 $\lambda_1 = 3.3922\mu m$ 和 $\lambda_2 = 3.3912\mu m$ 的双波长红外激光,经分束镜分出约 15% 的光用于稳频。透射光经分束镜分成两部分,一部分射向测量镜,另一部分射向参考镜。分别反射回的光重新会合于分束镜形成干涉,干涉信号由两个红外接收器接收。透射信号和反射信号经差动放大后,可在示波器上得到如图 2-62(b)所示的拍波波形,其合成波长 $\lambda_s = 11.50362mm$,即要求初测误差小于 2.88mm。在等光强稳频的情况下,微移动参考镜,就能观察到信号幅度涨落。用 PZT 微幅调制参考镜,以观察不同参考镜位置下拍波幅度的大小。参考镜每移动半个合成波长 $\lambda_s/2$,信号重复一次零值。

测量时,首先将测量镜置于测量位置Ⅰ,然后移动参考镜,并通过 PZT 寻找光强最大处或最小处,找到后,记为零点。然后将测量镜置于测量位置Ⅱ,上下移动参考镜,并通过 PZT 寻找光强最大处或最小处,找到后,即可通过光栅传感器得到参考镜两次移动的距离,

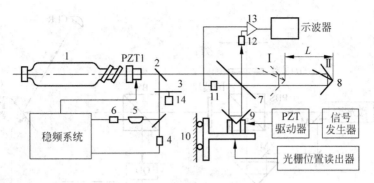

1—He-Ne 双波长激光器；2,3,7—可见光/红外光合用分光镜；5—CH_4 吸收盒；4,6,11,12—红外探测器和前置放大器；8—测量镜；9—参考镜；10—导轨位移机构；13—放大器；14—斩波器

图 2-63 红外拍波干涉仪原理图

即为小数测量部分，$\Delta L = \varepsilon_s \lambda_s / 2$。整数部分通过估算得到，最后按式(2-80)计算得到总的长度。

2.6.3 激光跟踪测量

激光跟踪测量技术最初是在机器人计量学领域发展起来的，当时主要用来解决机器人的标定问题，同时激光跟踪测量也是一种无导轨测量。

激光跟踪干涉仪是在传统激光干涉仪基础上加入了跟踪转镜机构，可以跟踪空间运动目标并实时测量目标到跟踪转镜中心的距离变化量。跟踪转镜机构由位置伺服系统控制，可以对空间目标点进行实时动态跟踪，实现了由静态测量到动态跟踪测量的转变。跟踪转镜可以把激光束投向空间任意一点，从而使测量光路由固定方向的单一直线变成了可以投向空间任意点的无数条光线，实现了从一维直线测量到空间三维坐标测量的转变，也实现了三维动态跟踪测量。

单路激光跟踪干涉测量光路如图 2-64 所示，激光头发出的光经偏振分光镜(PBS)分成两束，一束光经参考平面镜反射后返回到分光镜，由于两次经过 1/4 波片，成为透射光射出；另一束光经波片、分光镜(BS)和双轴跟踪转镜射向目标靶镜猫眼(CER)，光束经反射后沿原路返回。两束光在偏振分光镜处汇合，从同一侧出射，经角锥棱镜和平面镜折返回激光器入射孔处，进行计数。计数器可以显示出目标靶镜移动引起的距离变化数值，从而实现激光干涉测距。分光镜(BS)分出部分返回光束，照射在四象限位敏器件上，当目标靶镜移动时，引起返回光线在四象限位敏器件上的移动，形成跟踪误差信号，经跟踪控制系统驱动双轴转镜转动，使跟踪误差最小，从而实现对目标靶镜的动态跟踪。利用安装在双轴跟踪转镜上的两个精密测角传感器得到目标靶镜所在位置的方向角，利用激光得到靶镜的距离，这样空间靶镜的位置就以极坐标的形式表现出来，实现了物体空间位置的测量与跟踪。

当采用三路上述激光跟踪干涉仪共同瞄准并跟踪三维空间某一运动目标时，每一路可以测出目标点到跟踪转镜中心的距离，那么只要三路激光跟踪干涉仪的位置关系已知，空间运动目标的位置也就确定了，这就是三边法测量的工作原理。由三路激光跟踪干涉仪组成的系统在实际测量前必须对各个跟踪测量站的相互位置进行标定，这是一个相当困难的工

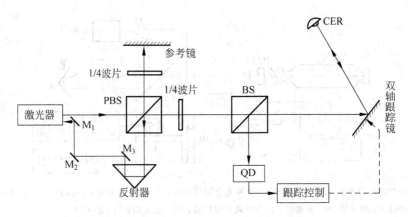

图 2-64 单路激光跟踪干涉测量光路

作。另外一个问题是,基于激光干涉技术的距离测量对测量过程中的挡光引起的跟踪中断非常敏感,测量过程中一旦跟踪中断,测量就无法继续,整个测量工作就必须重新开始。解决这两个问题比较理想的方法是,在三路激光跟踪测量系统基础上,再增加一路跟踪干涉仪,构成冗余系统,那么不仅可以完成系统自标定、提高测量精度,而且还可以实现系统的挡光自恢复,解决了系统标定困难和跟踪容易中断的问题,使系统具有实用价值。

由于激光干涉仪是目前世界上大范围位移测量精度最高的实用工具,以多路激光跟踪干涉仪为基础的柔性坐标测量系统摆脱了传统坐标测量机精密导轨的限制,被认为是最有潜力、高精度、大范围、非接触、动态、现场测量的工具,目前其应用已经延伸到各个工业领域,它可广泛应用于航空、航天、造船、重型机械、大型机组安装等领域,既可完成大型零部件、组装件的外形几何参数和形位误差测量以及加工现场的在线测量,也适用于运动目标如机器人手臂等空间运动轨迹、姿态的监测和标定。

激光跟踪测量系统的精度主要受测量角度精度的影响,不可能达到激光干涉测量长度的精度。目前单路激光跟踪干涉仪的水平位移测量半径为 25m,测量倾斜角为 $\pm 45°$,目标镜最大移动速度大于 3m/s,测量位移分辨力为 $1\mu m$,空间位置静态测量的不确定度为 $\pm 5 \times 10^{-6}(2\sigma)$,$\sigma$ 为标准偏差,空间位置动态测量的不确定度为 $\pm 10 \times 10^{-6}(2\sigma)$。

2.7 激光多自由度同时测量技术

2.7.1 概述

任何一个物体在空间都具有 6 个自由度,即 3 个方向的平动和绕 3 个方向轴的转动。被加工工件的定位、精密零部件的安装及目标物体在空间的运动位置和姿态,都需要多至 6 个自由度的测量、调整和控制。由于生产加工技术自动化程度的提高,对多自由度的检测提出了更高要求,希望能同时检测到目标物体在空间的多个自由度误差。

机床是通过工作台在导轨上移动来改变工件相对于切削刀具的相对位置,同一般物体一样,工作台也具有 6 个自由度,但常常只允许它们沿导轨方向一个自由度的运动,不允许其他 5 个自由度方向的运动。如图 2-65 所示,工作台移动时存在 6 个方向的位置误差,统称几何位置误差,包括 3 个平动误差 ΔZ、ΔX、ΔY 和 3 个角度误差 θ_X、θ_Y、θ_Z。其中 ΔZ 称为位置误差,ΔX、ΔY 称为直线度误差,θ_X、θ_Y、θ_Z 分别称为俯仰、偏摆及滚转误差,显然这些几何位置误差直接影响机床的加工精度。

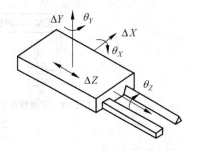

图 2-65　机床工作台的多维几何误差

目前测量数控机床与加工中心导轨几何位置误差的主要手段是采用激光干涉仪。这些激光干涉仪采用先进的光学技术,简化了安装过程,加强了数据采集和处理等功能,使得测量较为简单,但每次只能测量单个参数,测量其他参数时需要重新安装附件,重新调整光路和重新测量。一般 3 轴(即 3 根导轨)数控类加工设备总共需要检测 21 项误差分量,安装一次仅测量一项误差分量,其检测过程繁琐漫长,因此研究激光多自由度误差同时测量系统,不仅可大大减少检测时间,同时还可减少人为调整误差。

6 自由度误差测量实际上是测量三种类型的量,即位移或长度、直线度和角度。长度的测量普遍采用激光干涉方法,在以上的各节中已作了详细的介绍,下面主要介绍直线度和微小角度的测量方法。

2.7.2　直线度测量

直线度是指一系列的点列或连续表面相对于几何直线的偏差。直线度测量是平面度、平行度、垂直度等形状位置误差测量的基础。长距离直线度的测量较早是采用拉钢丝法,它的优点是简单和直观,到目前为止,许多大型设备的安装和测量还用这种方法,但由于钢丝下垂、钢丝扭结或风吹,会引起钢丝偏摆等而产生测量误差。随着大型机械设备安装和测量的精度要求越来越高,这种方法已不能满足测量要求。随着光学技术的进步,自准直光管和准直望远镜广泛地被用于直线度测量,从而使得测量精度得以保证。例如当要求测量直线度偏差为 0.01mm 数量级时,可用准直望远镜。但用这种光学仪器准直也存在许多缺点,如操作不方便,存在瞄准、调焦误差等。

20 世纪 60 年代激光出现后,由于其具有能量集中、方向性和相干性好等优点,给准直测量开辟了新的途径。激光准直仪具有拉钢丝法的直观性、简单性和普通光学准直的精度,并可实现自动控制。现有的激光准直仪按工作原理可分为光强测量法、干涉测量法等。

1. 激光测量直线度原理

(1) 光强测量法

光强测量型准直仪的特征是以激光束的强度中心作为直线基准,在需要准直的点上用光电探测器接收它,其测量原理如图 2-66 所示。由 He-Ne 激光器发出的一束光,通过扩束望远镜后射出直径为 6～10mm 的激光束,此光束横断面的光能量分布为高斯分布。在一定条件下,相当长距离内各断面光能量的分布是一致的,这些能量分布中心的连线构成一条理想的直线,即为激光准直测量的基准直线。

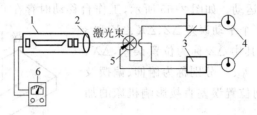

1—激光器；2—扩束望远镜；3—运算放大器；4—指示表；5—接收靶；6—电源

图 2-66 激光准直原理图

激光准直仪的接收靶中心有一四象限光电接收器，两两相对的光电二极管接成差动式，其信号输入运算电路。这四块光电二极管中心与靶子的机械轴线重合。这样，上下一对光电二极管，可以用来测量靶子相对于激光束在垂直方向上的偏移；左右一对光电二极管，可用来测量靶子相对于激光束在水平方向上的偏移。

当光电接收靶中心与激光束能量中心重合时，相对的两个光电池接收能量相同，因此输出光电信号相等，无信号输出，指示电表指示为零。如靶子中心偏离激光束能量中心，这时相对的两个光电池有差值信号输出，通过运算电路可以得到接收靶中心与激光光线能量中心的偏差。测量时首先将仪器与靶子调整好，然后将靶子沿被测表面测量方向移动，通过一系列测量可以得到直线度误差的原始数据。

（2）干涉测量法

干涉测量法是在以激光束作为直线基准的基础上，又以光的干涉原理进行读数来进行直线度测量。图 2-67 是双频激光干涉仪测量直线度的原理图。双频激光器发出的光束通过 1/4 波片后，变为两束正交线偏振光 f_1 和 f_2，经半反半透镜后射至渥拉斯顿偏振分光器上，正交线偏光 f_1 和 f_2 被分开成夹角为 θ 的两束线偏振光，分别射向双面反射镜的两翼并由原路返回，返回光在渥拉斯顿偏振分光器上重新会合，经半反射镜、全反射镜反射到检偏器，两束光经过检偏器后形成拍频并被光电接收器接收。若双面反射镜沿 x 轴平移到 A 点，由于 f_1 和 f_2 光所走的光程相等，所以 $\Delta f_1 = \Delta f_2$，拍频互相抵消，频移值为零。若在移动中由于导轨的直线度偏差而使反射镜沿 y 轴下落至 B 点，如图中虚线所示，于是 f_1 光的光程较原来减少了 $2\Delta L$，而 f_2 光的光程却增加 $2\Delta L$，两者光程的总差值为 $4\Delta L$，这时频移值 $\Delta f = \Delta f_1 - \Delta f_2$。据此可以计算出下落量

$$AB = \frac{\Delta L}{\sin\frac{\theta}{2}} = \frac{\lambda \int_0^t \Delta f dt}{4\sin\frac{\theta}{2}} \tag{2-81}$$

AB 反映了被测表面的起伏情况，即直线度变化情况。

2. 影响激光准直测量的因素和提高精度的途径

激光准直测量的基准就是光线基准，即要求激光光束的能量中心连线为直线，且这一直线不随时间和空间位置变化。但是由于各种因素的影响，造成激光光线的位置随时间变化，发生了激光光线的漂移，同时激光能量中心的连线也并非直线，这些是影响激光准直测量的主要误差因素。

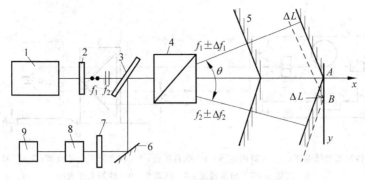

1—激光器；2—1/4波片；3—半反半透镜；4—偏振分光器；5—双面反射镜；6—全反射镜；
7—检偏器；8—光电接收器；9—计算机

图 2-67 双频激光干涉仪测量直线度原理图

从产生激光漂移的因素来分，激光光线存在三种不同类型的漂移：激光器本身原因造成的光线漂移；固定激光发射器的调整机构存在机械位移，造成激光光线缓慢的角度漂移；空气扰动或空气折射率不均匀造成的光线漂移或者光线弯曲。光线漂移对于以激光光线为基准的测量是一大障碍，特别是激光的角度漂移给某些测量参数造成的误差与测量距离成正比，因此减少或消除光线漂移对测量的影响，是这类激光测量获得成功的关键。

（1）激光器本身引起光线漂移

造成激光本身漂移的主要原因是激光管点亮后，激光器放电管内及其表面存在着温度梯度分布，且温度场还产生随机变化，另外激光管材料的不均匀性等因素引起激光器谐振腔发生变形，使两反射镜相对位置产生变化，特别是两反射镜之间夹角的变化会直接给激光器输出的激光光线带来平行漂移和角度漂移。

由于激光器本身的光线漂移，直接利用激光本身作为准直基线，相对稳定性最好也只能达到10^{-5}量级。为了消除或减少激光器本身漂移对激光准直的影响，人们设计了多种方案，如菲涅耳波带法、零级条纹干涉法、零级衍射同心圆法、相位板法、海定格非定位干涉条纹法、对称双光束法、单模光纤法等。这些方法在抑制激光器自身产生的光线漂移对直线度测量的影响方面起到了较好的效果。以单模光纤激光准直为例，简要说明其工作原理。

如图 2-68 所示为基于半导体激光光纤组件的激光准直仪的测量原理示意图。激光器发出的光经过单模光纤后，其单模光纤的出射端点相当于二次光源。理论上，激光光束的稳定性只取决于光纤出射端点在空间的稳定性，激光器输出的激光发生平行漂移和角度漂移只能影响耦合效率，仅引起输出端光功率的变化，但不引起输出端的光强分布的变化，这就起到了稳定准直基线的作用。采用半导体激光光纤组件主要就是将激光器本身的漂移抑制到最小的程度，可提高其发射的激光光束的时间和空间稳定性。

由图 2-68 知，当活动测量头随被测工件表面沿出射光线方向移动时，若被测表面在 y 方向存在一个位置改变 δy，入射光线保持不变，则出射光线的位置变化为 $2\delta y$。光电探测器可以得到此偏差，连续多点测量，就可以得到直线度误差。因此使用角锥棱镜，可以将测量的灵敏度提高 2 倍，同时实现移动测量头的无电缆连接，给现场测量带来了方便。

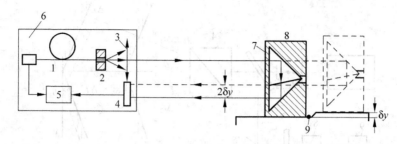

1—半导体激光光纤组件；2—光纤固定器；3—准直透镜；4—四象限光电接收器；5—信号处理器；
6—测量头；7—角锥棱镜；8—活动头；9—被测工件表面

图 2-68 基于单模光纤半导体激光组件测量直线度的原理图

(2) 机械结构上的不稳定性

机械结构上的不稳定性以及一些部件之间的蠕变，同样也会给激光带来漂移。

以如图 2-69 所示的单模光纤激光准直为例，当光纤出射端点相对于准直物镜位置变化 δy 时，造成激光光线的角漂和在探测点的位移分别为

$$\delta \alpha = \frac{\delta y}{f} \tag{2-82a}$$

$$\delta y_1 = \delta y \times \frac{L}{f} \tag{2-82b}$$

其中，f 为准直物镜的焦距；L 为准直物镜到探测点之间的距离。若 $f=35\text{mm}, L=5000\text{mm}$, $\delta y=1\mu\text{m}$，则 $\delta \alpha = 6''$, $\delta y_1 = 0.1\text{mm}$。

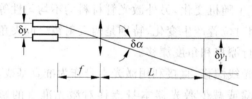

图 2-69 机械位置变化对激光光束的影响

(3) 大气对激光光线传输的影响

大气的热流、风速、密度变化会引起大气折射率的变化，使激光线传播过程中偏离直线。假设在垂直方向上空气折射率梯度保持常量，则沿水平方向传播的光线的弯曲量与传播距离的平方成比例，即

$$h = \frac{L^2}{2} \frac{\mathrm{d}n}{\mathrm{d}r} \tag{2-83}$$

式中，h 为弯曲量；L 为传播距离；$\mathrm{d}n/\mathrm{d}r$ 为折射率梯度。这是一个静态模型，而实际要复杂得多。

大气扰动的折射率变化可以用结构函数描述为

$$D_n(\rho) = \langle [n(r_2) - n(r_1)]^2 \rangle \tag{2-84}$$

式中，r_2, r_1 表示空间位置；$n(r_1), n(r_2)$ 分别为相应位置的空气折射率；$\rho = r_2 - r_1$，代表距离；$\langle \cdot \rangle$ 表示时间平均。从理论和实践中得出，折射率的随机变化和距离的 3/2 次方成比例，即

$$D_n(\rho) = C_n^2 \rho^{3/2}, \quad l_0 \leqslant \rho \leqslant L_0 \tag{2-85}$$

式中，C_n 称作 l_0 到 L_0 区间的结构参数，是折射率起伏变化的描述，它和大气参数如热流、风

速、高度有关；l_0 为最小非均匀漩涡的尺寸，典型值为 $1\sim10\text{mm}$；L_0 为最大非均匀尺度，它和离地面的高度有关，近地表面处的干扰要大一些。在消除大气扰动的影响方面，多年来已取得了一定的效果。

大气湍流对光束传播的影响与光束直径和湍流尺度 l_0 之比密切相关。

① 当光束直径远小于湍流内尺度时，即 $d\ll l_0$（其中 d 为光束直径，l_0 为湍流尺度），湍流的主要作用是使光束整体随机偏折，在远处接收平面上，光束中心的投射点（即光斑位置）以某个统计平均的位置为中心，发生快速的随机性跳动（其频率可为数赫到数十赫），此种现象称为光束漂移，在数值上可以用漂移量或漂移角来表示。此外，若将光束视为一体，经过若干分钟会发现，其平均方向明显变化。

② 当光束直径和湍流尺度相当时，即 $d\approx l_0$，湍流的作用是使光束波前发生随机偏折，在接收平面形成到达角（到达角定义为波法线与光线接收平面法线之间的夹角）起伏，致使接收透镜的焦平面上产生像点抖动。

③ 光束直径远大于湍流内尺度时，即 $d\gg l_0$，光束截面内包含有多个湍流漩涡，每个漩涡各自对照射其上的那部分光束独立地散射和衍射，从而造成光束强度在时间和空间上随机起伏，光强忽大忽小，即所谓光束强度闪烁。同时还产生光束扩展和分裂，导致光束质量下降。

可见，光束直径太大会导致光束质量下降，光束直径太小会抖动加剧。光束分裂（$d\gg l_0$）所造成的能量中心抖动比细光束（$d\ll l_0$）能量中心抖动要小，而光束波面倾斜（$d\approx l_0$）造成的抖动比前两者均小。因此，确定光束直径应满足条件 $d/l_0\geqslant1$。在室内测量时，湍流属于中等或弱湍流，l_0 的范围为 $1\sim10\text{mm}$。

同时还可以采用机械方法和光学方法来减少大气变化对激光光束传输的影响。采用的机械方法主要以下几种：

① 选择空气扰动最小的时间工作，如在早晨太阳升起之前。另外，控制外界环境也能起到一定作用，如在光束传输路程上避免有热源和温度梯度及气流等的影响。

② 将光束用套管屏蔽，其至将管子内抽成真空。

③ 沿着激光束前进的方向以适当流速的空气流喷射。因为空气流提高空气扰动的频率，可用时间常数比较小的低通滤波器，以消除输出信号的交变成分。

④ 对频率为 $50\sim60\text{Hz}$ 的扰动可采取积分电路消除。

采取的光学方法有：

① 补偿方法。即在测量光路中固定几个点，实时测量激光的漂移量，并加以补偿，还采用足够靠近的相邻光束，一束用于测量，另一束专门用于采集噪声。由于两束光很靠近，大气扰动引起的光线漂移在二路信号中是相关的，通过一定的算法来消除或减少激光的漂移。

② 数字补偿法。激光器发出两种不同波长的光，这两种不同波长的激光在空气中的折射率不同，通过计算得到漂移量，并进行补偿。

尽管如此，大气仍然是影响激光准直测量的主要因素。

2.7.3 偏摆角和俯仰角度的测量

多自由度误差测量中涉及到偏摆角和俯仰角测量，目前主要采用激光自准直方法和激光干涉方法。

1. 自准直测量

自准直法就是以激光束投射到被测物体上，利用反射回来的光束所携带的信息来测得物体的微小转动角度的方法。

如图 2-70 所示为使用单模光纤准直技术构成的能同时测量偏摆角和俯仰角变化的光路图。半导体激光器发射的激光，经过单模光纤和准直镜后成为平行光，经过偏振分光器分束，变为偏振光，射向移动头。线偏振光经过 1/4 波片，变成了圆偏振光，经平面镜反射回来再次经过 1/4 波片，又变成了线偏振光，但偏振方向已旋转 90°，返回偏振分光器时，被偏振分光镜反射，经过透镜聚焦后，会聚到透镜像方焦点上的 PSD 光电探测器上。

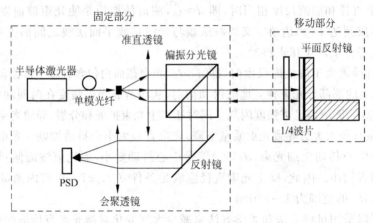

图 2-70 激光自准直测量原理图

若移动部分随工件移动，被测物体偏摆和俯仰角变化，必然引起移动部分的平面反射镜同样角度的变化，造成反射回来的光两倍角度的对应变化，经过透镜后在 PDS 得到的光点的位置变化为

$$2\theta_x = \arctan(\Delta X / f) \quad (2\text{-}86\text{a})$$

$$2\theta_y = \arctan(\Delta Y / f) \quad (2\text{-}86\text{b})$$

式中，θ_x, θ_y 分别为俯仰角和偏摆角变化量；$\Delta X, \Delta Y$ 分别为俯仰角和偏摆角变化造成的在 PSD 上光点位置的改变量。

2. 双频激光干涉测量

图 2-71(a)所示为测量角度的双频激光干涉仪，在其干涉系统中用一双模块组取代测长时所用的偏光分光器，另外用一双角锥棱镜组分别作为干涉仪的测量镜和参考镜。由双频激光器出射的双光束被双模块组下部的偏分束器按偏振方向分开，其中 ν_1 光透过偏光分束器射向角锥棱镜 I；ν_2 光被反射向上，经双模块组上部的普通直角反射镜反射到角锥棱镜 II。分别由这两个角锥棱镜返回的光束在偏光分光器处重新会合，然后经反射镜反射到检偏器及光电接收器。双角锥棱镜组安放在被测物体上，当它在导轨上平移且没有摆动时，两支光路的多普勒频移 $\Delta\nu_1 = \Delta\nu_2$，无多普勒频移值出现。如果双角锥棱镜在移动过程中，由于导轨的直线偏度而发生 θ 角的倾斜，则两棱镜的角点在光轴方向上将产生一个相对位移量 Δ，如图 2-71(b)所示。此时两路的多普勒频移 $\Delta\nu_1$ 和 $\Delta\nu_2$ 不相等，即有 $\Delta\nu = \Delta\nu_1 + \Delta\nu_2$，由

图可见 θ 与 Δ 有下列关系

$$\theta = \arcsin\frac{\Delta}{R} = \arcsin\frac{\lambda\int_0^t \Delta\nu\,dt}{2R} \qquad (2\text{-}87)$$

双频激光干涉仪测角的分辨率可达 $0.1''$，其测角精度在 $100''$ 范围内可达 $0.5''$，量程可达 $\pm 1000''$。

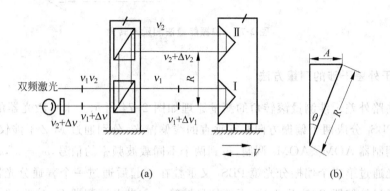

图 2-71 用于精密测角的双稳激光干涉系统

2.7.4 滚转角测量

在机床导轨三种角运动误差中，滚转角的测量是最困难的，主要有两种方法：准直方法与偏振测量法。

1. 准直测量方法

以激光光线为基准，通过探测运动部件两个不同位置的直线度误差，计算得到滚转角误差。测量原理如图 2-72 所示，通过对两个四象限探测器 QD_1、QD_2 的读数可以得到两束光线所在位置的直线度误差，进行处理可以得到滚转角误差 θ 为

$$\theta = (H_2 - H_1)/L \qquad (2\text{-}88)$$

式中，H_2，H_1 分别为 QD_2，QD_1 得到的垂直于纸面的直线度误差分量；L 为两个光电接收器中心之间的距离。如何保证两光线的平行性是获得高精度测量滚转角的关键。

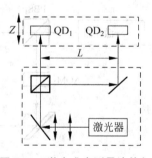

图 2-72 激光准直测量滚转角

2. 偏振测量法

使用偏振器件测量滚转角是最早进行滚转角测量方法之一。如图 2-73 为测量的原理示意图。激光器出射的激光经过格兰-汤普森起偏器得到线偏振光，再经第二个格兰-汤普森偏振分光器得到两个偏振方向相互垂直的线偏振光，分别送到两个光电探测器。第二个格兰-汤普森偏振分光器作为滚转角敏感器件，当其随被测物体一起移动时，滚转角的变化引起其出射的两个线偏振光能量的变化，通过处理，得到其滚转角大小。

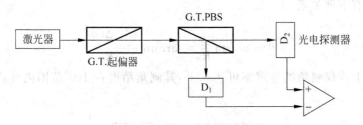

图 2-73 偏振能量法测量滚转角

3. 基于外差干涉的测量方法

一种共路外差干涉测量滚转角的测量原理如图 2-74 所示。来自激光器的入射光被偏振分光镜 PBS_1 分成两个偏振方向相互垂直的线偏振光,分别通过 M-Z 干涉仪的两个臂,被两个声光调制器 AOM_1、AOM_2 调制,得到两个不同载波频率的信号,$\omega_0+\omega_1$,$\omega_0+\omega_2$。这两个线偏振光通过第二个偏振分光镜 PBS_2 又重叠在一起后通过一个普通分光器 BS。被 BS 反射的光通过检偏器 P_1 产生干涉,干涉信号被第一个光电探测器 D_1 接收,作为参考信号;透射光经过一个 δ 波片后(δ 波片作为测量滚转角的敏感器件),通过检偏器 P_2 产生干涉,干涉信号被第二个光电探测器 D_2 接收,作为测量信号。两线偏振光的偏振方向、δ 波片的快轴以及检偏器快轴之间的关系如图 2-75 所示,则在 D_2 光电接收器上得到的干涉信号的光强为

$$I_m \propto k_1^2 + k_2^2 + 2k_1^2 k_2^2 \cos[(\omega_1-\omega_2)t+\Phi] \tag{2-89}$$

测量信号与参考信号之间的相位差 $\Delta\Phi$ 实际上是滚转角 θ 以及 δ 波片相位延迟角 δ 的函数,求得 $\Delta\Phi$ 后,就可以得到滚转角 θ。

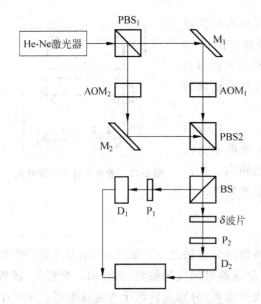

图 2-74 基于外差干涉的滚转角测量

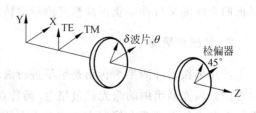

图 2-75 光线偏振方向与各器件快轴间关系

2.7.5 多自由度同时测量

多自由度误差同时测量一直作为测量领域内的一个重要课题进行研究。20世纪60年代以来,出现了使用普通光源作为照明的几何光学测量方法及基于角度参数变化造成衍射图纹变化的衍射测量方法,但都存在光学系统复杂、测量精度低、测量范围有限、测量参数少等缺陷。上面章节讲述的激光跟踪测量方法也可以通过角度测量与激光测长相结合的手段,获得六个参数的坐标,具有测量范围大、测量速度快等优点,但测量系统复杂,装调困难,设备昂贵,测量精度也无法满足机床检定的要求。目前研究较多的是激光干涉与准直组合的方法。实际上,使用激光干涉测量长度或位置误差,使用激光准直或其他方法测量直线度误差和偏摆角与俯仰角误差,使用上面讲述的各种方面测量得到滚转角误差,把这些方法与技术集成起来,就可以实现六自由度误差的同时测量。

图2-76所示为一激光同时测量数控机床或三坐标测量机的六自由度误差系统。通过两个角锥棱镜得到位置误差,通过 QD_1 和 QD_2 可以得到与入射到该探测上光线位置处的直线度误差,比较这两个直线度误差可以得到滚转角误差,通过透镜 L_1 和 PSD 可得到俯仰角和偏转角误差。光源可采用线偏振 He-Ne 激光器或激光二极管。由于测量系统把光源发出的激光束作为测量基准来测量角度误差和直线度误差,光源的稳定性直接影响最终的测量精度。该测量装置存在测量体积大、三束光线难以保证平行、移动测量部分有电缆连接、实际应用中安装与调整困难等缺点。

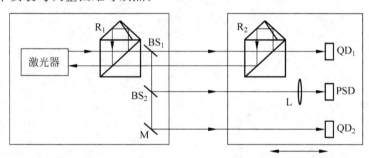

图 2-76 基于三光束的六自由度误差测量系统

图 2-77 为另外一种五自由度测量的原理示意图。激光在测量头内分为三束光,第1束到测量角锥棱镜 R_1,构成激光干涉仪的测量信号;第2束光由四象限光电接收器 QD 接收,得到活动测量头两个方向的直线度;第3束光经反射镜 M_1、M_2、M_3 反射后,并经过透镜 L 将反射光会聚到 PSD 光电接收器上,得到偏摆角和俯仰角信息。

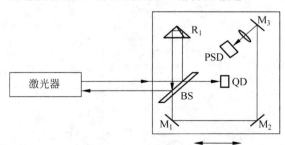

图 2-77 激光五自由度同时测量系统

本章参考文献

1. 杨国光. 近代光学测试技术. 杭州：浙江大学出版社, 1997
2. 吕海宝. 激光光电检测. 长沙：国防科技大学出版社, 2000
3. 殷纯永. 现代干涉计量技术. 天津：天津大学出版社, 1999
4. 郁道银, 谈恒英. 工程光学. 北京：机械工业出版社, 2005
5. Pramod K. Rastogi. Optical Measurement Techniques and Applications. Boston：Artech House, 1997
6. 匡翠方. 激光多自由度同时测量方法的研究[D]. 北京, 北京交通大学博士论文, 2006
7. Chien-Ming Wu, Yi-Tsung Chuang. Roll angular displacement measurement system with micro-radian accuracy. Sensor and Actuator A：physical. 2004, (166)：145-149
8. B. K. A. Ngoi, K. Venkatarishnan, Bo Tan. Laser scanning heterodyne-interferometer for micro-components. Optics Communications, 2000, (173)：291-301

第3章 激光全息测量与散斑测量技术

本章在3.1节中介绍了全息术基本原理,利用数学公式描述了全息过程,从不同角度对全息图进行了分类,并简单介绍了全息成像系统的基本构成;在3.2节中讲述了二次曝光法、单次曝光法与时间平均法三种常用的全息干涉测量方法的基本原理以及激光全息干涉测量技术在位移测量、缺陷检测等方面的实际应用;在3.3节中简述了散斑的概念,以位移测量为例,重点讲解了散斑照相测量原理以及散斑干涉法测量离面、面内以及离面位移梯度的原理与系统,并介绍了电子散斑干涉测量技术(ESPI)。

3.1 全息术及其基本原理

普通摄影只能记录物体的光强(振幅)信息而丢失了包含三维信息的相位信息,因此得到的是空间物体的平面像。所谓全息术就是能同时记录物体的振幅和相位的全部信息,利用光的干涉和衍射原理,将物体发射的特定光波以干涉条纹的形式记录下来,并在一定条件下使其再现,形成原物体逼真的三维像。由于记录了物体的全部信息,因此称为全息术或全息照相。

全息的概念最早是英国科学家丹尼斯·盖伯(Dennis Gabor)在1948年为提高电子显微镜的分辨率而提出的,并因此获得1971年的诺贝尔物理学奖。从1948年盖伯提出全息思想开始一直到50年代末期,全息照相都是采用汞灯为记录光源的同轴全息图,主要存在再现原始像和共轭像不能分离以及光源相干性太差等问题;1960年激光出现以及1962年利思(Leith)和厄帕特尼克斯(Upatnieks)提出离轴全息,才使得全息术的研究进入一个新阶段,相继出现了多种全息方法,并开始使用多种记录介质。此后,人们又致力于研究激光记录白光再现的全息术,可在一定条件下赋予全息图鲜艳的色彩;目前人们又回过头来继续探讨白光记录全息的可能性,它将使全息术最终走出实验室,进入广泛的实用领域。

随着实时记录材料的发展以及与电子技术、计算机技术相结合,全息技术的应用更加扩展,主要应用于全息干涉计量、全息信息存储与显示、全息显微术、全息器件等领域。

3.1.1 全息术基本原理

全息照相过程分两步,波前记录与波前再现。波前记录是使物体散射波与一参考波在记录介质上相干涉,产生干涉条纹,干涉条纹经曝光记录在介质上,即可完整记录包括物体振幅和相位的波前信息。经过显影处理后的记录介质称为全息图,具有复杂的光栅结构。波前再现是用原来记录时的参考光照射全息图,记录时被"冻结"的波前从全息图上"释放"出来,继续向前传播,从而再现出物体三维图像。

按照全息原理,全息图实质上是物光和参考光叠加所产生的干涉条纹的记录。全息过程可用数学公式来描述。设激光照射物体后产生的散射波,即物光波前为

$$O = O_0 e^{i(\omega t + \varphi_O)} \tag{3-1}$$

参考光波前为

$$R = R_0 e^{i(\omega t + \varphi_R)} \tag{3-2}$$

物光与参考光在记录介质上相遇发生干涉,干涉条纹的强度为

$$\begin{aligned} I(x,y) &= (O+R)(O^* + R^*) \\ &= OO^* + RR^* + OR^* + RO^* \\ &= O_0^2 + R_0^2 + O_0 R_0 (e^{i(\varphi_O - \varphi_R)} + e^{-i(\varphi_O - \varphi_R)}) \end{aligned} \tag{3-3}$$

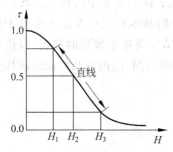

图 3-1 全息干板的 τ-H

通常参考光采用均匀照明,干涉条纹主要由物光束调制。记录介质经显影、定影处理后,即成为全息图。

全息记录介质(如全息干板)的作用相当于一个线性变换器,把曝光期间的入射光强线性地变换为显影后负片的振幅透过率。而底片只有在 τ-H(振幅透过率-曝光量)曲线的线性区域内曝光,全息图才不失真,如图 3-1 所示。

全息图的振幅透过率用 $\tau(x,y)$ 表示,则

$$\tau(x,y) = \tau_0 + \beta H = \tau_0 + \beta t I(x,y) = \tau_0 + \beta' I(x,y) \tag{3-4}$$

其中,τ_0 和 β 均为常数;β 是 τ-H 曲线直线部分的斜率;t 为曝光时间。

将式(3-3)代入式(3-4),可得

$$\begin{aligned} \tau(x,y) &= \tau_0 + \beta'(O_0^2 + R_0^2 + O_0 R_0 (e^{i(\varphi_O - \varphi_R)} + e^{-i(\varphi_O - \varphi_R)})) \\ &= (\tau_0 + \beta' R_0^2) + \beta' O_0^2 + \beta' O_0 R_0 e^{i(\varphi_O - \varphi_R)} + \beta' O_0 R_0 e^{-i(\varphi_O - \varphi_R)} \\ &= \tau_1 + \tau_2 + \tau_3(x,y) + \tau_4(x,y) \end{aligned} \tag{3-5}$$

其中

$$\left. \begin{aligned} \tau_1 &= (\tau_0 + \beta' R_0^2) \\ \tau_2 &= \beta' O_0^2 \\ \tau_3 &= \beta' O_0 R_0 e^{i(\varphi_O - \varphi_R)} \\ \tau_4 &= \beta' O_0 R_0 e^{-i(\varphi_O - \varphi_R)} \end{aligned} \right\} \tag{3-6}$$

用再现光照明全息图时,假定再现光的复振幅分布为

$$C(x,y) = C_0 e^{i(\omega t + \varphi_C)} \tag{3-7}$$

则透过全息图的光场为

$$\begin{aligned} E(x,y) &= C(x,y)\tau(x,y) \\ &= C(\tau_0 + \beta' R_0^2) + C\beta' O_0^2 \\ &\quad + \beta' O_0 R_0 C_0 e^{i(\omega t + \varphi_C + \varphi_O - \varphi_R)} + \beta' O_0 R_0 C_0 e^{i(\omega t + \varphi_C - \varphi_O + \varphi_R)} \\ &= E_1 + E_2 + E_3 + E_4 \end{aligned} \tag{3-8}$$

其中 $E_1(x,y)=C(\tau_0+\beta'R_0^2)$，参考光 R 一般都选用比较简单的平面波或球面波，因此 R 近似为常数，这一项表示振幅被改变的再现光波；$E_2(x,y)=C\beta'O_0^2$，由于物光波在底片上造成的强度分布是不均匀的，这一项表示振幅受到调制的再现光波前，是一种噪声信息；E_1 和 E_2 基本上保留了再现光波的特性，传播方向不变，可以称为全息图衍射场中的 0 级波。

$E_3(x,y)=\beta'O_0R_0C_0\mathrm{e}^{\mathrm{i}(\omega t+\varphi_C+\varphi_O-\varphi_R)}$，当再现光波与参考光波完全相同时（$C=R$），$E_3(x,y)=\beta'O_0R_0C_0\mathrm{e}^{\mathrm{i}(\omega t+\varphi_O)}$，表示原物光波前的准确再现（仅相差一个常数因子），它与在波前记录时原始物体发出的光波的性质完全相同。当这一光波传播到观察者眼睛时，可以看到原物的像。由于再现时实际物体并不存在，该像只是由衍射光线的反向延长线构成，因此是虚像，这一项称为全息图衍射场的 $+1$ 级波。

$E_4(x,y)=\beta'O_0R_0C_0\mathrm{e}^{\mathrm{i}(\omega t+\varphi_C-\varphi_O+\varphi_R)}$，当再现光波与参考光波的共轭波完全相同时（$C=R^*$），$E_4(x,y)=\beta'R_0^2\mathrm{e}^{(\mathrm{i}2\varphi_R)}O_0\mathrm{e}^{\mathrm{i}(\omega t-\varphi_O)}$，$\varphi_O$ 前的负号表示 E_4 对原物光波在相位上是共轭的，即从波前看，若原物光波是发散的，则该光波是会聚的，这一项表示的光波形成原物体的赝视实像，称为全息图衍射场的 -1 级波。

只有当再现光波与参考光波均为正入射的平面波时，入射到全息图上的相位可取为零，这时 E_4 无附加相位因子，全息图衍射场中的 ± 1 级光波形成的虚像和赝视实像才严格地镜像对称。

综上，波前记录依据的是干涉原理，全息图上的强度分布记录了物光波的振幅和相位信息，它们分别反映了物体的明暗和纵深位置等方面的特征。波前再现依据的是衍射原理，再现光波经过全息图衍射后出现衍射场，含有三种主要成分，即物光波（$+1$ 级衍射波），物光波的共轭波（-1 级衍射波），再现光波的直接透射光（零级衍射波），如图 3-2 所示。

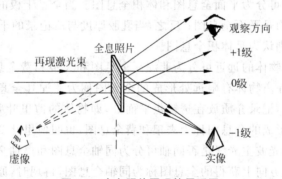

图 3-2　全息照片再现的原理图

3.1.2　全息图的类型

全息图可以从不同的角度来考虑分类。

按制作全息图的方法可分为光学记录全息图、计算机制作全息图。光学记录全息图是在感光材料上记录物光、参考光的干涉条纹。计算机制作全息图是先用计算机计算出全息图上抽样点的物光与参考光叠加后的复振幅，然后采用编码技术，用计算机绘图仪绘制放大的全息图，再用精密相机缩小到应有的尺寸，并复制在透明胶片上。这种全息图制作较为复杂，但可以制作出实际上不存在的假想物体的全息图，并通过再现显示出设想的物体。

按复振幅透过系数可分为振幅全息图和相位全息图。如果全息图的复振幅透过系数是一个实函数,即 $\tau(x,y)=\tau_0(x,y)$,则称为振幅全息图,例如用银盐干板拍摄的全息图经显影后就构成了振幅全息图;如果全息图的复振幅透过系数是一个复数,即 $\tau(x,y)=\tau_0(x,y)e^{i\varphi(x,y)}$,就是相位全息图。相位全息图可以用多种记录介质制作,最简单的方法是将用银盐干板制成的振幅全息图经过漂白工艺而成。相位全息图又分为浮雕型和折射率型。如果记录介质在曝光和处理后厚度改变,折射率不变,则被称为浮雕型;反之,如记录介质厚度不变,折射率改变,则被称为折射率型。

按全息图中干涉条纹的结构与观察方式可分为透射全息图和反射全息图。拍摄时物光波与参考光波从记录介质的一侧入射,此时记录介质中的条纹面接近垂直于表面,这样记录的全息图称为透射全息图;当物光波和参考光波分别从两侧入射到记录介质上时,记录介质中条纹面平行于表面,这样记录的全息图称为反射全息图,如图 3-3 所示。

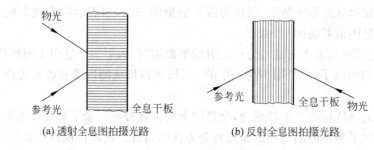

图 3-3

按记录介质厚度可分为平面全息图和体积全息图。当全息干板的乳胶厚度比记录的干涉条纹间距小时,认为是平面全息图;反之,当乳胶厚度与所记录的干涉条纹间距为同一数量级或更大一些时,则认为是体积全息图。

按记录介质相对物体的远近可分为菲涅耳全息图和夫琅和费全息图(傅里叶变换全息图)。把记录介质放在离物体有限远处形成的全息图称为菲涅耳全息图;如果在物体与记录介质之间放一透镜,记录介质放在透镜焦平面处,即物体的傅里叶频谱面上,物体就等于放在无限远处,这时形成的全息图称为夫琅和费全息图,也叫傅里叶变换全息图。

按参考光波与物光波主光线是否同轴可分为同轴全息图和离轴全息图。记录介质处于物光和参考光的同轴方向上获得的全息图称为同轴全息图,再现时,原始像和共轭像在同一光轴上不能分离,两个像相互重叠,产生所谓的"孪生像",这是同轴全息图的缺点,限制了它的使用范围;为克服这一缺点,用与物光成一定角度的倾斜参考光所获得的全息图称为离轴全息图,如图 3-4 所示。

图 3-4

3.1.3 全息基本设备

不同的全息技术有不同的装置,其中一些基本设备是必不可少的,如激光器、全息记录与再现系统、记录介质、干板处理装置和干涉条纹处理装置,现分别作简单介绍。

1. 激光器

激光器主要根据记录介质的灵敏波段、使用功率大小来选择,最好使用单模激光器。要求有足够的输出功率,尤其是拍摄运动物体时,能保证在极短的曝光时间内提供足够光能。实验室中最常用的激光器是 He-Ne 激光器,稳定性好,相干长度大,价廉,但功率不大,一般为 10~100mW。要求功率大时,可使用氩离子激光器,功率可达 1W 左右,拍摄运动物体,常需采用脉冲式调 Q 红宝石激光器。一般来说连续激光器有利于全息系统的调整,但脉冲激光器对工作平台以及环境要求可以大为降低,现场使用比较有利。

2. 全息系统

全息记录系统一般包括防震平台、反射镜、分束器、扩束镜、准直镜、成像透镜、傅里叶变换透镜、可调针孔滤波器、可变光阑、多自由度的微调器、电子快门及自动曝光定时器等。有时为了某种特殊需要还要备一些专用设备,如记录偏振全息图需要偏振器件,如 1/4 和 1/2 波片、偏振器、偏振分光镜、渥拉斯顿棱镜、旋光器等。为了布置光路简单,对于形状复杂或不易照明的物体采用各种光纤器件,如单模、多模光纤和光纤传像束等。

全息光学系统的基本要求是:

(1) 拍摄过程中要尽量避免由于工作台振动、空气扰动等因素导致干涉条纹的移动。这就必须有性能极好的防震平台,各光学元件的支架、调节部分都应当相对稳定。

(2) 物光和参考光的两光路长度应大致相等,物光与参考光之间的角度不宜过大或过小,控制在 30°~90°之内,且保持物光对底片的入射角和参考光对底片的入射角基本相等,保证显影时干涉条纹不变形。

(3) 全息系统的视场,由底片大小决定,必须预先检查物体对底片的构图是否达到要求。

(4) 为消除有害的背景光,全息光路系统中不能用平行平面的光学零件,而用楔形平面代替。此外,光学零件表面必须十分清洁,以减少激光照射下的散射光。

(5) 对透明物或光洁度很高的物体,应在物体前加一块漫射板(如毛玻璃)。

3. 记录介质

理想的全息记录介质应该是对曝光所用的激光波长有高光谱灵敏度、高分辨率、低噪声,并且具有振幅透过率与曝光量的线性关系。最早使用的记录介质是与普通照相干板相似的超微粒卤化银乳胶。卤化银乳胶既可以制作振幅全息图,又可以通过漂白成为相位全息图,而且保存期长。但随着全息术的发展,新的记录介质不断出现。目前所用的全息记录介质除卤化银乳胶外,还有重铬酸盐明胶、光致抗蚀剂、光致聚合物、光导热塑料、光折变材料、液晶等。

分辨率是记录介质的主要特性，是指介质在曝光时所能记录的最高空间频率，其单位是线/mm。记录介质的颗粒越细，则其分辨率越高，衍射效率也越高，噪声越小，但其灵敏度变低。记录全息图时对底片分辨率的要求与物、参光束间的夹角有关，由全息图所形成的条纹光栅满足的关系式导出为

$$2d\sin(\theta/2) = \lambda \tag{3-9}$$

式中 θ 为参考光束与物光束间的夹角。

此外，对于全息干板的后期处理还需要显影液、停影液、定影液和漂白液等；而对于全息干涉条纹的处理则还需要 CCD 摄像机、图像卡、监视器、计算机、打印机等设备以及干涉条纹处理软件。

3.2 激光全息干涉测量技术

全息干涉测量是利用全息术获得物体变形前后的光波波面相互干涉所产生的干涉条纹图，用以分析物体变形的一种干涉计量方法，它同一般光学干涉计量相比有很多优点。一般光学干涉计量只能测量形状简单、表面光洁度很高的物体，而全息干涉测量方法则能对任意形状、任意粗糙表面的物体进行测量，测量精度为光波波长量级。由于全息图具有三维性质，使用全息技术可以从不同视角通过干涉速度去考察一个形状复杂的物体，因此一个干涉计量全息图就相当于用一般干涉计量进行多次观察。此外，全息干涉测量可以对一个物体在两个不同时刻的状态进行对比，从而探测物体在这段时间内发生的任何改变。由于这些优点，使全息干涉计量在无损检测、微应力应变测量、形状与等高线的测绘、振动分析、高速飞行体的冲击波以及流速场描绘等多种领域中得到应用。

3.2.1 全息干涉测量方法

全息干涉采用的是所谓"时间分割法"，即将沿同一光路而时间不同的两个光波前记录在同一张全息底片上，再使这些波前同时再现发生干涉，形成干涉条纹，根据条纹的分布来对被测物体进行定性分析或作数值计算。常用的全息干涉方法有二次曝光法、单次曝光法（实时法）、时间平均法。

1. 二次曝光法

物体变形前记录第一个波前，变形后再记录第二个波前，它们重叠在全息图上，这样变形前后由物体散射的物光信息都储存在此全息图中。用激光再现时，能同时将物体变形前后的两个波前再现出来。由于这两个波前都是用同一相干光路记录的，它们几乎在同一空间位置出现，具有完全确定的振幅和相位分布，能够相干形成干涉条纹图。可以通过研究干涉条纹图情况，了解波面的变化，进而测量物体的位移和变形，如图 3-5 所示。

设物体变形前物光波复振幅为 $O = O_0(x,y)e^{i\varphi_O(x,y)}$，物体变形后物光波复振幅为 $O' = O_0(x,y)e^{i\varphi'_O(x,y)}$，参考光光波的复振幅为 $R = R_0(x,y)e^{i\varphi_R(x,y)}$。因为所测位移非常小，对各点漫反射光的振幅或亮度的影响可以不计，因此为简单起见，变形前后物光振幅都记作 $O_0(x,y)$。

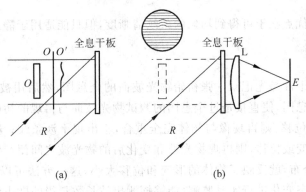

图 3-5 二次曝光原理图

第一次曝光到达全息干板的光强是
$$I_1 = (O^* + R^*)(O + R) \tag{3-10}$$
第二次曝光到达全息干板的光强是
$$I_2 = (O'^* + R^*)(O' + R) \tag{3-11}$$
两次曝光后全息干板上的总光强为
$$I = I_1 + I_2 = (O^* + R^*)(O + R) + (O'^* + R^*)(O' + R) \tag{3-12}$$

在线性记录条件下,振幅透过率与曝光光强成正比,取比例系数为1,则干板经过显影、定影处理后得到的全息图,用原参考光照射,其透过的物光波复振幅为
$$\begin{aligned} U &= RI \\ &= R[(O^* + R^*)(O + R) + (O'^* + R^*)(O' + R)] \\ &= 2(R_0^2 + O_0^2)R_0 e^{i\varphi_R} + R_0^2(O_0 e^{i\varphi_O} + O_0 e^{i\varphi}) + R_0^2 e^{i2\varphi_R}(O_0 e^{-i\varphi_O} + O_0 e^{-i\varphi}) \\ &= U_1 + U_2 + U_3 \end{aligned} \tag{3-13}$$

其中,U_1 是零级衍射波;U_2 是两个重现的物光波(变形前和变形后)相干叠加的合成波;U_3 是合成波的共轭光波。其中 U_2 反映了两次曝光时物体形状的变化。U_2 形成虚像,可透过全息图看到,其光强为

$$\begin{aligned} I &= U_2^* U_2 \\ &= R_0^4 (O_0 e^{i\varphi_O} + O_0 e^{i\varphi})(O_0 e^{-i\varphi_O} + O_0 e^{-i\varphi}) \\ &= R_0^4 [2O_0^2 + O_0^2 (e^{i(\varphi_O - \varphi)} + e^{-i(\varphi_O - \varphi)})] \\ &= 2R_0^4 O_0^2 [1 + \cos(\varphi - \varphi_O)] \\ &= 4R_0^4 O_0^2 \cos^2\left(\frac{\varphi - \varphi_O}{2}\right) \end{aligned} \tag{3-14}$$

由此可以看出,再现光波中出现条纹是由于物体在前后两次曝光之间运动或形变引起了相位的变化。当相位差 $\Delta\varphi = \varphi - \varphi_O$ 满足 $2k\pi(k = 0, \pm 1, \pm 2, \cdots)$ 时,出现亮条纹;当相位差 $\Delta\varphi$ 满足 $(2k+1)\pi(k = 0, \pm 1, \pm 2, \cdots)$ 时,出现暗条纹。在各种应用场合,$\Delta\varphi$ 可以和一些物理量如位移、转动、应变、折射率、温度及密度等联系起来,通过分析干涉条纹,算出 $\Delta\varphi$,就可以计算出与之相联系的物理量,如物体在各处位置上的微小变形等。

图 3-6 为一四边固定的方板受中心集中载荷时二次曝光后再现的全息图。

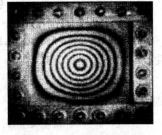

图 3-6 二次曝光全息图

二次曝光法的优点在于可得到均匀的条纹清晰度,但只能适用于静态测量。

2. 单次曝光法

单次曝光全息干涉是先记录一张初始物光波面的全息图,然后用被测试的物光波面和参考光同时照射全息图,使直接透过全息图的测试物光波面与再现的初始物光波面相干涉。如果物体未变形或位移,则再现像与物体完全重合,不出现干涉条纹;若物体因加载、加热等外界原因发生形变或位移,则再现物光波和变化后的物光波之间便产生干涉条纹,条纹的形状、疏密和位置分布,就反映了物体的形变和位移大小,这一方法可以对任何形状的物体在不同条件下的状态变化进行实时监测,能够探测出波长数量级的微小变化,这种方法也叫做实时法。

设初始物光波(未变形前)复振幅为 $O=O_0(x,y)\mathrm{e}^{\mathrm{i}\varphi_O(x,y)}$,物体变形后物光波复振幅为 $O'=O_0(x,y)\mathrm{e}^{\mathrm{i}\varphi(x,y)}$,参考光光波的复振幅为 $R=R_0(x,y)\mathrm{e}^{\mathrm{i}\varphi_R(x,y)}$。一次曝光后到达全息底片的光强

$$I_1 = (O^* + R^*)(O + R) \tag{3-15}$$

在线性记录条件下,全息图的振幅透过率与曝光光强成正比,取系数为1,则透过率为

$$\tau_1 = O_0^2 + R_0^2 + O_0 R_0 \mathrm{e}^{\mathrm{i}(\varphi_O - \varphi_R)} + O_0 R_0 \mathrm{e}^{-\mathrm{i}(\varphi_O - \varphi_R)} \tag{3-16}$$

波前再现时用参考光和被测物光波同时照射全息图,这时再现光波为

$$C = R + O' \tag{3-17}$$

因此透过全息图的衍射光波为

$$\begin{aligned}
U &= C\tau_1 = (R_0 \mathrm{e}^{\mathrm{i}\varphi_R} + O_0 \mathrm{e}^{\mathrm{i}\varphi})\tau_1 \\
&= (O_0^2 + R_0^2)R_0 \mathrm{e}^{\mathrm{i}\varphi_R} + R_0^2 O_0 \mathrm{e}^{\mathrm{i}\varphi_O} + R_0^2 \mathrm{e}^{\mathrm{i}2\varphi_R} O_0 \mathrm{e}^{-\mathrm{i}\varphi_O} + (O_0^2 + R_0^2)O_0 \mathrm{e}^{\mathrm{i}\varphi} \\
&\quad + O_0^2 R_0 \mathrm{e}^{\mathrm{i}(\varphi_O + \varphi - \varphi_R)} + O_0^2 R_0 \mathrm{e}^{-\mathrm{i}(\varphi_O + \varphi - \varphi_R)}
\end{aligned} \tag{3-18}$$

式中第一、二、三项是用参考光照明后再现的零级和正、负一级衍射像;第四、五、六项是用变形后的物光波(被测试物光波)照明再现的零级和正、负一级衍射像,如图3-7所示。

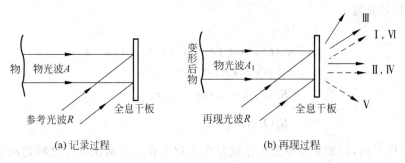

(a) 记录过程　　　　　　　　　(b) 再现过程

图3-7　实时法全息图的记录与波面再现

所观察到的干涉现象是由第二项和第四项代表的初始物光波和被测物光波相干叠加产生的,可以单独考虑这两项。令

$$U_1 = R_0^2 O_0 \mathrm{e}^{\mathrm{i}\varphi_O} + (O_0^2 + R_0^2)O_0 \mathrm{e}^{\mathrm{i}\varphi} \tag{3-19}$$

则视场中接收到的光强为

$$\begin{aligned}
I_1 &= U_1^* U_1 \\
&= O_0^2 [R_0^4 + (O_0^2 + R_0^2)^2 + 2R_0^2(O_0^2 + R_0^2)\cos(\varphi - \varphi_O)]
\end{aligned} \tag{3-20}$$

可以看出光强分布也是按照余弦函数规律变化的,具有双光束干涉的特点。

在采用实时观察时,随着物体形状或位移变化,干涉条纹也随着变化,因此可以随时进行干涉条纹变化规律的测量和研究。但是由于再现物光波面和直射物光波面的振幅不大相同,干涉条纹的对比度较差,不如两次曝光法的条纹清晰,但是可以通过选择适当的参考光和物光的光束比等方法来提高条纹的对比度;此外,实时法在实际工作中要求全息图必须严格复位,否则直接影响测试准确度。

3. 时间平均法

时间平均全息干涉是对一个振动物体作连续不间断的全息记录,可以设想为无数全息图记录在同一张底片上。由于记录时间远比振动周期长,因此所记录的是物体振动过程中各个状态在这一段时间内的平均干涉条纹,它反映出物体振动的平均效应。分析干涉条纹的形状和强度分布可以得到物体振幅信息和振动模式。

为简单起见,以简谐振动为例来说明时间平均法的测量原理。如图 3-8 所示,设振动角频率为 ω,膜片上任一点 P 的振幅为 $A(x,y)$。简谐振动表示为

$$A(x,y,t) = A(x,y)\cos\omega t \tag{3-21}$$

式中 $A(x,y)$ 为膜片振动时的横向位移。设参考光光波的复振幅 $R=R_0(x,y)e^{i\varphi_R(x,y)}$,设初始物光波(静止时)复振幅为 $O=O_0(x,y)e^{i\varphi_0(x,y)}$,振动时的物光波复振幅为 $O'=O_0(x,y)e^{i\varphi(x,y,t)}$,并且 $\varphi(x,y,t)=\varphi_0(x,y)+\Delta\varphi(x,y,t)$,$\Delta\varphi(x,y,t)$ 是由于振动的位移引起的相位差。

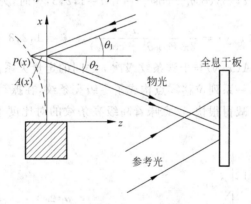

图 3-8 记录振动膜片的时间平均全息法

对膜片的照明光(入射光)和全息干板所接收的反射光分别与膜片表面的法线(即位移)方向成 θ_1 和 θ_2,则物体上一点 P 移动到 P' 时的相位差为

$$\Delta\varphi(x,y,t) = \frac{2\pi}{\lambda}A(x,y,t)(\cos\theta_1 + \cos\theta_2) \tag{3-22}$$

则

$$\varphi(x,y,t) = \varphi_0(x,y) + \frac{2\pi}{\lambda}A(x,y)\cos\omega t(\cos\theta_1 + \cos\theta_2) = \varphi_0 + K\cos\omega t \tag{3-23}$$

其中

$$K = \frac{2\pi}{\lambda}A(x,y)(\cos\theta_1 + \cos\theta_2)$$

可以看出，K 仅是 x,y 的函数，与时间 t 无关。到达全息干板的光强为

$$I = (R^* + O'^*)(R + O') = (R_0^2 + O_0^2) + R_0 O_0 [e^{i(\varphi_R - \varphi)} + e^{-i(\varphi_R - \varphi)}] \tag{3-24}$$

全息图上的平均曝光量为

$$E = \int_0^t I dt \tag{3-25}$$

式中 t 为曝光时间。线性记录条件下，比例系数为 1，当全息图用参考光波 R 照射时，得到

$$\begin{aligned} U &= RE \\ &= R_0 e^{i\varphi_R} \int_0^t I dt \\ &= t(R_0^2 + O_0^2) R_0 e^{i\varphi_R} + R_0^2 O_0 \int_0^t e^{-i(\varphi - 2\varphi_R)} dt + R_0^2 O_0 \int_0^t e^{i\varphi} dt \end{aligned} \tag{3-26}$$

式中第三项是再现的原物光波，记作

$$\Phi = R_0^2 O_0 \int_0^t e^{i\varphi} dt = R_0^2 O_0 \int_0^t e^{i(\varphi_O + K\cos\omega t)} dt = t R_0^2 O_0 e^{i\varphi_O} J_0(K) \tag{3-27}$$

光强为

$$I_\Phi = \Phi^* \Phi = t^2 R_0^4 O_0^2 J_0^2 \left[\frac{2\pi}{\lambda} A(x,y)(\cos\theta_1 + \cos\theta_2) \right] \tag{3-28}$$

表明时间平均全息图 +1 级再现像的光强分布按零级贝塞尔函数的平方分布，其分布曲线如图 3-9 所示。当 $\frac{2\pi}{\lambda} A(x,y)(\cos\theta_1 + \cos\theta_2) = \alpha_i, i = 1, 2, 3, \cdots$ 时，为再现像上的暗条纹，即

$$A(x,y) = \frac{\lambda}{2\pi} \frac{a_i}{(\cos\theta_1 + \cos\theta_2)}, \quad i = 1, 2, 3, \cdots \tag{3-29}$$

于是得到物体各点振幅 $A(x,y)$ 与干涉条纹级次 i 之间的定量关系。由图中看出，位移为零的点对应最亮的亮条纹，一系列位移零点构成了零级亮条纹，在振动中称为节线。由图中还可看到，亮条纹的光强衰减得很快，这意味着高级亮条纹的对比度下降，一般 5、6 级后就很不清楚了。

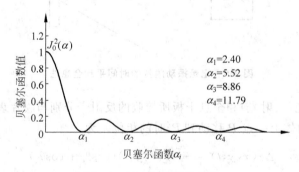

图 3-9 贝塞尔函数分布图

图 3-10 为用时间平均法记录的全息图的再现像，一个振动的罐头盒盖在三种不同的振荡频率下的三种振荡模式。

时间平均全息干涉技术是振动分析的基本手段，在汽车工业、飞机制造业和机床制造业中已获得良好的应用。

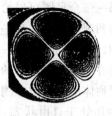

图 3-10　用时间平均法记录的全息图的再现像（3 种振荡模式）

3.2.2　激光全息干涉测量技术的应用

全息干涉测量技术具有很高的灵敏度，广泛用于位移测量、振动测量、变形测量、应力测量以及缺陷检测等方面。

1. 位移和形状检测

用全息干涉法可以得到表示物体在两个状态下的位移或形变的全息干涉条纹图，通过这些干涉条纹图的分析和解释，便可以得到所要测量的位移或形变的定量关系。

设物体上一点 P，变形后位置为 P'，有一微小位移 d，如图 3-11(a) 所示。照明光源位置为 S，全息干板位置为 H，θ_1、θ_2 分别为入射光与位移的夹角、位移与全息干板所接收的反射光的夹角。由图可知两光束的光程差为

$$\Delta = d(\cos\theta_1 + \cos\theta_2) \tag{3-30}$$

相应的相位差为

$$\delta = \frac{2\pi}{\lambda} d(\cos\theta_1 + \cos\theta_2) \tag{3-31}$$

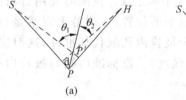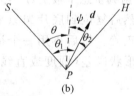

图 3-11　一维位移矢量分析图

由于位移与物光光程相比是极小量，可以认为物体形变前后 θ_1 和 θ_2 不变。如图 3-11(b) 所示，令 $\theta = \frac{1}{2}(\theta_1 + \theta_2)$，即入射光与反射光夹角的一半，它反映了角平分线的位置，$\psi = \frac{1}{2}(\theta_1 - \theta_2)$ 为角平分线与位移方向的夹角，则

$$\delta = \frac{2\pi}{\lambda} d(\cos\theta_1 + \cos\theta_2) = 2\frac{2\pi}{\lambda} d\cos\frac{\theta_1+\theta_2}{2}\cos\frac{\theta_1-\theta_2}{2} = \frac{4\pi d}{\lambda}\cos\theta\cos\psi \tag{3-32}$$

其中 $d\cos\psi$ 表示位移在角平分线上的分量，用 d_θ 表示，在再现像上亮条纹处，$\delta = 2N\pi$，则

$$d_\theta = d\cos\psi = \frac{\delta}{2k\cos\theta} = \frac{N\lambda}{2\cos\theta} \tag{3-33}$$

由此可知每一张全息图可以给出平行于入射光和反射光夹角平分线上的位移分量,即给出平行于照明和观察方向夹角平分线上的位移分量。

一般来说,对于一空间物体的三维位移则需要三个独立的全息图,每一个全息图给出平行于观察和照明方向等分线方向的位移分量。

对于不透明物体的离面位移测量,可采用平行光垂直照射的方式,如图 3-12(a)所示。第一次曝光时物体处于自由状态,第二次曝光时物体处于受力状态,再现的干涉条纹图如图 3-12(b)所示,此干涉条纹相当于等厚干涉条纹。从图中可以看出 $\theta_1=0,\theta_2=0$,代入(3-33)式得到物体的离面位移为

$$d_z = \frac{\delta\lambda}{4\pi} = \frac{N}{2}\lambda \tag{3-34}$$

由此可以看出,干涉条纹越密(N 越大),物体的离面位移越大。

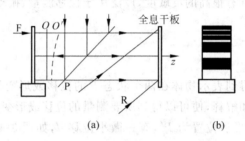

图 3-12 不透明物体的离面位移测量

图 3-13 为检测圆柱内孔的系统原理图。平行激光束照射在锥形透镜上(该透镜一面是平面,一面是锥面,中间有一个孔,内装凹透镜)。锥形透镜形成一束环状光束以掠射方式均匀照射在内孔壁上形成一次反射,出射后经过第二个锥形透镜使光束成圆环形式照射到全息干板上。参考光束取自激光束的中心区(图上虚线所示),参考光束直接通过内孔和锥形透镜,最后发散地照射到全息干板上,产生干涉条纹。检测时先用合格的圆柱内孔做一张全息图,作为标准,然后复位到底片架原来的位置,在屏幕上观察是否有干涉条纹,没有干涉条纹说明复位正确。然后再用一个被检内孔取代标准件,这时屏上出现干涉条纹,条纹反映此内孔的形状误差(圆度或直线度)。设标准内孔与被检内孔表面之间的径向误差为 ΔD,则

$$\Delta D = \frac{N\lambda}{2\cos\theta} \tag{3-35}$$

式中 N 为干涉条纹级数。此方法的测量限制是长径之比不能超过 10:1,否则透射比变化,灵敏度降低。

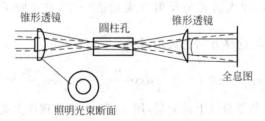

图 3-13 全息测内孔的光学系统

2. 缺陷检测

全息干涉技术不仅可以对物体表面上各点位置变化前后进行比较，而且对结构内部的缺陷也可以探测。由于检测具有很高的灵敏度，利用被测件在承载或应力下表面的微小变形的信息，就可以判定某些参量的变化，发现缺陷部位，也叫做全息干涉无损检测技术，在航空航天工业中，对复合材料、碳素纤维板、蜂窝结构、叠层结构、航空轮胎和高压容器的检测，具有某些独到之处。

结构在外力作用下，将产生表面变形。若结构存在缺陷，由于缺陷部位的刚度、强度、热传导系数等物理量均发生变化，因而缺陷部位的局部变形与结构无缺陷部位的表面变形是不同的。应用全息干涉方法可以把这种不同表面的变形转换为光强表示的干涉条纹由感光介质记录下来，如果结构不存在缺陷，则这种干涉条纹只与外加载荷有关，其干涉条纹是有规律的；如果结构中存在缺陷，则缺陷处产生的干涉条纹是结构在外加载荷作用下产生的条纹与缺陷引起的变形干涉条纹叠加的结果，这种叠加将引起缺陷部位的表面干涉条纹畸变，根据这种畸变则可以确定结构是否存在缺陷。

三种主要全息干涉测量方法，即二次曝光法、单次曝光法、时间平均法都可以应用，此外，选择正确加载方法以产生清晰、稳定的干涉条纹是缺陷检测的关键。常用的加载方法主要有：机械加载、冲击加载、热辐射加载、增压加载、真空加载以及振动加载等。

图 3-14 所示为用全息干涉法对复合材料（用特殊纤维树脂材料或特殊金属胶片纤维粘接而成）制成的涡轮机叶片进行两表面同时检测的原理图，采用振动加载，即将频率信号发生器发出的信号经功率放大作用在激振器上，并通过激振器与受检试件耦合作用，迫使试件产生受迫振动，拍摄全息图，试件表面将以特定振型的干涉条纹显现。当叶片在某些区域中存在不同振型的干涉条纹时，表示这个区域的结构已遭到破坏，如果振幅本身有差异，则表示这是一个可疑区域，表明这个叶片的复合结构材料是不可靠的。

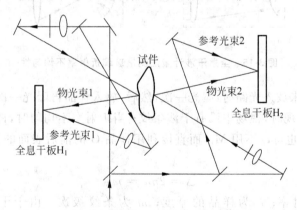

图 3-14　全息干涉法测复合材料表面缺陷光路图

用全息干涉法测试复合材料是基于脱胶和空隙易产生振动，从振型可区别这种缺陷。此法的优点是不仅能确定脱胶区的大小和形状，而且可以判定深度。另外，全息法与普通超声测试法比较，其优点在于全息法可在低于 100kHz 的激振频率下工作，一次检测的面积要大得多，简化了夹持方法。

全息干涉技术在缺陷检测方面的成功应用还有全息裂纹探测。这种探测主要用于应力裂纹的早期预报,对测定材料缓慢裂纹的敏感性以及省时上都有意义,是断裂力学研究中的一个新工具。利用二次曝光全息干涉技术采用内部真空法对充气轮胎进行检测,可以十分灵敏和可靠地检测外胎花纹面、轮胎的网线层、衬里的剥离、玻璃布的破裂、轮胎边缘的脱胶以及各种疏松现象。

3. 测量光学玻璃折射率的不均匀性

图 3-15(a)所示为光学玻璃均匀性测量系统图。其中 M_1、M_2、M_3 和 M_4 是反射镜,B_1、B_2 是分光镜,L_1 为准直物镜,L_2、L_3 是扩束镜,H 是全息干板,G 是待测玻璃样品。从 L_2 扩束的光线经 L_1 准直后由 M_4 反射回到 B_1,再反射到 H 上,这是物光束。从 B_2 反射,经 M_1、M_2、M_3,再由 L_3 扩束后直达 H,这是参考光束。在 H 上获得全息图。

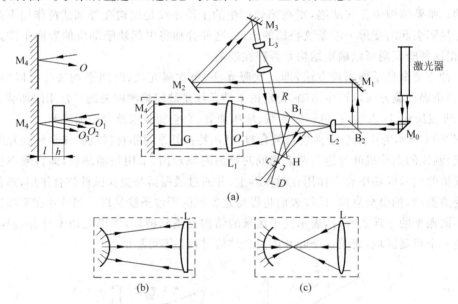

图 3-15　全息干涉计量法测量玻璃折射率不均匀性

首先在样品 G 未放入光路时,曝光一次,然后,放入样品再曝光一次。如果样品是一块均匀的平行平板,再现时,视场中没有干涉条纹;当折射率不均匀时,视场中将出现干涉条纹。拍摄全息图时,也可以不用 M_4,而直接利用样品 G 的前后表面的反射光。此时,两支光束的光程差为

$$\Delta = 2nh = m\lambda \tag{3-36}$$

式中,n 为样品折射率;h 为样品的厚度;m 为条纹级次。由于干涉条纹的变化,由式(3-36)可求得样品厚度的不均匀性以及折射率的不均匀性。

图 3-15 所示为多功能全息系统。图(a)中虚线框图除测量平板玻璃的厚度和折射率不均匀性外,还可以测量玻璃的应力分布。改用框图(b)、(c)则可以分别测量凸球面镜与凹球面镜的形状偏差。如果将透镜 L_1 换为被测光学系统,还可以测量光学系统的波差,若框图(a)的反射镜 M_4 能够绕光路中心转动,将被测棱镜放在中心位置,则可以测量棱镜的偏差。

3.3 激光散斑干涉测量

3.3.1 散斑的概念

激光照射在具有漫反射性质的物体的表面,根据惠更斯原理,物体表面每一点都可以看成一个点光源,从物体表面反射的光在空间相干叠加,就会在整个空间发生干涉,形成随机分布的亮斑与暗斑,称为激光散斑,如图3-16所示。形成散斑必须具有以下两个条件:

(1) 必须有能发生散射光的粗糙表面,为了使散射光较均匀,粗糙表面的深度必须大于波长;

(2) 入射光线的相干度要足够高,因此常常使用激光。

散斑的横向尺寸指的是散斑的最小尺寸。由粗糙表面的散射光干涉而直接形成的散斑,即无透镜散斑,也称为客观散

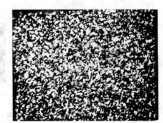

图3-16 激光散斑图样

斑,$\sigma_{横}=1.22\dfrac{\lambda z}{D}$;如果对散斑成像,则称作主观散斑,$\sigma_{横}=1.22\lambda F$,式中 F 为透镜焦距与光瞳大小之比,即孔径比,D 为照明区域的尺寸,z 为观测平面与散斑表面的距离,λ 为入射光的波长。散斑亦有纵向大小,其平均值为 $<\sigma_{纵}>=\dfrac{2\lambda}{(NA)^2}$,NA 为系统的数值孔径。

一个漫反射表面,对应着一个确定的散斑场,散斑的尺寸和形状,与物体表面的结构、观察位置、光源和光源到记录装置之间的光程等因素有关。当物体表面位移或变形时,其散斑图也随之发生变化,散斑虽为随机分布,但物体变形前、后散斑有一定规律,且含有物体表面位移或变形的信息。散斑测量就是根据与物体变形有内在联系的散斑图将物体表面位移或变形测量出来。散斑测量又分为散斑照相测量及散斑干涉测量。

3.3.2 散斑照相测量原理及应用

散斑照相是散斑测量技术中最简单的检测方法,在实验力学检测技术中获得了一系列应用,如面内位移、位移梯度、表面斜率和形貌等的测量。

散斑照相检测法是在一张照相底片上通过两次曝光(根据需要也可多次乃至连续曝光),记录表面粗糙的物体位移前后,变形前后或某种变化过程中的散斑图样,继而对所得散斑图样进行适当的事后处理,以获取有关物体位移或变形等信息的方法。

图3-17所示光路用来记录物体粗糙表面形成的像面散斑,亦即主观散斑。图中 O 为待测物体,L 为成像透镜,H 是照相底片(为了得到表观颗粒细、反差高的散斑图样,须用全息干板)。物体由激光照明,未变形前曝光一次,在 H 上记录一张散斑图;加负荷使物体变形后,再曝光一次,曝光时间与第一次相同,于

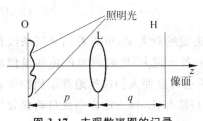

图3-17 主观散斑图的记录

是 H 上记录到两个相同但有相对位移的散斑图样。

对于处理散斑图底片得到位置量值,通常采用两种方法,即逐点分析法及全场分析法。

1. 逐点分析法

采用细激光束垂直照明散斑图底片,在其后面距离 L 处放置观察屏垂直于激光束,每次考察底片上一个小区域的频谱,如图 3-18 所示。由于同一底片上记录了两个同样的但位置稍微错开的散斑图,这样,各散斑点都是成对出现的,相当于在底片上布满了无数的"杨氏双孔"。各"双孔"的孔距和连线反映了"双孔"所在处像点的位移的量值和方位,当用相干光束照射此散斑底片时,将发生杨氏双孔干涉现象,产生等间距的平行直条纹,条纹方向垂直于物体表面位移方向,条纹间距反比于位移的大小,即

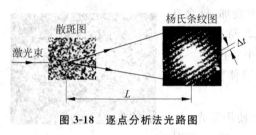

图 3-18 逐点分析法光路图

$$d = \frac{\lambda L}{\Delta t} \tag{3-37}$$

式中,d 为"双孔"间距,即位移值;λ 为激光波长;Δt 为屏上条纹间距;L 为屏到散斑图的距离。需注意的是,式(3-37)中的位移量是经过透镜放大了的值,若成像散斑的放大率为 M,则待测物体表面各点发生的实际位移量值应为

$$d = \frac{\lambda L}{M \Delta t}, \quad M = \frac{q}{p} \tag{3-38}$$

p,q 各代表图 3-17 中的物距和像距,M 则表示放大率。式(3-38)即是测定面内位移的公式。当位移的方向和大小不同时,条纹的取向和疏密也不同。逐点分析法可以方便地获得物体表面某点变形数据,但是为了获得表面全场变形,就需要分析和处理大量的杨氏条纹图。

2. 全场分析法

已记录的散斑图用准直激光全场照明,应用傅里叶变换透镜获得散斑图的频谱分布,并在频谱平面用滤波孔使频谱分量透过并进入成像系统,这样在成像面(输出平面)上即可获得由滤波孔位置所决定的全场投影条纹,这一条纹场表征了滤波孔所在方向散斑位移等高线,其光路如图 3-19 所示。底片上某小区域,在频谱面上生成杨氏条纹,当滤波孔位于它的亮纹处时,则该小区域为亮的;若滤波孔位于暗纹处,则因没有光通过滤波孔,该小区域为黑的。杨氏条纹位于滤波孔的底片上的那些点就是全场分析中的亮纹处。若滤波孔位置为 r,则位移量

$$d = \frac{m \lambda f}{Mr} \tag{3-39}$$

式中,m 为条纹级次;f 为透镜焦距;M 为记录散斑的透镜的放大率,可以看出全场条纹是相等位移分量各点的轨迹,在同样条纹级次 m,滤波孔位置 r 越大,则可测量的位移量值越小,即滤波孔位置越远,位移测量灵敏度越高。全场分析法可以使人们快速地观察到物体表面的全场变形,并能及时发现局部高应变区域。但与逐点法相比,该方法在条纹自动化处理方面较为困难。

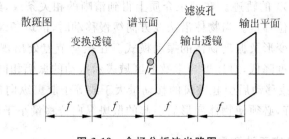

图 3-19 全场分析法光路图

由于散斑照相测量方法不需要参考光即可实现物体表面变形检测,与全息术相比是一个极大的进步。一方面它使检测系统变得简单,适合面内位移和变形测量;另一方面不需要全息检测要求严格的检测环境,从而使散斑技术在应用中更有优势。不足的是,散斑照相法受到物体表面形成的散斑颗粒大小的限制,其测量精度没有全息术高。

3.3.3 散斑干涉测量原理及应用

激光散斑干涉测量方法几乎是与散斑照相法同时发展起来的散斑检测技术,与散斑照相法基于散斑颗粒位置变化而进行的测量不同,散斑干涉是基于散斑场相位的变化而进行检测的。它除了具有全息干涉测量方法的非接触式、可以遥感、直观,能给出全场情况等一系列优点外,还具有光路简单,对试件表面要求不高,对实验条件要求较低,计算方便等特点,但条纹清晰度相对较差。激光散斑干涉测量技术的用途广泛,除了测量物体的位移、应变外,还可以用于无损探伤、物体表面粗糙度测量、振动测量等方面。

激光散斑干涉与全息干涉一样,分为两步:第一步是用相干光照射物体表面,记录带有物体表面位移和变形信息的散斑图;第二步是将记录的散斑图置于一定的光路系统中,将散斑图中的位移或变形信息分离出来,进行定性或定量分析。

按位移测量的方法可分为测量离面(纵向)位移的散斑干涉法、测量面内(横向)位移的散斑干涉法以及测量离面位移梯度的散斑剪切干涉法。

1. 离面位移的散斑干涉测量

图 3-20 为一迈克尔逊干涉仪,反射镜 M_1 已用粗糙表面所代替,目的是测量 M_1 的变形或纵向位移。M_2 为参考镜,可以是平面镜也可以是粗糙表面。若 M_2 为粗糙表面,则 M_1 和 M_2 各自在像面上形成散斑图,重叠区域发生干涉。若物体 M_1 发生变形或者沿法线方向有一微小位移 δz,则两个散斑场之间的相位差发生改变,当相位差改变为 $2k\pi$,即 δz 改变为 $k\lambda$,则变形后的散斑场与原来的($\delta z=0$)一样,称为相关;若相位差改变为 $(2k+1)\pi$,即 δz 改变为 $(k+1/2)\lambda$,则变形后的散斑场与原来的亮暗反转,称为不相关。换言之,任何一个变形后的粗糙面相对于原来的物面可以分为相关区域及不相关区域。而分开这两个区域,就相当于找出物面上光程差

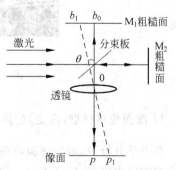

图 3-20 测量离面位移散斑干涉仪

改变为 $k\lambda$ 和 $(k+1/2)\lambda$ 的轨迹。在记录介质上得到清晰的相关条纹,然后利用条纹方程式来得到变形量或离面位移量。当物体沿法线方向缓慢移动时,散斑条纹也发生移动,这种方法适合测量物体表面变形及振动物体的振动模式。在振动节点处出现高对比度的散斑,在有振动处散斑的对比度降低,对比度为常数的区域表示振动的振幅相同。

若物体 M_1 变形或移动后引起散斑的移动量大于或等于散斑纵向尺寸,则相关度为零。因此,要保持相关性好,必须使物体变形后引起的散斑纵向位移量小于散斑纵向尺寸。

2. 面内位移的散斑干涉测量

上述的迈克尔逊散斑干涉仪,只能测物面的离面位移,不能测面内位移。图 3-21 所示系统可以测量面内位移。以两束相干光照射粗糙物面,以相同角度在法线两侧平行入射,表面散射光用透镜成像在全息干板上,法线左右两侧入射的光束都可生成散斑图,这两个散斑图相互干涉而形成第三个散斑图。由光程差考虑,物面沿 z 方向运动,左右入射的光束光程变化相同,因而散斑图保持不变。但若表面沿 x 轴向下移动一小段距离 Δx,则左右两侧光程一束增加 $\Delta x \sin i$,一束减少 $\Delta x \sin i$,当 $2\Delta x \sin i = k\lambda$ 时,表示物面沿 x 方向移动了 k 个干涉条纹。若某个区域变形前后干涉条纹亮、暗位置不变,则变形前后的散斑图重合,在同一干板上,变形前后各曝光一次,有颗粒状散斑结构,这一区域为相关区域;反之,若变形前后条纹亮、暗位置反转,则变形前后形成的散斑图不同,同一干板,变形前后各曝光一次,看不到颗粒状散斑结构,这一区域为不相关区域。因此,可以用被观察到的散斑干涉花样来测定表面上各个区域的变形位移情况。测量物体面内位移的最大可能值为物方散斑大小,即 $\dfrac{0.6\lambda}{\sin u}$。

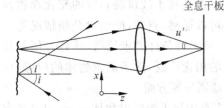

图 3-21 测量面内位移的散斑干涉仪

若要使条纹对 z,y 方向位移不敏感,则必须保证入射光为平面波,物面必须是平面,两束光的入射角必须相等,方向相反,否则将影响测量的准确度。

图 3-22(a)为悬臂梁受集中载荷得到的散斑干涉面内位移条纹;图(b)为周边固定板受集中载荷得到的散斑干涉离面位移条纹。

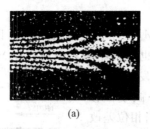 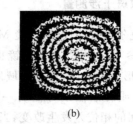

(a) (b)

图 3-22 散斑干涉得到的位移条纹图

3. 离面位移梯度(应变)的散斑剪切干涉测量

在力学分析中,例如薄板弯曲测量中,人们关心的往往并不是物体表面的变形,而是物体表面的应力应变,位移值的一阶微分是应变,二阶微分是挠度。因此要获得物体表面的应力应变分布,就需要对普通数字散斑测得的表面变形数据进行两次数值微分。对实验数据的数值微分会导致较大的误差,因此应尽可能少用或不用。因此可以应用散斑剪切干涉法。散斑剪切干涉不是测量位移而是位移梯度,即位移的一阶微分,这样可以直接测量物体表面应变,测量挠度时也减少了一次数据计算的误差,从而提高测量精度。它的优点是没有参考光路,受环境扰动和机械噪音的影响很小;但它受剪切范围、剪切方向和引入的荷载等多个有效因子的影响,而且测量物体振动时,因为测得的是振幅的一阶微分,其测量结果不直观,需要积分一次才能看到物体的振型。

散斑剪切干涉可以通过两种方式来实现,即物面上一点,经图像剪切装置后,在像面上形成相邻的两个点或者物面上两个相邻的点,经图像剪切装置后,在像面上会聚成一点产生干涉。

考虑如图 3-23 所示的模型,假定在 x 方向剪切,剪切量为 δx,物面上 $P(x,y)$ 和 $P(x+\delta x,y)$ 的像在底片上同一点重合。设由 $P(x,y)$ 点反射的光到像面(底片)上的波前与 $P(x+\delta x,y)$ 点反射的光到像面上的波前分别为

$$\left.\begin{array}{l} U(x,y) = A(x,y)\mathrm{e}^{\mathrm{i}\varphi(x,y)} \\ U(x+\delta x,y) = A(x+\delta x,y)\mathrm{e}^{\mathrm{i}\varphi(x+\delta x,y)} \end{array}\right\} \tag{3-40}$$

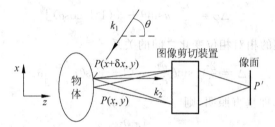

图 3-23 剪切散斑干涉系统模型

这里 $A(x,y)$,$A(x+\delta x,y)$ 分别表示两个剪切像的光的振幅分布,若假定两个相邻点光强变化不大,可认为 $A(x,y)$ 和 $A(x+\delta x,y)$ 相等;$\varphi(x,y)$,$\varphi(x+\delta x,y)$ 分别表示两个剪切像的相位分布。这样在像平面上两个像叠加结果为

$$U_\mathrm{T} = U(x,y) + U(x+\delta x,y) \tag{3-41}$$

其光强为

$$I = U_\mathrm{T} U_\mathrm{T}^* = 2A^2(1+\cos\varphi_x), \quad \varphi_x = \varphi(x+\delta x,y) - \varphi(x,y) \tag{3-42}$$

当物体变形后,$P(x,y)$ 点移到 $P'(x,y)$,$P(x+\delta x,y)$ 点移到 $P'(x+\delta x,y)$,物体由于变形而引入的相位差为 $\Delta\varphi$,变形后的光强将变为

$$I' = 2A^2[1+\cos(\varphi_x+\Delta\varphi)] \tag{3-43}$$

变形前后两次曝光记录在同一底片上,底片接收的总光强为

$$\begin{aligned} I_\mathrm{T} &= I + I' = 2A^2[2+\cos\varphi_x+\cos(\varphi_x+\Delta\varphi)] \\ &= 4A^2 + 4A^2\cos\left(\varphi_x+\frac{\Delta\varphi}{2}\right)\cos\frac{\Delta\varphi}{2} \end{aligned} \tag{3-44}$$

式(3-44)中第一项构成背景光强。因 φ_x 是快速变化的随机相位差,$\Delta\varphi$ 是变化缓慢的相对相位差,所以第二项表示 $4A^2\cos\left(\varphi_x+\frac{\Delta\varphi}{2}\right)$ 的高频载波上叠加着 $\cos\left(\frac{\Delta\varphi}{2}\right)$ 的缓慢变化

的调制信号，该调制信号正反映了物面的变形信息。上面二次曝光的底片显影定影之后，经高通滤波信息处理，即可获得对比度较好的反映应变的全场条纹。

当 $\Delta\varphi=2k\pi, k=1,2,3,\cdots$ 时，说明对应光程相对改变为 $k\lambda$ 的区域是亮条纹。

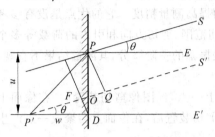

图 3-24 物体表面变形后的光路

当 $\Delta\varphi=(2k+1)\pi, k=1,2,3,\cdots$ 时，说明对应光程相对改变为 $(2k+1)\dfrac{\lambda}{2}$ 的区域是暗条纹。条纹图反映了光波相位变化 $\Delta\varphi$，这个相位变化是由物体变形引起的，含有位移信息量，下面推导位移与条纹的关系。

当物体从 P 点变形到 P' 点时，波长为 λ，物光入射角为 θ，离面位移为 w，面内位移为 u，所引起的光程差为 ΔL，则根据图 3-24，可以得到

$$\Delta L = \overline{S'QP'DE'} - \overline{SPE} = \overline{S'Q} + \overline{QO} + \overline{OF} + \overline{FP'} + \overline{P'D} + \overline{DE'} - (\overline{SP} + \overline{PE})$$

$$= \overline{QO} + \overline{OF} + \overline{FP'} + \overline{P'D} = u\sin\theta + w(1+\cos\theta) \tag{3-45}$$

引起的相位变化为

$$\Delta\varphi = \frac{2\pi}{\lambda}[u\sin\theta + w(1+\cos\theta)] \tag{3-46}$$

则剪切量 δx 与其引起的相对相位变化之间的关系

$$\Delta = \frac{2\pi}{\lambda}\left[\sin\theta\frac{\partial u}{\partial x} + (1+\cos\theta)\frac{\partial w}{\partial x}\right]\delta x \tag{3-47}$$

如果入射角 $\theta=0$，即垂直照明，则

$$\Delta = \frac{4\pi}{\lambda}\frac{\partial w}{\partial x}\delta x \tag{3-48}$$

可获得单纯的离面应变条纹。当照明光角度从 0°增大趋于 90°时，$(1+\cos\theta)$ 的值从 2 减小趋于 1，$\sin\theta$ 则从 0 增大趋于 1，这意味着对离面应变的灵敏度逐渐下降而对面内应变的灵敏度逐渐上升，表明通过调节照明物光方向角 θ 可以改变剪切散斑法对面内和离面应变的检测灵敏度，但 $\theta\neq 0$ 时，始终只能获得离面应变与面内应变的混合条纹。

散斑剪切干涉法的形式很多，常用的有光楔型、迈克尔逊型以及双孔型。图 3-25 所示为光楔型散斑剪切干涉记录光路。用一个楔角很小的玻璃光楔挡住成像透镜的一半，物体被斜入射的光照明，物体表面相邻两个点 $P(x,y), P(x+\delta x,y)$ 由于光楔作用，在像平面上重叠在一起，发生干涉。剪切量 δx 为

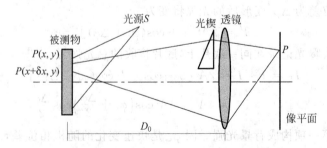

图 3-25 光楔型剪切散斑图记录光路

$$\delta x = D_0(n-1)\alpha \qquad (3\text{-}49)$$

式中，D_0 是光楔到被测物的距离；n 为光楔折射率；α 为光楔角。通过调整 D_0 或 α 可以获得不同的剪切量。

图 3-26 为一固定板受中心集中载荷下水平方向剪切的条纹图。

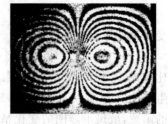

图 3-26　水平方向剪切的条纹图

3.3.4　电子散斑干涉测量（ESPI）

电子散斑干涉术从原理上说，与散斑干涉术没有什么区别，但在技术上它用摄像机和图像存储器件取代了照相干板，并能用电子手段实时处理和显示信息，省去了使用和处理全息干板的麻烦，可以在不避光的环境中实时观察干涉条纹图。所以，与光学记录法相比，ESPI 操作简便、实用性强、自动化程度高，可以进行静态和动态测量，在工业无损检测上得到广泛应用。

ESPI 的基本工作原理是：利用视频技术记录下载有被测物光场信息的散斑干涉图，通过对变形或位移前后的两个散斑干涉图进行电子减或加，以及滤波处理分离出两者之间的变形信息，并以条纹形式显示出来。图 3-27 为电子散斑干涉测量系统图。由分光镜 B_1 透过的一束光，被反射镜 M_2 反射，并经由透镜 L_2 扩束后照明物面。物面散射的激光被透镜 L_3 成像到电视摄像机的成像面上。由分束镜 B_1 反射的另一束光被角锥棱镜反射到 M_3 上，经透镜 L_1 扩束后，由分束镜 B_2 转向，作为参考光 R 与物光合束到电视摄像机成像面上。角锥棱镜可以前后移动以调节光程，保证两束光的相干性。由物表面散射的激光在摄像机成像面上以散斑场的形式与参考光相干涉。

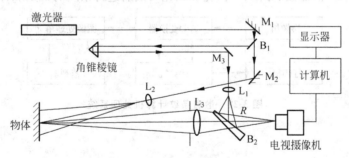

图 3-27　电子散斑干涉仪原理图

若变形前物光束在像面上形成的光振动复振幅为
$$O = O_0 e^{i\varphi_O} \qquad (3\text{-}50)$$
参考光复振幅为
$$R = R_0 e^{i\varphi_R} \qquad (3\text{-}51)$$
则在像面上合成光强
$$I_1 = O_0^2 + R_0^2 + 2O_0 R_0 \cos(\varphi_O - \varphi_R) \qquad (3\text{-}52)$$

当表面发生变形，则物面上该分辨区域到像面的各散射光相位都同时改变 $\Delta\varphi$，但参考光复振幅没有变化，则

$$O' = O_0 e^{i(\varphi_O + \Delta\varphi)} \qquad (3-53)$$

变形后成像面上光强为

$$I_2 = O_0^2 + R_0^2 + 2O_0 R_0 \cos(\varphi_O - \varphi_R + \Delta\varphi) \qquad (3-54)$$

比较式(3-52)与式(3-54)可以发现,当 $\Delta\varphi = 2k\pi, k=1,2,3,\cdots$ 时,变形前后散斑干涉图不发生变化。当 $\Delta\varphi = (2k+1)\pi, k=1,2,3,\cdots$ 时,变形前后合成光强变化最大。$\Delta\varphi$ 为表面位移的函数,散斑干涉图的变化情况就反映了物面的变化情况。因此 ESPI 采用图像相减技术来提取有关位移信息,即 $\Delta\varphi$ 的信息。在 $\Delta\varphi = 2k\pi, k=1,2,3,\cdots$ 的位置,两散斑图完全相同,相减后光强为零,散斑消失;在 $\Delta\varphi = (2k+1)\pi, k=1,2,3,\cdots$ 的位置,相减后仍有散斑,并呈现出最大的对比度和最大的平均强度。物表面分布着与 $\Delta\varphi$ 有关的条纹,这种条纹反映出两次散斑干涉光强之间的相关性,也称为相关条纹。相减后的图经过高通滤波与整流,会大大提高条纹的对比度。一般进行静态位移测量用像的相减法,而观察动态位移,特别是测量振动面的振幅与相位,用像的相加法。

3.3 节中所述的测量纵向位移、横向位移以及应变的散斑干涉方法均采用图像相加法,也都可以改造成电子散斑干涉。所不同的是,由电子散斑获取信息是通过图像相减得到条纹的信息,散斑条纹是类似的,只是整数级是暗条纹,如零级条纹在电子散斑中是暗条纹,而在全息干板记录的散斑中是亮条纹。

散斑条纹图样需进行处理计算方能得到所表示的信息。人工处理方法虽然具有一定精度,但工作繁冗费时,不能适应实时处理的要求,特别是在需要处理大量图像和数据时,这一缺点尤为突出。用计算机图像处理系统对散斑条纹进行自动处理可以克服上述缺点。其处理系统的构成框图如图 3-28 所示。摄像机将观察屏上的散斑条纹图样摄入后,先经 A/D 变换器转化为数字信息并存入图像处理系统的高速存储器,再由计算机进行处理,包括对散斑条纹图样的预处理(滤波、分割、二值化和细化),最后进行条纹的识别和计算。

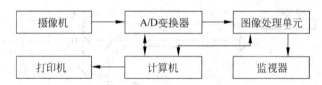

图 3-28　散斑条纹计算机处理系统

本章参考文献

1　"国防科技工业无损检测人员资格鉴定与认证培训教材"编审委员会. 全息和散斑检测. 机械工业出版社,2004
2　于美文. 光全息学及其应用. 北京:北京理工大学出版社,1996
3　吕海宝. 激光光电检测. 长沙:国防科技大学出版社,2000
4　孙长库,叶声华. 激光测量技术. 天津:天津大学出版社,2001
5　苏显渝,李继陶. 信息光学. 北京:科学出版社,2003
6　王仕璠. 信息光学理论与应用. 北京:北京邮电大学出版社,2003
7　刘思敏,许京军,郭儒. 相干光学原理及应用. 天津:南开大学出版社,2001

第4章　激光衍射测量和莫尔条纹技术
CHAPTER 4

本章 4.1 节分别讲述单缝衍射测量、圆孔衍射测量以及光栅衍射测量的原理及应用。4.2 节重点介绍基于计量光栅的莫尔条纹技术，具体包括：应用遮光原理，利用几何法与序数方程法分析莫尔条纹的形成，推导出莫尔条纹宽度公式；利用衍射干涉原理分析细光栅的莫尔条纹现象；给出莫尔条纹的基本性质以及莫尔条纹测试技术的实际应用。

4.1　激光衍射测量基本原理

光波在传播过程中遇到障碍物而发生偏离直线传播，并在障碍物后的观察屏上呈现光强不均匀分布的现象称为光的衍射。由于光的波长较短，只有当光通过很小障碍物时才能明显地观察到衍射现象。激光出现以后，由于具有高亮度、相干性好等优点，使光的衍射现象得到实质性的应用。1972 年加拿大国家研究所的 T. R. Pryer 提出了激光衍射测量方法。这是一种利用激光衍射条纹的变化来精密测量长度、角度、轮廓的一种全场测量方法。由于衍射测量具有非接触、稳定性好、自动化程度及精度高等优点，在工业测量中得到广泛应用。

按照光源、衍射物和观察屏幕三者之间的位置关系，衍射现象分为两种类型。一类是菲涅耳衍射，即光源和观察屏（或二者之一）到衍射物的距离有限，又称为近场衍射，如图 4-1(a) 所示；一类是夫琅和费衍射，即光源和观察屏都离衍射物无限远，又称为远场衍射，如图 4-1(b) 所示。由于夫琅和费衍射问题的计算比较简单，且在光学系统的成像理论和现代光学中有着特别重要的意义，所以本章所讨论的都是基于夫琅和费衍射的测量。

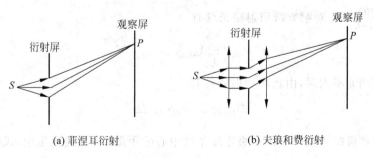

(a) 菲涅耳衍射　　　　(b) 夫琅和费衍射

图　4-1

4.1.1 单缝衍射测量

1. 单缝衍射测量原理

图 4-2 是单缝衍射测量的原理图。用激光束照射被测物与参考物之间的间隙,将形成单缝远场衍射条纹。波长为 λ,狭缝宽度为 b,衍射条纹的光强分布为

$$I = I_0 \left(\frac{\sin^2 \alpha}{\alpha^2}\right) \tag{4-1}$$

式中 $\alpha = \left(\frac{\pi b}{\lambda}\right)\sin\theta$,$\theta$ 为衍射角;I_0 是中央亮条纹中心处的光强。

相对强度分布曲线如图 4-3 所示。

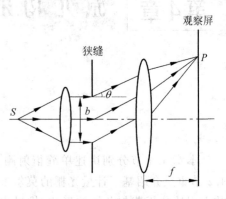

图 4-2 单缝衍射测量原理图

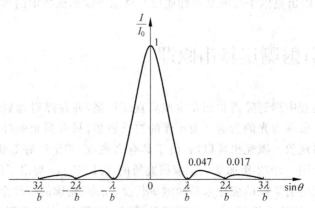

图 4-3 单缝衍射的相对光强分布

当 $\alpha = 0, \pm\pi, \pm 2\pi, \cdots \pm N\pi$ 时,$I = 0$,衍射呈现暗条纹。测定任一级暗条纹的位置或变化就可以精确知道被测间隙 b 的尺寸及尺寸的变化,这就是衍射测量的基本原理。

2. 单缝衍射测量的基本公式

由 $\alpha = \left(\frac{\pi b}{\lambda}\right)\sin\theta$,对第 k 级衍射暗条纹有

$$\left(\frac{\pi b}{\lambda}\right)\sin\theta = k\pi \tag{4-2}$$

即 $b\sin\theta = k\lambda$,当 θ 不大时,由远场衍射条件有

$$\sin\theta = \tan\theta = \frac{x_k}{f} \tag{4-3}$$

式中,x_k 为第 k 级暗条纹中心距中央零级条纹中心的距离;f 为透镜焦距,式(4-3)可写为

$$b\frac{x_k}{f} = k\lambda \quad \text{或} \quad b = \frac{kf\lambda}{x_k} \tag{4-4}$$

上式为单缝衍射测量的基本公式。

3. 单缝衍射测量方法与应用

(1) 间隙测量法

在已知波长条件下，测出某级条纹的位置，即可由式(4-4)计算出狭缝间隔。这种方法称作间隙测量法。实际应用中，也可以通过测量两个暗条纹之间的间隔 s 来确定 b。$s=x_{k+1}-x_k$，则

$$s = \frac{\lambda f}{b}, \quad 即 \quad b = \frac{\lambda f}{s} \tag{4-5}$$

当测量位移值时，即测量缝宽的改变量

$$\Delta b = b' - b = \frac{kf\lambda}{x'_k} - \frac{kf\lambda}{x_k} = kf\lambda\left(\frac{1}{x'_k} - \frac{1}{x_k}\right) \tag{4-6}$$

式中 x_k 和 x'_k 分别是第 k 级暗条纹在缝宽变化前和变化后距中央零级条纹中心的距离。也可以通过某一固定的衍射角来记录条纹的变化数目 ΔN，从而只要测定 ΔN 就能求出位移值

$$\Delta b = b' - b = \frac{k'\lambda}{\sin\theta} - \frac{k\lambda}{\sin\theta} = (k'-k)\frac{\lambda}{\sin\theta} = \Delta N \frac{\lambda}{\sin\theta} \tag{4-7}$$

间隙测量法可用来做工件尺寸的比较测量，如图 4-4(a)所示，即先用标准尺寸的工件相对参考边的间隙作为零位，然后放上工件，测定间隙的变化量来推算出工件尺寸；工件形状的轮廓测量，如图 4-4(b)所示，即同时转动参考物和工件，由间隙变化得到工件轮廓相对于标准轮廓的偏差；以及做应变传感器使用，如图 4-4(c)所示，即当试件上加载力 P 时，将引起单缝的尺寸变化，从而可以用衍射条纹的变化得出应变量。

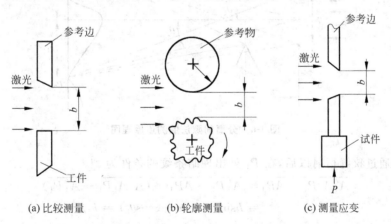

图 4-4 间隙测量法的应用

图 4-5 为间隙测量法的基本装置示意图。激光器发出的光束，经柱面扩束透镜形成一个激光亮带，并以平行光的方式照明由工件和参考物组成的狭缝，衍射光束经成像透镜射向观察屏，观察屏可以用光电探测器代替，如线阵 CCD。微动机构用于衍射条纹的调零或定位。

间隙法可用于测定各种物理量的变化，如应变、压力、温度、流量、加速度等。

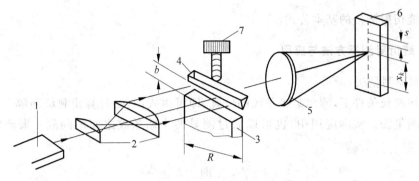

1—激光器；2—柱面镜；3—工件；4—参考物；5—成像透镜；6—观察屏；7—微动机构

图 4-5　间隙测量法的基本装置图

(2) 分离间隙测量法

在单缝衍射的应用中，往往参考物和试件不在同一平面内，这就构成了分离间隙测量法。这种方法的优点在于安装方便，可以提高衍射计量的精度。

如图 4-6 所示，单色平行光垂直入射到分离间隙的狭缝上，狭缝的一边为 A，另一边为 A_1，二者错开（分离）的距离为 z，缝宽为 b。A_1' 是 A_1 的假设位置并和 A 在同一平面内。接收屏上 P_1 点和 P_2 点的衍射角分别为 θ_1 和 θ_2。

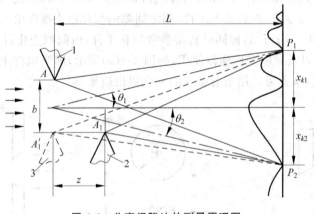

图 4-6　分离间隙法的测量原理图

激光束通过狭缝衍射以后，在 P_1 处出现暗条纹的条件为

$$\overline{A_1'A_1P_1} - \overline{AP_1} = \overline{A_1'P_1} - \overline{AP_1} + (\overline{A_1'A_1P_1} - \overline{A_1'P_1})$$
$$= b\sin\theta_1 + (z - z\cos\theta_1) = k_1\lambda \tag{4-8}$$

因此

$$b\sin\theta_1 + 2z\sin^2(\theta_1/2) = k_1\lambda \tag{4-9}$$

同理，对于 P_2 点呈现暗条纹的条件为

$$b\sin\theta_2 - 2z\sin^2(\theta_2/2) = k_2\lambda \tag{4-10}$$

又 $\sin\theta_1 = \dfrac{x_{k_1}}{L}$，$\sin\theta_2 = \dfrac{x_{k_2}}{L}$，则根据式(4-9)和式(4-10)可得

$$b = \frac{k_1 L\lambda}{x_{k_1}} - \frac{zx_{k_1}}{2L} = \frac{k_2 L\lambda}{x_{k_2}} + \frac{zx_{k_2}}{2L} \tag{4-11}$$

只要测得 x_{k_1}, x_{k_2}，由上式即可求出缝宽 b 和偏离量 z。

利用分离间隙法可以测量折射率或液体变化。如图 4-7 所示，在分离间隙的狭缝中插入厚度为 d、折射率为 n 的透明介质，衍射条纹的位置就灵敏地反映了折射率或折射率的变化，测量精度可达 $10^{-6} \sim 10^{-7}$。对于 P_1 点，边缘光线的最大光程差为

$$\Delta_1 = \frac{b x_{k_1}}{L-z} + \frac{(z-d) x_{k_1}^2}{2(L-z)^2} + \frac{d x_{k_1}^2}{2n(L-z)^2} = k_1 \lambda \tag{4-12}$$

同理，对于 P_2 点呈现暗条纹的条件为

$$\Delta_2 = \frac{b x_{k_2}}{L-z} + \frac{(z-d) x_{k_2}^2}{2(L-z)^2} + \frac{d x_{k_2}^2}{2n(L-z)^2} = k_2 \lambda \tag{4-13}$$

只要测得 x_{k_1}, x_{k_2}，由上式即可求得透明介质的折射率。测量时可采用 CCD 阵列作为光电接收装置。

(3) 互补测量法

当对各种细金属丝和薄带的尺寸进行高精度的非接触测量时，可以利用基于巴俾涅原理的互补测量法。当光波照射两个互补屏（一个衍射屏的开孔部分正好与另一个衍射屏的不透明部分对应，反之亦然）时，它们所产生的衍射图样的形状和光强完全相同，仅相位差为 π。这一结论是由巴俾涅 (Babinet) 于 1837 年提出的，故称为巴俾涅原理。

图 4-8 所示为测量细丝直径的原理图，可将被测细丝看成单缝，利用单缝衍射公式计算细丝直径，则根据 $d \sin\theta = k\lambda$，有

$$d = \frac{k\lambda \sqrt{x_k^2 + f'^2}}{x_k} = \frac{\lambda \sqrt{x_k^2 + f'^2}}{s} \tag{4-14}$$

式中，s 为暗条纹间距；x_k 为 k 级暗条纹的位置。

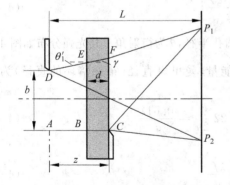

图 4-7 插入介质后分离间隙衍射测量原理

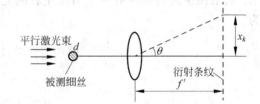

图 4-8 互补法测量细丝直径原理图

4．单缝衍射测量的技术特性

(1) 灵敏度高

将测量基本公式 $x_k = \dfrac{k f \lambda}{b}$ 进行微分，即得到衍射测量的灵敏度

$$t = \frac{\mathrm{d}b}{\mathrm{d}x_k} = \frac{b^2}{kf\lambda} \tag{4-15}$$

可见缝宽 b 越小，f 越大，激光波长 λ 越长，所选取的衍射级次 k 越高，则 t 越小，测量分

辨率越高,测量就越灵敏。一般衍射测量的灵敏度约为 $0.4\mu m$。

(2) 精度有保证

激光下的衍射条纹十分清晰、稳定,并且采用光电系统测量衍射条纹,测量精度可以保证,一般在 $0.5\mu m$ 左右。

(3) 测量量程较小

缝宽 b 越小,量程越大。但 b 变小时,衍射条纹拉开,高级次条纹不能测量,就不容易获得精确测量;f 亦不可以随意增大,否则将导致仪器结构和外形尺寸不能紧凑。如表 4-1 所示缝宽与条纹位置、灵敏度的关系,一般衍射测量的量程为 $0.01\sim 0.5\text{mm}$,这也是衍射测量的不足之处。

表 4-1 缝宽与条纹位置、灵敏度的关系

缝宽 b/mm	放大倍数 β	暗条纹位置 $x_k(k=4)$/mm
0.01	2500	250
0.1	250	25
0.5	10	5
1.0	2.5	2.5

4.1.2 圆孔衍射测量

平面波照射圆孔时,其夫琅和费远场衍射像是中心为圆形的亮斑,外面绕着明暗相间的环形条纹。圆孔衍射条纹亦称为爱里斑,如图 4-9 所示,光强分布为

$$I = I_0 \left[\frac{2J_1(\varsigma)}{\varsigma}\right]^2 \tag{4-16}$$

式中 $J_1(\varsigma)$ 为一阶贝塞尔函数,$\varsigma = \frac{2\pi a \sin\theta}{\lambda}$,$a$ 为圆孔半径,θ 为衍射角。其光强分布如图 4-10 所示。衍射图中央的亮斑集中了 84% 左右的光能量,爱里斑直径(第一暗环的直径)为 d,因为

$$\sin\theta \approx \theta = \frac{d}{2f'} = 1.22\frac{\lambda}{2a} = \frac{0.61\lambda}{a} \tag{4-17}$$

则

$$d = 1.22\frac{\lambda f'}{a} \tag{4-18}$$

已知 f' 和 λ 时,测定 d 就可以由上式求出圆孔半径 a。因此利用爱里斑的变化可以精密测定或分析微小孔径的尺寸。基于圆孔的夫琅和费衍射原理也称作爱里斑测量法。

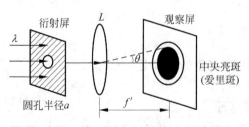

图 4-9 圆孔衍射装置示意图

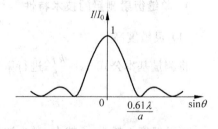

图 4-10 圆孔衍射的相对光强曲线

4.1.3 光栅衍射测量

具有周期性的空间结构或光学性能(如透射率、折射率)的衍射屏统称为光栅。光栅上刻有规则排列的刻线,光栅刻线也称为栅线。栅线间的距离叫做栅距,亦称光栅节距或光栅常数,即透光与不透光缝宽之和 d。光栅种类很多,从不同角度可分为:粗光栅(光栅常数 d 远大于照明光波长)和细光栅(d 接近或稍大于照明光波长);透射光栅和反射光栅;平面光栅和凹面光栅;黑白光栅和正弦光栅;一维光栅、二维光栅和三维光栅;直线光栅和圆光栅;物理光栅和计量光栅等。光栅衍射是单缝衍射和缝间干涉的综合结果,当平行光以入射角 i 斜入射时,如图 4-11 所示,光栅方程为

$$d(\sin i \pm \sin\theta) = k\lambda \tag{4-19}$$

式中,d 为光栅常数,也称为栅距;θ 为衍射角。对于给定光栅,当用多色光照明时,不同波长的同一级亮线(主极大),除零级外,出现在不同方位,这即是光栅的分光原理。

若光栅刻线细密,工作原理是建立在衍射分光现象基础上,称作物理光栅,主要用途为光谱分析、波长测定,广泛应用于光谱仪和光通信中。

实际的光栅光谱仪装置并不像原理性装置图 4-11 所示那样用透镜聚焦,而是用凹面反射镜,这样既可避免吸收和色差,又可缩短装置的长度。在像面上既可一次曝光获得光谱图,也可采用出射狭缝来提取不同的谱线,用光电元件(如光电倍增管)接收,把光谱强度转化为电信号指示出来。通常闪耀光栅光谱仪的装置如图 4-12 所示,S_1 为入射狭缝,S_2 为出射狭缝,G 是光栅,M_1、M_2 为凹面反射镜。为了操作方便,实际光栅光谱仪中狭缝 S_1、S_2、光源和光电元件都固定不动,而光栅平面的方位是可调节的。通过光栅平面的转动,把不同波长的谱线调节到出射狭缝 S_2 上去。光栅光谱仪既可用于分析光谱,也可以当作一台单色仪使用,即将它的出射狭缝当作具有一定波长的单色光源。

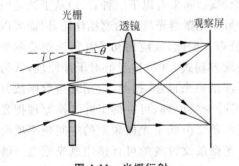

图 4-11 光栅衍射

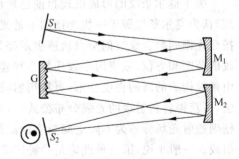

图 4-12 光栅光谱仪装置图

利用物理光栅的分光原理,在光通信中可以用光栅做波分复用技术中的滤波器和光波分复用器。其典型结构由闪耀光栅、自聚焦透镜及输入、输出光纤阵列组成,如图 4-13 所示。输入光纤将 $\lambda_1 \sim \lambda_5$ 的光信号送入 $T/4$ 自聚焦透镜,准直后成为平行光,垂直射向光栅的槽面。由于光栅的角分光作用,不用波长的光以不同的角度衍射,经自聚焦透镜聚焦后进入对应的输出光纤。上述结构反过来使用就成为复用器。

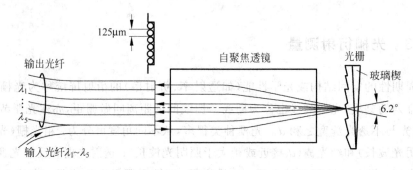

图 4-13　光栅型波分复用器的结构示意图

4.2　莫尔条纹测试技术

莫尔一词来自法文的"moiré",其原意为波动或起波纹的。在古代,人们就已经发现当两块薄的丝绸织物叠在一起时,可以看到一种不规则的花纹。后来就将两种条纹叠加在一起所产生的图形称为莫尔条纹。1874年英国物理学家瑞利首次将莫尔条纹作为一种计量测试手段,开创了莫尔测试技术。从广义上讲,莫尔测试应包括以莫尔图案作计测手段的所有方法,但习惯上,通常指利用计量光栅元件产生莫尔条纹的一类计测方法,即光栅莫尔条纹法。现在,莫尔条纹已经广泛用于科学研究和工程技术中,莫尔条纹作为精密计量手段可用于测角、测长、测振等领域,随着光电子技术的发展,在自动跟踪、轨迹控制、变形测试、三维物体表面轮廓测试等方面有广泛的应用。

4.2.1　莫尔条纹的形成原理

关于莫尔条纹的形成机理目前已形成多种理论,概括起来有以下三种:(1)基于遮光原理,认为莫尔条纹源于一块光栅的不透光线纹对于另一光栅透光缝隙的遮挡作用,因而可以按照光栅副叠合线纹的交点轨迹表示亮条纹亮度分布。据此,或应用初等几何求解莫尔条纹的节距和方位,或应用序数代数方程建立莫尔条纹方程式。(2)基于衍射干涉原理,认为由条纹构成的新的亮度分布,可按衍射波之间的干涉结果来描述,据此,应用复指数函数方法,可获得各衍射级的光强分布公式。(3)基于傅里叶变换原理,可按傅里叶变换原理把光栅副透射光场分解为不同空间频率的离散分量,莫尔条纹由低于光栅频率的空间频率项所组成。一般来说,第三种理论是一种广义的解释。光栅条纹较疏的可直接用遮光原理来解释,利用几何法和序数方程法来分析莫尔条纹的形成,比较直观易懂,而光栅条纹较密的用衍射干涉原理来解释则更为恰当。

1. 遮光原理

粗光栅莫尔条纹的形成可用几何光学中的遮光原理进行解释。两块光栅(光栅副)结构重合在一起,其交点的轨迹就是莫尔条纹。这个光栅结构可以是实际光栅,也可以是光栅的像。由于两块光栅的栅距相等(或近似相等),并且线纹宽度等于线纹间距,线纹间又有微小的夹角，那么两块光栅的线纹必然在空间相交。透过光线的区域形成亮带，不透光的区域形成暗带，其余区域介于亮带与暗带之间，这样就构成了清晰的莫尔条纹图像。用遮光原理求解莫尔条纹宽度和方向位置时，最常用的方法是几何法和序数方程法，前者直观、简便，只适用于局部，后者适用于全场，可导出莫尔条纹方程。

(1) 几何法

图 4-14 表示一对光栅以交角 θ 相叠合所产生的莫尔条纹的几何关系。图中两个光栅的四根栅线组成一个平行四边形 $ABCD$，其长对角线 AD 的长度为莫尔条纹宽度 w 的两倍。由图中 $\triangle ABC$ 可知，其面积 S、边长 a,b,c 以及光栅节距 d_1,d_2,w 和 θ 之间存在如下关系

$$ad_1 = bd_2 = cw = 2S$$
$$c^2 = a^2 + b^2 - 2ab\cos\theta \tag{4-20}$$

由上式可得

$$w = \frac{d_1 d_2}{\sqrt{d_1^2 + d_2^2 - 2d_1 d_2 \cos\theta}} \tag{4-21}$$

这就是莫尔条纹宽度（或节距）公式，实际应用中，一般选取 $d_1=d_2=d$，则

$$w = \frac{d}{2\sin(\theta/2)} \tag{4-22}$$

如果两块光栅的交角很小，则

$$w = d/\theta \tag{4-23}$$

若以莫尔条纹对于 Y 轴的夹角 φ 表示其方位，则根据

$$a\sin\varphi = w$$
$$a\sin\theta = d_2 \tag{4-24}$$

得到

$$\sin\varphi = \frac{w\sin\theta}{d_2} = \frac{d_1 \sin\theta}{\sqrt{d_1^2 + d_2^2 - 2d_1 d_2 \cos\theta}} \tag{4-25}$$

当 $d_1=d_2=d$ 时

$$\varphi = 90° - \frac{\theta}{2} \tag{4-26}$$

显然，两块光栅节距相等时，莫尔条纹垂直于栅线交角 θ 的角平分线。

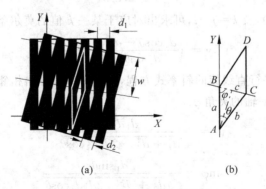

图 4-14 莫尔条纹的几何关系

(2) 序数方程法

如图 4-15，取 A 光栅的 0 号栅线为坐标 y 轴，垂直于 A 光栅的栅线方向取为 x 轴，B 光

栅的 0 号栅线与 A 光栅的 0 号栅线的交点取为坐标原点 O。两光栅的栅线交角为 θ。设 A 光栅的栅线序列为 $i=0,1,2,\cdots$；B 光栅的栅线序列为 $j=0,1,2,\cdots$；两光栅的栅线交点可用 $[i,j]$ 来表示，$k=j-i$，表示莫尔条纹。

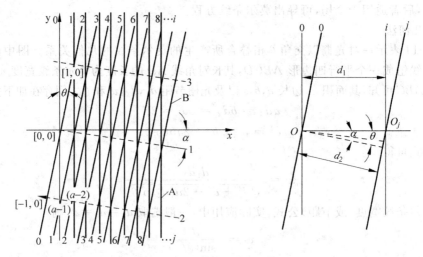

图 4-15　序数方程法分析莫尔条纹简图

设 A、B 光栅的栅距分别为 d_1、d_2，则由图 4-15 可以看出 A 光栅的栅线方程为

$$x = id_1 \tag{4-27}$$

B 光栅栅线的斜率为

$$\tan(90°-\theta) = \cot\theta \tag{4-28}$$

可以求得 B 光栅任意一栅线 j 与 x 轴交点 $O_j(0,j)$ 的坐标为

$$(x_j, y_j) = \left(\frac{jd_2}{\cos\theta}, 0\right) \tag{4-29}$$

由点斜式求出 B 光栅栅线方程为

$$y = (x-x_j)\cot\theta = \left(x - \frac{jd_2}{\cos\theta}\right)\cot\theta = x\cot\theta - \frac{jd_2}{\sin\theta} \tag{4-30}$$

由式(4-27)和式(4-30)，及 $k=j-i$，可求出对应于某一 k 值的莫尔条纹方程为

$$y = \left(\frac{d_1\cos\theta - d_2}{d_1\sin\theta}\right)x - \frac{kd_2}{\sin\theta} \tag{4-31}$$

这是截距不同的平行直线族的斜率式方程，由此可以推算出相邻直线间的距离，即莫尔条纹的宽度 w 及其对 y 轴的夹角 φ。

$$w = \frac{d_1 d_2}{\sqrt{d_1^2 + d_2^2 - 2d_1 d_2 \cos\theta}} \tag{4-32}$$

$$\sin\varphi = \frac{d_1 \sin\theta}{\sqrt{d_1^2 + d_2^2 - 2d_1 d_2 \cos\theta}} \tag{4-33}$$

根据莫尔条纹方程(4-31)，可以得到

(1) 两光栅截距相同，即 $d_1=d_2=d$，且二者叠合时栅线交角 θ 很小（约 10^{-3} 量级）时，其莫尔条纹方向几乎与栅线方向垂直，形成横向莫尔条纹，如图 4-16(a)所示。此时

$$w = \frac{d}{2\sin\left(\frac{\theta}{2}\right)} \approx \frac{d}{\theta} \\ \varphi = 90° - \frac{\theta}{2} \quad\quad\quad\quad\quad (4-34)$$

(2) 当两光栅栅线方向相同,即 $\theta = 0$ 时,形成纵向莫尔条纹

$$w = \frac{d_1 d_2}{d_1 - d_2}, \quad \varphi = 0 \quad\quad (4-35)$$

当 $d_1 = d_2 = d$ 时,莫尔条纹宽度 w 趋于无限大,此时,当光栅副相对移动时,光栅的作用犹如闸门,对入射光时启时闭,形成光闸莫尔条纹,如图 4-16(b)所示。

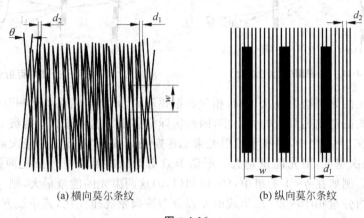

(a) 横向莫尔条纹　　　　　(b) 纵向莫尔条纹

图 4-16

2. 衍射干涉原理

对于粗光栅莫尔条纹的形成可用几何光学中的遮光原理进行解释。而细光栅副形成莫尔条纹时,由于光在通过光栅透光缝时产生衍射,莫尔条纹的形成不仅是不透光刻线的遮光作用,还涉及到各级衍射光束间的干涉现象。在使用沟槽型相位光栅时,由于它处处透光,更不能用遮光原理来解释莫尔现象,这时可用衍射干涉原理来进行解释。

由物理光学可知,一束单色平面光波入射到一光栅上时,将产生传播方向不同的各级平面衍射光。而一对光栅的衍射情况要比单块光栅的衍射复杂得多,如图 4-17 所示。光束射向第一块光栅 G_1 时衍射为 n 级分量,这 n 级分量射向第二块光栅 G_2 时,被 G_2 再次衍射为 m 级分量。这样,共产生 $n \times m$ 束衍射分量。若两块光栅完全一样,则衍射分量总数是 n^2,且沿 n 个方向传播,即每一个方向上包含 n 个分量波。由光栅副出射的每一衍射分量应由它在两个光栅上的两个衍射级序数表示为 (n,m),即 G_1 光栅的级序 n 标在前,G_2 光栅的级序 m 标在后,例如 $(0,-2)$ 表示 G_1 光栅的零级入射到光栅 G_2 时所产生的负二级衍射光束。两个相应级序的代数和 $(n+m)$ 称为该分量的综合衍射级 q,在 G_1 和 G_2 相同时,综合衍射级 q 相同的所有分量将有相同的传播方向。例如对于图 4-17 所示的 $(-1,2)$,$(0,1)$,$(1,0)$,$(2,-1)$ 四束光,其综合衍射级均为 $q=1$,方向相同。经过两个光栅后,综合衍射级相同的光线,其出射方向相同,干涉后形成条纹,即莫尔条纹。

光栅副衍射光有多个方向,每个方向又有多个光束,它们之间将产生复杂的干涉现象。

合成波的振幅、周期及分布规律将取决于光场中的每一点上各分量波的振幅及相位。由于形成的干涉条纹很复杂，形成不了清晰的莫尔条纹，因此可以在光栅副后面加上透镜，如图4-18所示，在透镜的焦点处用一光阑只让一个方向的衍射光通过，滤掉其他方向的光束，以提高莫尔条纹的质量。

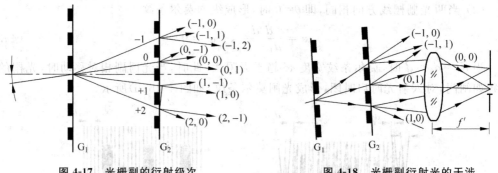

图 4-17　光栅副的衍射级次　　　　　　　图 4-18　光栅副衍射光的干涉

同一方向上的光束衍射级次不同，相位和振幅不同，相干的结果仍然很复杂。通常光栅低级次衍射的光能量比高级次的大得多，因此实际应用中常选用综合衍射级 $q=1$ 的衍射分量工作。至于在 $q=1$ 组中，两相干衍射光束的选定则应按照"等效衍射级次最低"的原则确定，等效衍射级次越低，则光能量越大。所谓等效衍射级次是指每一束光两衍射级次 n,m 的绝对值之和。例如在 $q=1$ 的组中，$(0,1)$和$(1,0)$这两束光的能量最大，则 $q=1$ 组的干涉图样主要由此两分量相干决定，所形成的光强分布按余弦规律变化，其条纹方向和宽度与用几何光学原理分析的结果相同。这两分量被称为基波，而该组中的其他分量称为谐波，如$(-1,2)$、$(2,-1)$衍射分量。考虑同一组中各衍射光束干涉相加的一般情况，莫尔条纹的光强分布不再是简单的余弦函数。通常，在其基本周期的最大值和最小值之间出现次极大值和次极小值，即在主条纹之间出现次条纹、伴线。在许多应用场合，如对莫尔条纹信号做电子细分时要求莫尔条纹光强分布为较严格的正弦或余弦函数，此时应当采取空间滤波或其他措施，以消除或减少莫尔条纹光强变化中的谐波周期变化成分。

4.2.2　莫尔条纹的基本性质

1. 放大性

莫尔条纹的间距与两光栅线纹夹角 θ 之间的关系如式(4-34)，当 d 一定时，θ 越小，则 w 越大。这相当于把栅距放大了 $1/\theta$ 倍，即能将微小位移变化放大，提高了测量的灵敏度。一般夹角 θ 很小，d 可以做到约 0.01mm，则 w 可以做到 6~8mm。此外，由于条纹宽度比光栅节距放大几百倍，所以有可能在一个条纹间隔内安放细分读数装置，以读取位移的分度值，一般采用特殊电子线路可以区分出 $w/4$ 的大小，因此可以分辨出 $d/4$ 的位移量。例如 $d=0.01$mm 的光栅可以分辨 0.0025mm 的位移量，极大地提高了测量的灵敏度，这也是莫尔条纹进行位移测量的基准。

2. 同步性

光栅副中任一光栅沿垂直于线纹方向移动时，莫尔条纹就沿垂直方向移动，而且移过的条纹数与栅距是一一对应的。即光栅移动一个栅距，莫尔条纹就移动一个条纹宽度 w；当光栅改变运动方向时，莫尔条纹也随之改变运动方向。所以测出了莫尔条纹移动的数目，就可以知道光栅移动的距离，这种严格的线性关系也是莫尔条纹进行长度与角度测量的基础。

3. 准确性

光电接收元件接收的信号，是进入视场的光栅线数 N 的叠加平均的结果，而一般进入视场的光栅线条有几十线对甚至上千线对，这样光电元件接收的信号是这些线条的平均结果，因此当光栅有局部误差时，由于平均效应，使光栅缺陷或局部误差对测量精度的影响大大减少，同时也使光栅的信号大大稳定，提高测量精度。

4.2.3 莫尔条纹测试技术

由于莫尔条纹的特殊性质，莫尔测试技术已经成为现代光学计量领域中的一种重要方法，不仅在机床和仪器仪表的位移测量、数字控制、伺服跟踪、运动比较（两个相关运动部件间的关系）等方面得到广泛应用，而且在应变分析、振动测量，以及诸如特形零件、生物体形貌、服装及艺术造型等方面的三维计量中展示了广阔的应用前景。

1. 莫尔条纹测量位移

利用光栅的莫尔条纹现象，将被测几何量转换为莫尔条纹的变化，再将莫尔条纹的变化经过光电转换系统转换为电信号，进行处理、变换，从而实现对几何量的精密测量。

(1) 长度位移测量

光栅读数头。计量光栅在长度测量中主要采用光栅读数头的结构，与信号处理和数显装置一起使用，可以安装在机床或仪器上。读数头主要由光源、标尺光栅（主光栅）、指示光栅、光路系统和光电接收元件、电子学处理器等几部分组成，如图 4-19 所示。标尺光栅的有效长度即为测量范围。指示光栅比标尺光栅短得多，两者刻有同样的栅距。

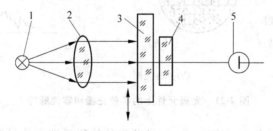

1—灯；2—聚光镜；3—标尺光栅；4—指示光栅；5—硅光电池

图 4-19 光栅传感器示意图

使其中一块光栅固定，另一块随被测物体移动，则莫尔条纹移动，光电接收元件上的光强随莫尔条纹移动而变化。在理想情况下，对于一固定点的光强随着光栅相对位移 x 变化而变化的关系如图 4-20(a) 所示，但由于光栅副中留有间隙、光栅的衍射效应、栅线质量等因素的影响，光电元件输出信号为近似于图 4-20(b) 所示的正弦波。

光电接收元件将光信号转换为电信号（电压或电流）输出。输出电压信号的幅值表示为光栅位移量 x 的正弦函数，即

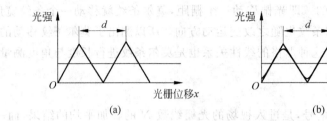
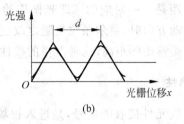

图 4-20 光强与位移的关系

$$u = u_0 + u_m \sin\left(\frac{2\pi x}{d}\right) \tag{4-36}$$

式中，u_0 为输出信号中的直流分量；u_m 为输出正弦信号的幅值；x 为两光栅间的相对位移量。从公式中可见，当光栅移动一个栅距 d，波形变化一个周期。输出信号经整形变为脉冲，脉冲数、条纹数、光栅移动的栅距数相互之间是一一对应的，因此，只要记录波形变化周期数即条纹移动数 N，就可知道光栅的位移量 x，即 $x=Nd$。这就是利用莫尔条纹测量位移的原理。

零位光栅。以上光栅读数头是以增量反映位移的，没有确定的零位，因此每次测量时各有其自身不同的零位，一旦遇到停电等意外，将导致数据的丢失。为克服这一缺点，发展了一种零位光栅系统，在测量时给出一个零位脉冲作为零位的标志。图 4-21 为光栅元件上的零位光栅和零位脉冲示意图。在标尺光栅和指示光栅上都有零位光栅小窗口，这小窗口中都刻有相同的零位光栅栅线，当光栅运动到两组零位光栅线完全重合时，即得到最大的光通量，产生一个很大的光脉冲；而当标尺光栅相对于指示光栅向左或向右移动时，光通量急剧下降，这中间的一个光脉冲就是光栅线系统的零位。两组零位光栅栅线必须相互平行安装，零位光栅栅线又必须平行于标尺光栅线条，这样才能保证获得准确的、唯一的零脉冲信号。

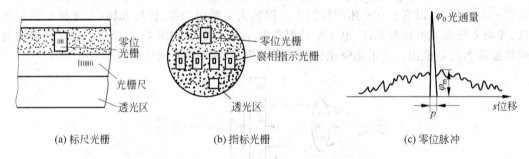

图 4-21 光栅元件上的零位光栅和零位脉冲

辨向与细分。从图 4-20 和图 4-21 的光栅测量位移原理和信号输出波形可以看到，要辨别可动光栅的移动方向，使用一个光电接收器是做不到的。为此必须至少使用两个光电接收器，并且使得这两个光电接收器得到的信号相位相差 90°，这样就可以采用 2.3.2 节有关辨向与细分技术对莫尔条纹进行细分和辨向。实际上，如图 4-21 所示的指示光栅中，只要其中四个裂相指示光栅之间的间距满足 $\left(N+\dfrac{1}{4}\right)d$（$N$ 为整数，d 为光栅常数）关系，就可以得到相位相差 90°的四路信号，实现四倍细分和莫尔条纹的可逆计数。

(2) 角度位移测量

长度位移测量采用的是长光栅，而角度位移测量采用圆光栅。圆光栅又分为径向圆光栅和切向圆光栅。

对于切向圆光栅，其刻线相切于一个半径为 r 的小圆，小圆的圆心也是圆光栅的中心。如图 4-22(a) 所示。这样的两块光栅按如图 4-22(c) 所示的方式同心叠合时，让其中一个光栅绕中心相对于另一个光栅转动就会产生如图 4-22(b) 所示的环形莫尔条纹。在图 4-22(c) 中，r 为小圆半径，两刻线间的夹角为圆光栅的角节距 α。$M=1,2,3,\cdots$ 代表一块光栅的栅线，$N=1,2,3,\cdots$ 代表另一块光栅的栅线，它们的交点 $K=1,2,3,\cdots$ 代表的圆是莫尔条纹。当研究 $\triangle ABC$ 时，AC、BC 分别是两块光栅上的栅线，由于栅线切于小圆，因此通过圆心 O 的 AO 和 OB 是同两根栅线垂直的且为 r，OC 是光栅中心到光栅栅线的距离，记作 R。由图 4-22(c) 可知

$$d = R\alpha \tag{4-37}$$

(a) 切向圆光栅

(b) 形成的环形条纹

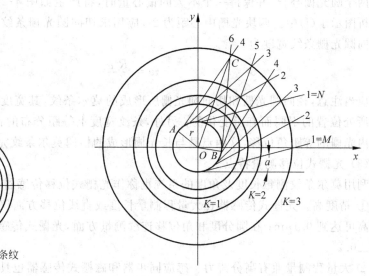

(c) 切向光栅条纹解析图

(d) 径向圆光栅

(e) 形成的条纹

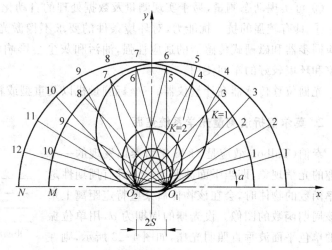

(f) 径向光栅条纹解析图

图 4-22　圆光栅

式中，d 为圆光栅上某点的光栅线节距；R 为圆光栅上某点的刻划半径；α 为圆光栅角节距；θ 为 $\angle ACB$，可近似表示为

$$\theta = \frac{2r}{R} \tag{4-38}$$

由于这种条纹是横向莫尔条纹，根据长光栅中横向条纹的宽度表达式 $w=d/\theta$，应用于圆光栅时可求出条纹宽度为

$$w = \frac{R^2 \alpha}{2r} \tag{4-39}$$

这样根据 r, α, R 便可求出环形莫尔条纹的宽度。

对于径向圆盘光栅，其刻线是以圆心为中心的辐射状光栅，图形示于图 4-22(d)。若这样的两个圆光栅叠合，并保持一个不大的偏心量时，将产生如图 4-22(e) 所示的莫尔条纹，其解析图示于(f)中。两块光栅中心距为 $2s$，应用求切向圆光栅条纹宽度的类似方法，可求出径向圆光栅条纹宽度为

$$w = \frac{R^2 \alpha}{2s} \tag{4-40}$$

应当注意，径向圆光栅和切向圆光栅所形成的莫尔条纹，其宽度都不是一个定值，是随条纹所处位置的不同而有所变化的；另外，条纹宽度上等距分布的各点并不对应于一个节距角内光栅的等距角位移，这两点是与长光栅形成的横向莫尔条纹完全不同的。

(3) 光栅式位移测量特点

利用莫尔条纹测量长度及角度的系统也称作光栅式位移传感器，具有如下特点：

① 精度高。光栅式传感器在大量程测量长度或直线位移方面仅仅低于激光干涉仪，精度最高可达到 $0.1\mu m$；在圆分度和角位移连续测量方面，光栅式传感器属于精度最高的，可达到 $\pm 0.2''$。

② 大量程测量兼有高分辨力。感应同步器和磁栅式传感器也具有大量程测量的特点，但分辨力和精度都不如光栅式传感器。

③ 可实现动态测量，易于实现测量及数据处理的自动化。

④ 具有较强的抗干扰能力，对环境条件的要求不像激光干涉传感器那样严格，但不如感应同步器和磁栅式传感器的适应性强，油污和灰尘会影响它的可靠性。主要适用于在实验室和环境较好的车间使用。

光栅位移传感器在计量仪器、三坐标测量机以及重型或精密机床等方面应用广泛。

2. 莫尔偏折法测量光学系统焦距

泰伯(Talbot)效应是 1836 年由泰伯发现的一个有趣的光学现象，即当平面波照明一个具有周期性透过率函数的物体时，会在该物体后某些特定距离上重现该周期函数的图像。设光栅的周期为 d，用单位振幅的单色平面波垂直照明光栅，如图 4-23 所示，则在光栅相距 $Z=nZ_T(n=0,1,2,3,\cdots)$ 的距离处，可以观察到与原光栅相同的图像，设 λ 为照明光波的波

图 4-23 泰伯效应示意图

长，则上式中的 $Z_T = \dfrac{2d^2}{\lambda}$ 称为泰伯距离。另外，在相距 $Z = \dfrac{2n+1}{4}Z_T(n=0,1,2,3,\cdots)$ 的距离处，可以观察到倍频光栅像（图像周期为光栅周期 d 的一半）；在与光栅相距 $Z = \dfrac{2n+1}{2}Z_T$ $(n=0,1,2,3,\cdots)$ 的距离处，可以观察到反相的光栅像（即像与原光栅错开半个条纹周期）；当与光栅的距离 Z 为其他值时，所观察到的则为光栅的菲涅耳衍射像。

莫尔偏折法是泰伯效应与莫尔条纹技术的结合，主要组成元件是两块周期相同、相距泰伯距离的罗奇光栅。利用受相位物体影响而变形的第一块光栅的泰伯像与第二块光栅形成的莫尔条纹的形变来表示被测相位物体的信息。莫尔偏折法在光学系统焦距测量、火焰温度分布测量、相位物体折射率分布测量、折射率梯度测量、光学材料内部缺陷检测、光学系统的传递函数(MTF)、气体流场分析、光学表面面形检测等方面得到广泛应用。

图 4-24 所示为莫尔偏折法测量透镜焦距的光路。激光器发出的光束成准直光照射到光栅 G_1 上，光栅 G_1 和 G_2 的平面垂直于光轴，两者之间的距离 Z 满足泰伯距离，G_1 与 G_2 之间的栅线交角为 θ，于是在紧靠 G_2 后的接收屏上可产生清晰的条纹。如果在光路中加入一透镜（相位物体），则准直光束经过透镜后成为球面波，G_2 后接收屏上的莫尔条纹的方向和宽度都发生变化。条纹偏折（即条纹旋转）的方向、大小与透镜焦距正负长短有关，测出偏转角 α 即可求出透镜焦距。加入透镜后的焦距为

$$f' = s + \frac{Z}{2}\left[1 + \frac{1}{\tan\alpha \cdot \tan\dfrac{\theta}{2}}\right] \tag{4-41}$$

式中，s 为待测透镜与光栅 G_1 之间的距离；α 为莫尔条纹偏转的角度，Z 为泰伯距离。是正透镜还是负透镜可以通过条纹偏转的方向来判断。条纹顺时针转为正透镜，条纹逆时针转为负透镜。

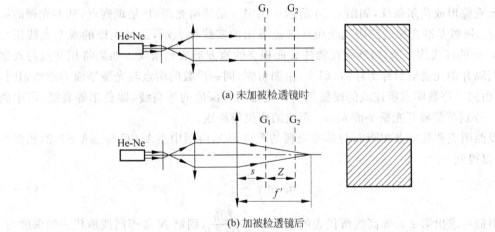

图 4-24 莫尔偏折法测量透镜焦距原理图

实际测量时，可用工具显微镜的读数头读取角度值 α；θ 值较小，可以先测出放置透镜前的条纹宽度 w，求出 $\theta = 2\arcsin(d/2w)$；s 的测量如图 4-25 所示，图中 s_0 为 L 的像方主面到透镜最后一球面顶点之间的间距，s' 为最后一球面顶点到 G_1 面的间距，s_0 是不变量，则

$$s = \frac{D_0 - D_1}{D_1 - D_2}d, \quad s_0 = s - s' \tag{4-42}$$

确定 s_0 后可求出 s' 值时的 $s;\alpha,\theta,Z,s$ 得到后即可根据式(4-41)求出 f'。

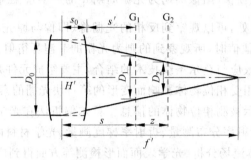

图 4-25 s 的测量原理

3. 莫尔轮廓术测量三维物体形貌

莫尔轮廓术又称莫尔等高线法,是一种非接触的三维物体形貌测量方法,1970 年由 H. Takasaki 首次提出。莫尔轮廓术的基本原理是利用一个基准光栅与投影到三维物体表面上并受表面高度调制的变形光栅叠合形成莫尔条纹,该条纹描绘出了物体的等高线,通过莫尔条纹分布规律即可推算出被测件的表面形貌。从基本原理出发,出现了几类不同布局的莫尔轮廓装置,主要为阴影莫尔法、投影莫尔法、扫描莫尔法、移相莫尔法、傅里叶变换莫尔法等。

(1) 阴影莫尔法

将基准光栅放置在物体的上方,用光源照明,在物体表面形成阴影光栅,阴影光栅受到物体表面高度的调制发生变形。从另一个方向透过基准光栅观察时,基准光栅与变形的阴影光栅重叠形成莫尔条纹,如图 4-26 所示。图中 S 是照明光源,P 是观察点,基准光栅的周期为 d。透过基准光栅的照明光线用从 S 点发出的实线族表示,透过光栅的观察光线用会聚于 P 点的虚线族表示,两族线在物体表面相交的地方形成亮条纹。如果将相交点与观察点之间隔开的光栅缝数称为序数,那么,由图可知,同一序数的明点与光栅平面的距离相同。因此,由同一序数明点所连成的线就是离开光栅同一深度的等高线,即莫尔等高线,图中的 N_1,N_2 分别就是离开光栅平面 h_1,h_2 距离的两组等高线。

设照明点和观察点相距 l,与基准光栅的距离为 h,由图中 $\triangle A_2BC$ 与 $\triangle A_2SP$ 的相似关系,可以得到

$$h_1 = \frac{dh}{l-d} \tag{4-43}$$

类似可求出第 2 条等高线所代表的深度 $h_2 = \frac{2dh}{l-2d}$,则第 N 条等高线所代表的深度为

$$h_N = \frac{Ndh}{l-Nd} \tag{4-44}$$

由等高线的位置就可以知道被测三维表面的形状,这和大地测量中用地形等高线来代表地形的起伏原理是一样的。从式(4-44)可知,h_N 和 N 之间存在非线性关系,说明各等高线之间的距离并不相等。因此,在这种方法的应用中,除了必须知道系统的几何参数外,还

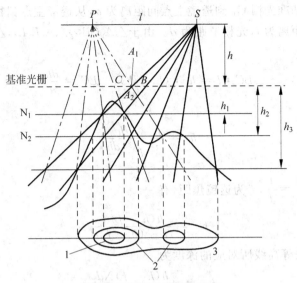

图 4-26 阴影莫尔等高原理

必须知道莫尔条纹的级次,才能从莫尔条纹图中计算出物体的表面高度。

阴影莫尔法能直接观察到物体表面的等高线分布,是一种非常简便的三维面形测量方法,但这种方法也存在一定的局限性。当物体很大时,制作大尺寸的基准光栅比较困难;为了提高测量精度,必须减小栅距,而阴影光栅的形成是基于光线直线传播的假定而忽略了光栅的衍射,栅距越小衍射越大,因此,在使用小栅距光栅时,被测物面必须离光栅很近,这意味着不能同时兼顾测量精度和测量范围(可测深度)。

(2) 投影莫尔法

对尺寸大、测量精度要求高的物体,可以采用投影莫尔法。图 4-27 所示为投影莫尔法的光学系统。从光源 S 发出的光线,经聚光镜 C_1 照射到基准光栅 G_1,投影物镜 L_1 将基准光栅的像投影到物体表面,受物体表面高度调制而形成的变形光栅,经成像物镜 L_2 成像到另一块光栅 G_2 的平面上。一般情况下,L_1 和 L_2 相同,G_1 和 G_2 相同,于是变形光栅像与 G_2 之间形成莫尔等高条纹,由相机 E 记录条纹。

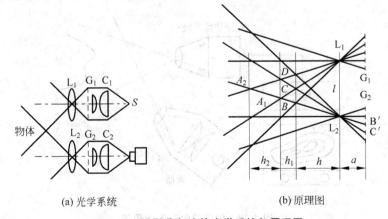

(a) 光学系统　　(b) 原理图

图 4-27 投影莫尔法的光学系统与原理图

图 4-27 中,从基准光栅 G_1 到透镜主点间距离为 a,从透镜主点到物体上的基准点距离为 h,L_1、L_2 主点间距离为 l,光栅节距为 d。由于 $\triangle A_1CB \backsim \triangle A_1L_1L_2$,$\triangle BCL_2 \backsim \triangle B'C'L_2$,因此

$$BC : l = h_1 : (h_1 + h), \quad BC = \frac{dh}{a}$$

则有

$$h_1 = \frac{h}{a} \frac{dh}{l - \frac{dh}{a}} \tag{4-45}$$

利用物像关系 $\frac{1}{a} + \frac{1}{h} = \frac{1}{f}$,$f$ 为透镜焦距,有

$$h_1 = \frac{h(h-f)d}{fl - (h-f)d} \tag{4-46}$$

同理,可求出第 N 条等高线所对应的深度为

$$h_N = \frac{h(h-f)Nd}{fl - (h-f)Nd} \tag{4-47}$$

与阴影莫尔法相比较,投影莫尔法具有较大的灵活性。改变投影和成像物镜的放大率,可以适应较大物体的测量,对于较小的物体,也可以采用缩小投影的办法,既可以提高测量灵敏度,又可以控制衍射现象对测量的影响。

(3) 扫描莫尔法

在阴影莫尔法和投影莫尔法中,单从莫尔等高线上并不能判断表面的凹凸,从而增加了计量中的不确定性。为了使莫尔法用于三维面形的自动测量,在投影莫尔法中可以让一块基准光栅(投影系统中的光栅 G_1 或成像系统的光栅 G_2)沿垂直于栅线方向做微小移动,根据莫尔条纹同步移动的方向来确定表面的凹凸。如果类似于投影莫尔法,但在成像系统中不用第二块基准光栅去观察,而像电视扫描一样用电子扫描的办法形成观察的基准光栅,这种方法称为扫描莫尔法,其基本原理如图 4-28 所示。实际上,代替第二块基准光栅的扫描线可以通过计算机图像处理系统加入,这意味着只要用图像系统(包括摄像输入)获取一幅变形光栅像,就可以通过计算机产生光栅的办法来产生莫尔条纹。由计算机产生的第二块基准光栅的周期和光栅的移动都容易改变,这种扫描莫尔的图像系统可以实现三维面形的自动测量。

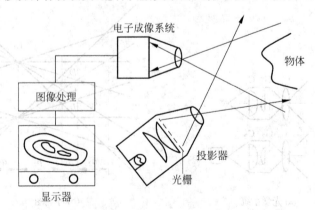

图 4-28 扫描莫尔法基本原理

综上所述,莫尔轮廓术的主要优势在于:

① 可对三维物体的粗糙表面形貌进行测量,亦可对镜面形貌测量及大尺寸表面测量,测量的灵敏度可以在很大的范围内调整;

② 对测量装置的稳定性要求不高,装置简单可靠,对外界条件要求不严格,相干光源、非相干光源均能适用;

③ 易于和高速摄影技术相结合,宜测量动态三维形貌,易于和电子计算机技术相结合,以获得条纹的数字输出和实现虚拟光栅技术。

莫尔轮廓术已经在工业领域得到了广泛的应用,关于三维测量的具体内容请参看第 5 章。

本章参考文献

1 周继明,江世明. 传感技术与应用. 长沙:中南大学出版社,2005
2 范志刚. 光电测试技术. 北京:电子工业出版社,2004
3 何勇,王生泽. 光电传感器及其应用. 北京:化学工业出版社,2004
4 杨国光. 近代光学测试技术. 杭州:浙江大学出版社,1997
5 赵凯华. 光学. 北京:高等教育出版社,2004
6 叶盛祥. 光电位移精密测量技术. 成都:四川科学技术出版社,2003

第5章 光学三维测量技术

本章根据测量分辨率和测量量程的不同,将三维测量技术分为宏观三维形状测量技术和微观三维形貌测量技术。本章5.1节～5.4节主要介绍各种宏观三维形状光学测量技术与应用,5.5节～5.8节介绍各种微观表面形貌的光学测量技术。

5.1 物体宏观三维形状测量技术概述

三维形状测量是获取物体表面各点空间坐标的技术,得到物体的全部形状信息。随着经济的发展和科技的进步,机械、汽车、航空航天等制造工业及服装、玩具、制鞋等民用工业对物体三维形状的测量提出了高速度、高精度、大数据量、全自动等较高要求。在这种背景下,各种新技术被应用到物体三维信息的获取中,形成了三维数字化技术。此外,物体的三维数字信息也广泛应用于计算机辅助设计与制造(CAD/CAM)、逆向工程(RE)、快速原型(RP)及虚拟现实(VR)等领域。

物体三维形状测量主要包括接触式测量和非接触式测量两大类。

5.1.1 接触式测量

物体三维形状接触式测量的典型代表是坐标测量机(coordinate measuring machine, CMM)。它以精密机械为基础,综合应用了电子、计算机、光学和数控等先进技术,能对三维复杂工件的尺寸、形状和相对位置进行高精度的测量。

坐标测量机的数据采集主要有触发式、连续式和飞测式三种。前两种方式采用传统的接触式测头,测量时需要测头与物体表面相接触,这限制了测量效率;基于光学非接触测头的飞测方式可以避免测量过程中测头频繁复杂的机械运动,从而可以获得较高的测量效率。

三坐标测量机作为现代大型精密、综合测量仪器,有其显著的优点,包括:(1)灵活性强,可实现空间坐标点测量,方便地测量各种零件的三维轮廓尺寸及位置参数;(2)测量精度高且可靠;(3)可方便地进行数字运算与程序控制,有很高的智能化程度。缺点是测量速度慢,对环境要求较高。

5.1.2 非接触式测量法

图 5-1 给出了非接触式三维测量技术中常用的三种电磁波谱和主要的测量技术。微波适合于大尺度三维测量领域,采用三角测量原理(如全球定位系统(global position system,GPS)),或者利用飞行时间法(time-of-flight,TOF,如传统的雷达技术)获取物体的三维信息。由于微波波长较长,衍射形成的爱里斑(Airy pattern)半径较大,角度分辨率低,不能满足工业生产要求。超声波波长与微波差不多,也存在分辨率低等问题。

与微波和超声波相比,光波波长短,在 300nm(紫外)到 $3\mu m$(红外)范围内的光学三维传感器的角度分辨率和深度分辨率比微波和超声波高 10^3 到 10^4 数量级,主要通过三角法或者飞行时间法获得物体的深度信息。

常用的光学三维测量基本原理有三种:飞行时间法、干涉法和三角法,如图 5-1 所示。

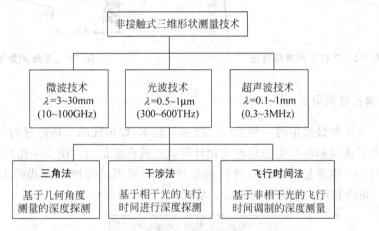

图 5-1 非接触三维测量技术

1. 飞行时间法

飞行时间法是基于三维面形对结构光束产生的时间调制,一般采用非相干光,通过测量光波的飞行时间来获得距离信息,原理如图 5-2 所示。一个激光脉冲信号从发射器发出,经待测物体表面漫反射后,沿几乎相同的路径反向传回到接收器,检测光脉冲从发出到接收时刻之间的时间延迟 Δt,就可以由下式计算出距离 z。

$$z = c\,\Delta t/2 \tag{5-1}$$

结合附加的扫描装置使光脉冲扫描整个物体就可以得到三维面形数据。

飞行时间法测量原理简单,由于光脉冲发射方向与接收方向基本相同,可以避免阴影和遮挡等问题。飞行时间法以对信号检测的时间分辨率来换取距离测量精度,要得到高的测量精度,测量系统必须要有极高的时间分辨率。其典型分辨率约为 1mm。若采用亚皮秒激光脉冲和高时间分辨率的电子器件,深度分辨率可达亚毫米量级。采用时间相干的单光子计数法,测量 1m 距离,深度分辨率可达 $30\mu m$;另一种称之为飞行光全息技术的三维测量方法利用超短光脉冲结合数字重建和利特罗装置(Littrow setup),深度分辨率可达 $6.5\mu m$。

2. 干涉法

干涉测量基本原理如图 5-3 所示，一束相干光通过分光系统分成测量光和参考光，利用测量光波与参考光波的相干叠加来确定两束光之间的相位差，从而获得物体表面的深度信息 $\Delta Z(x,y)$。这种方法测量精度高，但测量范围受到光波波长的限制，只能测量微观表面的形貌和微小位移，不适于宏观物体的检测，具体内容请参看第 2 章和第 3 章相关内容。

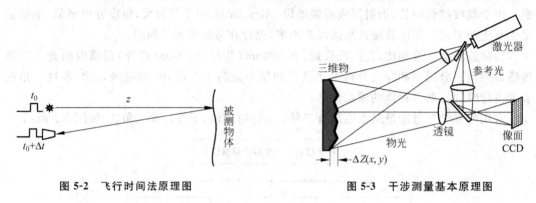

图 5-2　飞行时间法原理图　　　　　图 5-3　干涉测量基本原理图

3. 光学三角测量法

光学三角法是最常用的一种光学三维测量技术，以传统的三角测量为基础，通过待测点相对于光学基准线偏移产生的角度变化计算该点的深度信息。图 5-4 给出了常见的基于三角测量原理的三维测量技术。在这些测量技术中，根据具体照明方式的不同，可分为两大类：被动三角法和基于结构光的主动三角法。

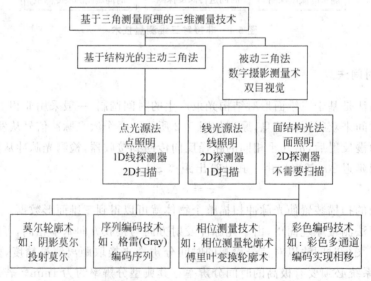

图 5-4　常见的基于三角测量原理的三维测量技术

（1）基于三角测量原理的被动三维测量技术

"被动"在此意味着不考虑测量系统的具体照明情况，一般采用自然光照明。双目视觉是典型的被动三维测量技术。

双目视觉根据仿生学原理,构造类似于人类双眼视觉的功能,从两个不同的位置观察同一物体,获取物体的二维图像,用三角计算方法获得物体的距离信息。图5-5是典型的双目视觉系统,系统用两个照相机从两个不同角度获取物体的两幅图像,如同人的两个眼睛一样,计算机通过对一个物点在两幅图像上不同的位置进行处理,得到物体的立体信息。双目立体视觉的优点在于其适应性强,可以在多种条件下灵活地测量物体的立体信息,缺点是需要大量的相关匹配运算以及较为复杂的空间几何参数的校准等问题,测量精度低,计算量较大,不适于精密计量,常用于三维目标的识别、理解以及位形分析等场合。

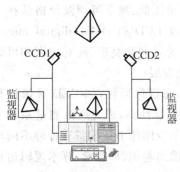

图 5-5　双目视觉系统

(2) 基于三角测量原理的主动三维测量技术

根据三维面形对于结构光场的调制方式不同,主动三维测量技术可分为时间调制和空间调制两大类。飞行时间法是典型的时间调制方法。空间调制方法基于物体面形对结构光场的强度、对比度、相位等参数的影响来确定物体面形。在基于三角测量原理的方法中,不同的测量技术从观察光场中提取三角计算所需几何参数的方式不同,一般又可分为两类:直接三角法和光栅投射法。直接三角法是利用投射光场和接收光场之间的三角关系确定物体的三维信息,主要包括:激光逐点扫描法和光切法。光栅投射法是利用物体表面高度的起伏对投射的结构光场(光栅)的相位调制来确定物体的三维信息,主要包括:莫尔轮廓术,傅里叶变换轮廓术(Fourier transform profilometry,FTP),相位测量轮廓术(phase-measurement profilometry,PMP)等。

5.1.3　主动宏观三维形状测量技术

大多数实用的三维形状测量仪器都采用结构光照明技术。投影器发出结构照明光束,接收器接收由被测三维表面返回的光信号,由于三维面形对结构照明光束产生的空间或时间调制,从携带有三维面形信息的观察光场中,通过适当的方法可以解调出三维面形数据。采用结构照明的主动三维测量具有如下优点:①测量精度高,相对测量精度可达1/20000;②快速全场测量;③结构简单,易于实现。

1. 主动三维形状测量系统

如图 5-6 所示,主动三维形状测量系统主要由三部分组成:投影系统、图像接收系统和信息解调系统。投影系统将结构光(点结构光、片状结构光或面结构光)投影到待测物体表面,物体表面对结构照明光束产生时间或空间调制,由图像接收系统接收待测表面返回的光信号,再由信息解调系统解调接收到的光信号,获得待测表面的三维信息。整个测量过程可以看作是三维表面信息的调制、获取

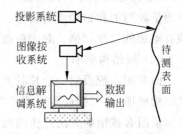

图 5-6　主动三维测量系统的组成

和解调过程。

常用的结构照明光源有激光和普通白光光源。激光光源具有亮度高、方向性好、单色性好和易于实现强度调制等优点,半导体激光器由于体积小、功耗低、频率可调及价格低在三维测量领域起着越来越重要的作用;在白光光源方面,以 LCD 和 DMD(digital micromirror device,DLP 的核心部件)为代表的新型数字投影系统具有高亮度、高对比度和可编程的优点,使得以面结构光为光源的三维测量系统得到飞速发展。

图像接收系统包括图像探测器和图像卡。高性能的固态摄像器件,如 CCD 摄像机和 CMOS 探测器等,由于体积小、分辨率高、重量轻、功耗低、可靠性高,成为三维测量系统中必不可少的设备。图像卡可实现图像的采集、存储等功能,不少图像卡还配备有各种不同功能的图像处理芯片,具有硬件快速处理能力,可以实现对图像的卷积、形态学、算术逻辑运算甚至高速傅里叶变换等功能。三维测量系统可利用这些功能实现实时、高速、动态的三维测量。

信息解调系统主要由计算机和相关的应用软件组成,主要对接收到的图像信息进行分析、运算,依照一定的算法获得物体的三维面形并将三维面形数据通过一定的接口提供给用户。

2. 三种基本结构照明方式

为有利于物体三维信息的获取,主动光学三维形状测量技术常采用三种基本的照明方式,分别是点结构照明、线结构照明和面结构照明方式,如图 5-7 所示。

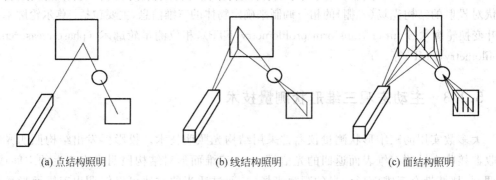

(a) 点结构照明　　　　　(b) 线结构照明　　　　　(c) 面结构照明

图 5-7　三种基本的结构照明方式

(1) 点结构照明

最简单的结构照明系统是投射一个光点到待测物体表面,激光具有高亮度和良好的方向性,是理想的点结构照明光源。点结构照明将光能集中在一个点上,具有高的信噪比,可以测量较暗的和远距离的物体。由于每次只有一个点被测量,为了形成完整的三维面形,必须有附加的二维扫描。对于单点投影的三角测量系统,通常采用线阵探测器作为接收器件。

(2) 线结构照明

由照明系统投射一个片状光束到待测物体表面,片状光束与被测物体表面相交形成线状结构照明,由二维面阵探测器件如面阵 CCD、面阵 CMOS 等作为接收器件。由柱面镜和球面镜组合或衍射方法产生的激光片光是最常用的线结构光源。由于一次测量可以获得一条线的所有数据,因此只需要附加一维扫描就可以形成完整的三维面形数据。在某些实际应用中,被测物体本身沿一个方向匀速移动通过观察视场,例如传送带上的工件,这时只需要一个固定的线结构照明测量系统就可以完成三维面形测量任务。

(3) 面结构照明

由照明系统投射一个二维图形到待测物体表面,形成面结构照明。常用的面结构照明是基于白光投影的二维图形,如罗奇光栅、正弦型光栅或空间编码的二维图形。随着数字投影技术的不断发展,这种面结构照明方式在莫尔轮廓术、相位测量轮廓术、傅里叶变换轮廓术及空间相位检测等三维面形测量技术中得到广泛应用。

5.2 激光三角法测量物体三维形状

5.2.1 激光三角法的测量原理

按入射光线与被测物体表面法线的关系,单点式激光三角法可分为直射式和斜射式两种,如图 5-8 所示。

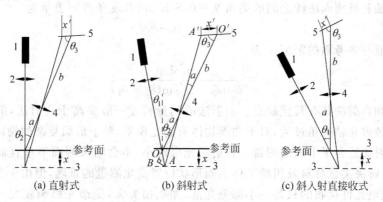

(a) 直射式　　(b) 斜射式　　(c) 斜入射直接收式

图 5-8 激光三角法基本原理

1. 斜射式三角法基本原理

斜射式激光三角法的光路如图 5-8(b)所示,激光器 1 发出的光线,经会聚透镜 2 聚焦后入射到被测物体表面 3 上的 A 点,会聚透镜 2 的光轴与接收透镜 4 的光轴交于参考面上的 O 点,接收透镜 4 接收来自入射光点 A 处的散射光,并将其成像在探测器 5(如 PSD、CCD)的光敏面上 A' 点,O 点经透镜 4 成像在光敏面上 O' 点。当物体移动或表面高度发生变化时,入射光点将沿入射光轴移动,导致像点在探测器上移动。如果探测器基线与光轴垂直,只有一个准确调焦的位置,其余位置的像都处于不同程度的离焦状态。离焦将引起像点的弥散,从而降低系统的测量精度。为了提高精度,可以使探测器基线与成像光轴 OO' 成一倾角 θ_3,当满足 Scheimpflug 条件

$$\tan(\theta_1 + \theta_2) = \beta\tan\theta_3 \tag{5-2}$$

时,一定范围内的被测点都能准确地成像在探测器上,从而保证了测量精度。式中,β 为成像系统横向放大率;θ_1 为投影光轴和被测面法线之间的夹角,θ_2 为成像光轴和被测面法线

之间的夹角。由图可看出

$$\frac{\overline{OA}\sin(\theta_1+\theta_2)}{a+\overline{OA}\cos(\theta_1+\theta_2)}=\frac{\overline{O'A'}\sin\theta_3}{b-\overline{O'A'}\cos\theta_3}$$

式中,a 为投影光轴和成像光轴的交点到接收透镜前主面的距离;b 为接收透镜后主面到成像面中心点的距离。又 $x=\overline{OA}\cos\theta_1$,$x'=\overline{O'A'}$,上式化简后可得

$$x=\frac{ax'\sin\theta_3\cos\theta_1}{b\sin(\theta_1+\theta_2)-x'\sin(\theta_1+\theta_2+\theta_3)} \tag{5-3}$$

x 即为待测表面与参考面的距离。若待测面位于参考面上方,则上式分母取"+"号。

当 θ_2 为 0°时,如图 5-8(c)所示,为斜入射直接收式,属于斜入射式传感器的一个特例。光点移动 x' 时,被测面沿法线方向移动的距离为

$$x=\frac{ax'\sin\theta_3\cos\theta_1}{b\sin\theta_1-x'\sin(\theta_1+\theta_3)} \tag{5-4}$$

2. 直射式三角法

直射式三角法测量原理如图 5-8(a)所示。激光器发出的光垂直入射到被测物体表面,此时投影光轴和被测面法线之间的夹角 $\theta_1=0$,Scheimpflug 条件可表示为

$$\tan\theta_2=\beta\tan\theta_3 \tag{5-5}$$

待测表面与参考面的距离 x 为

$$x=\frac{ax'\sin\theta_3}{b\sin\theta_2-x'\sin(\theta_2+\theta_3)} \tag{5-6}$$

斜射法和直射法各有其优缺点。斜射法的测量精度一般要高于直射法,但斜射法入射光束与接收装置光轴夹角过大,对于曲面物体有遮光现象,对于形面复杂的物体这个问题更为严重。斜射法适合于平面的测量。直射法光斑较小,不会因被测面不垂直而扩大光照面上的亮斑,可解决柔软材料及粗糙工件表面形状位置变化测量的难题,但由于受成像透镜孔径的限制,光电元件接收的只是一小部分光能,光能损失大,受杂光影响较大,信噪比低,分辨力较低。

5.2.2 激光线光三维形状测量技术

1. 测量原理

点状激光垂直投射在柱透镜上,其透射光的剖面光强呈高斯分布,形成激光片光,也称之为线光或光刀。激光片光被投射到被测物体表面,CCD 探测器从另一角度观察由于面形引起的片光像中心的偏移,并按三角测量原理获得剖面数据。图 5-9 显示了成像位置与面形高度的关系。

图 5-10 是测量原理图,θ 为成像光轴 QO 与投影光轴 PO 的夹角,α 为 CCD 阵列与成像光轴的夹角,两光轴交于 O 点,R 为参考平面,H 为面形上某一点,I 和 I' 分别是成像系统的入瞳和出瞳,H 点成像于 CCD 面阵上 N 点,N 点相对于中心像素 M 的偏移量 $\Delta=\overline{MN}$。

在测量中,为了使被测范围内的物点都能成像于 CCD 阵列上而不产生离焦,θ 和 α 必须满足 Scheimpflug 条件,即

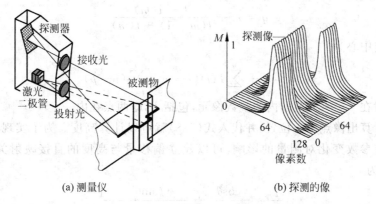

(a) 测量仪　　　　　　　　　(b) 探测的像

图 5-9　激光片光三角测量法

$$\tan\theta = \beta\tan\alpha \tag{5-7}$$

式中 β 为横向放大率。

由简单的几何关系,可以得到面形高度 $\overline{OH}$ 与偏移量 Δ 间的关系为

$$\overline{OH} = \frac{(\overline{OI}-f)\Delta\sin\alpha}{f\sin\theta + \Delta\sin\alpha\cos\theta} \tag{5-8}$$

式中 f 是成像系统的焦距。由式 5-8 可知,高度与偏移量成非线性关系。

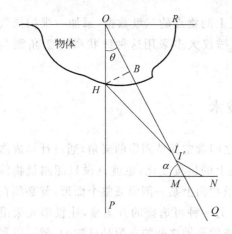

图 5-10　激光片光三角测量原理图

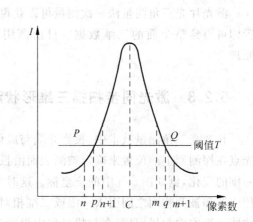

图 5-11　光带中心的确定

2. 三维形状测量的信息处理

为了得到被测面形的数据,就要测得激光片光像点的偏移量 Δ,即必须精确地确定光带高斯分布中心位置。确定高斯分布中心有多种算法,例如极值法、阈值法、重心法、曲线拟合法等。下面介绍采用阈值法与重心法相结合确定高斯光束中心位置的原理,如图 5-11 所示。

设阈值 T 与曲线交于 P,Q 两点,由线性插值可求得 P,Q 对应的位置 p,q 值为

$$p = n + \frac{T - I(n)}{I(n+1) - I(n)} \tag{5-9}$$

$$q = m + \frac{T - I(m)}{I(m+1) - I(m)} \tag{5-10}$$

由重心法确定中心为

$$c = p + \sum_{i=p}^{q} I(i)(i-p) \Big/ \sum_{i=p}^{q} (i-p) \tag{5-11}$$

式中求和是对在 $p < i < q$ 范围内的整数像元，包括 P,Q 两点在内。

原则上计算出像点中心位置，并代入式(5-8)就可以计算高度。为了实现高速处理，也为了消除系统参数变化对测量的影响，可以建立偏移量与高度的直接映射关系。为此将式(5-8)改写为

$$\frac{1}{h} = \frac{\cos\theta}{\overline{OI} - f} + \frac{f\sin\theta}{(\overline{OI} - f)\sin\alpha} \frac{1}{\Delta} \tag{5-12}$$

简记为

$$\frac{1}{h} = a + b\frac{1}{\Delta} \tag{5-13}$$

即被测高度与计算的偏移量之间存在倒数线性关系，式中 $a = \dfrac{\cos\theta}{\overline{OI} - f}$，$b = \dfrac{f\sin\theta}{(\overline{OI} - f)\sin\alpha}$，是系统常数。根据线性拟合理论，多组不同的 (h_i, Δ_i) 值就可以得到 a,b，从而按式(5-13)直接从偏移量 Δ 计算出高度值 h。

激光片光三角测量法一次测量可以获得一条线上的物点的三维数据，添加一维扫描装置即可得到整个面的三维数据。目前商用三维扫描仪大多采用这种线状激光三角测量原理。

5.2.3 激光同步扫描三维形状测量技术

在激光三角测量技术中，投影光线与成像光轴之间常常保持固定的夹角，通过计算成像光点在探测器上的位置来确定被测表面沿投影方向上的位置变化，也就是说只能测量物体一维的变化，例如图 5-8 中的 x 坐标。这时为了测量物面上某一剖面或整个面形，就必须在传感器和被测物面之间引入一维或二维相对移动。另一种可选择的方案是，让投影光束沿物体一维方向扫描，只要在扫描过程中投影光线与成像光轴之间的夹角是已知的，就可以利用三角关系计算被扫描的物点的二维坐标(例如 z 和 x)，基本原理如图 5-12 所示。

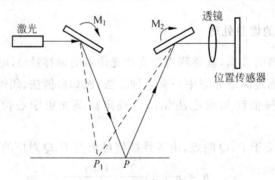

图 5-12 同步扫描原理图

激光同步扫描的基本概念在于同步地扫描投影光线和成像光轴,从而在获得大的测量视场的同时,基本上不降低距离的测量精度。为说明激光同步扫描的几何关系,先分析图 5-12 所示的光路。

投影光束从激光器发出,经反射镜 M_1 投向基准点 P,成像光束经反射镜 M_2 和成像透镜到达位置传感器基准点上,当反射镜 M_1 和 M_2 同步旋转时,投影光束转向另一个位置 P_1,由于两个反射镜同步转动,使同一高度的物点在位置传感器上像点的位置靠近基准点。

在实际同步三维面形测量系统中,根据测量需要,常用到的有双面镜扫描系统、多面棱锥镜扫描系统以及传感器整体旋转扫描系统等。

5.3 基于光栅投射的三维形状测量技术

5.3.1 光栅投射法测量三维形状的基本原理

光栅投射三维面形测量技术属于三角法的扩展,一次测量可以获得一个面的所有三维数据,测量速度快。这种方法利用投射几何关系建立物体表面条纹和参考平面条纹的相位差与相对高度的关系,从而获得物体表面与参考平面间的相对高度,测量过程如图 5-13 所示。

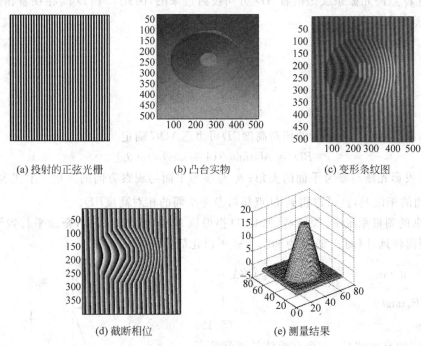

(a) 投射的正弦光栅　　(b) 凸台实物　　(c) 变形条纹图

(d) 截断相位　　(e) 测量结果

图 5-13　光栅投射三维面形测量过程示意图

将一正弦光栅(图 5-13(a))以准直或发散的方式以与观察方向成某一角度投射到漫反射物体表面(图(b))上,由于表面的高低不平,在另一方向观察投射条纹,将得到变形的光栅像(图(c)),利用相移技术或傅里叶变换方法从变形光栅像中提取受到高度调制的条纹相位信息(图(d)),再与参考平面条纹的相位值比较,形成与参考平面的相位差,经过相位展开和高度的映射关系,得到物体的三维测量结果(图(e))。

基于光栅投射的三维面形测量基本原理如图 5-14 所示。x 轴与光栅条纹正交,y 轴与光栅条纹平行。当一个正弦光栅图形被投影到参考平面上时,其光强可表示为

$$I_R(x,y) = A(x,y) + B(x,y)\cos(2\pi x/P_0 + \phi_0) \tag{5-14}$$

式中,$A(x,y)$ 为背景光强;$B(x,y)$ 为条纹的对比度;(x,y) 为参考平面上某点的坐标值;P_0 是参考平面上的光栅周期;$\phi(x,y)=2\pi x/P_0+\phi_0$ 为该点的相位。

以探测器光轴与参考平面的交点作为坐标原点 O,不失一般性,设坐标原点 O 位于某一光栅条纹上,该条纹的相位设为零,则所有点的相位相对于 O 点都有一个

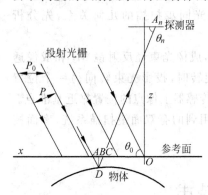

图 5-14　基于光栅投射的三维面形测量基本原理

唯一确定的相位值。如参考平面上一点 C,成像于探测器的 A_n 点,则

$$\phi_c = 2\pi n + \phi_c' \tag{5-15}$$

其中 n 为整数,$0 < \phi_c' < 2\pi$。

探测器上 A_n 点既可获得参考平面上 C 点的光栅条纹,也可获得物体表面上 D 点的光栅条纹,但 D 点的光栅条纹是沿着 AD 方向投射过来的,因此 C 和 D 间存在着相位差,CD 间的相位差可表示为

$$\Delta\phi_{CD} = 2\pi \frac{\overline{AC}}{P_0} \tag{5-16}$$

由此可得

$$\overline{AC} = \Delta\phi_{CD} \cdot \frac{P_0}{2\pi} \tag{5-17}$$

因此,D 点相对参考平面的相对高度 $\overline{BD}$ 可由 $\triangle ADC$ 确定

$$\overline{BD} = \overline{AC}\tan\theta_0/(1 + \tan\theta_0/\tan\theta_n) \tag{5-18}$$

式中,θ_0 是投影光栅与参考平面的夹角;θ_n 是参考平面与观察方向的夹角。上式表明,如果已知 CD 间的相位差,就可以得到 D 点相对参考平面的相对高度 $\overline{BD}$。

在通常的测量系统中,探测器(如 CCD 摄像机)的感光靶面很小,靶面平行置于被测表面上方,距离较远,因而 θ_n 近似为 $90°$,上式可以化简为

$$\left.\begin{array}{l}\overline{BD} = \overline{AC}\tan\theta_0 = \dfrac{\phi_{CD}}{2\pi}P_0\tan\theta_0 = \dfrac{\phi_{CD}}{2\pi}\lambda_e \\ \lambda_e = P_0\tan\theta_0\end{array}\right\} \tag{5-19}$$

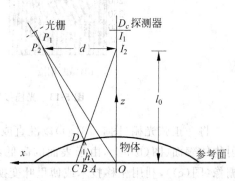

图 5-15　发散投射光栅系统的几何关系

λ_e 称为系统的有效波长,一个有效波长正好等于引起 2π 相位变化量的高度差,是光栅投影方法中一个重要的参数。

对于发散的投影系统,如图 5-15 所示,也可得到与式(5-19)类似的结果,条纹的变形使物体表面 D 点与参考平面的 C 点处于探测器的同一

像元上,而 D 点是由参考平面上 A 点的投影光栅线所形成的,相位的改变在参考平面上对应于 $\overline{AC}$,而高度变化 $\overline{BD}$ 可由 $\triangle P_2 D I_2$ 和 $\triangle ADC$ 相似求得,即

$$h = \overline{BD} = \frac{\overline{AC} \cdot l_0}{d + \overline{AC}} \approx \frac{\overline{AC} \cdot l_0}{d} \quad (d \gg \overline{AC}) \tag{5-20}$$

其中,d 为投射光轴到探测器光轴的距离;l_0 为摄像机到参考平面的距离。$\overline{AC}$ 见式(5-17)。

5.3.2 相位测量技术

由上述分析可知,物体表面各点相对于参考平面的高度是依靠物点 D 与参考平面上相应点 C 的相位差获得的,因此,如何获得 CD 两点的相位是光栅投射法测量三维面形的关键。目前普遍采用两种方法:一是相移法,二是傅里叶变换法,分别称为相位测量轮廓术和傅里叶变换轮廓术。

1. 相位测量轮廓术的相位计算

相位测量轮廓术由激光干涉计量发展而来。V. Srinivasan 和 M. Halioua 等人在 20 世纪 80 年代初将相移干涉术(phase-shift interferometry,PSI)引入对物体三维面形的测量中,称为相位测量轮廓术。它采用正弦光栅投影和相移技术,具有并行处理能力,能以较低廉的光学、电子和数字硬件设备为基础,以较高的速度和精度获取和处理大量的三维数据。

将一幅正弦光栅图形投影到物体表面时,被物体表面高度调制后的光强可表示

$$I(x,y) = A(x,y) + B(x,y)\cos\phi(x,y) \tag{5-21}$$

$\phi(x,y)$ 为由于物体表面高度变化引起的相位调制,从式(5-21)中很难准确地得到相位分布 $\phi(x,y)$,采用相移技术则可较容易地求出 $\phi(x,y)$。当投影的正弦光栅沿着与栅线垂直的方向移动一个周期时,同一点处变形条纹图的相位被移动了 2π。当投影光栅移动一个周期的一小部分 Δ_j 时,变形条纹图的相位便移动了 δ_j,这时产生一个新的光强值,式(5-21)可写成

$$I(x,y;\delta_j) = A(x,y) + B(x,y)\cos[\phi(x,y) + \delta_j] \tag{5-22}$$

上式中 $A(x,y),B(x,y),\phi(x,y)$ 为三个未知量,显然只要使用三个以上不同相移值的变形条纹图,相位函数 $\phi(x,y)$ 便可以独立于其他参数而单独求出。

参考 2.2.3 节的相移技术,式(5-22)中 $j = 4$,相位移动的增量 δ_j 分别为 $0, \pi/2, \pi, 3\pi/2$,可以计算出相位函数为

$$\phi(x,y) = \arctan\left(\frac{I_4(x,y) - I_2(x,y)}{I_1(x,y) - I_3(x,y)}\right) \tag{5-23}$$

对于更普遍的 N 帧满周期等间距相移算法,采样次数为 N,δ_j 为 $\frac{j2\pi}{N}$,则

$$\phi(x,y) = \arctan\frac{\sum_{n=1}^{N} I_n(x,y)\sin(2\pi n/N)}{\sum_{n=1}^{N} I_n(x,y)\cos(2\pi n/N)} \tag{5-24}$$

投影一个正弦光栅到参考平面上时,从成像系统获取的变形光栅像为

$$I(x,y) = A(x,y) + B(x,y)\cos\phi_0(x,y) \tag{5-25}$$

参考平面的相位分布 $\phi_0(x,y)$ 采用与前面相同的相移方法来计算,因此仅由物体高度引起的相位分布为

$$\Delta\phi(x,y) = \phi(x,y) - \phi_0(x,y) \tag{5-26}$$

再由式(5-19)即可得到待测表面的高度分布。

相位测量轮廓术的最大优点在于求解物体相位时是点对点的运算,即某一点的相位值只与该点的光强值有关,从而避免了物面反射率不均匀引起的误差,测量精度可高达几十分之一到几百分之一个有效波长。为了获取准确的相位差,相位测量轮廓术需要精密的相移装置和标准的正弦光栅,以避免相移不准和光场的非正弦性引入的测量误差,这增加了系统的复杂性。但是,随着数字投影技术的发展,DMD/LCD 被引入到相位测量轮廓术中,由于其可编程性,可以将所需的几帧有一定相位差的相移正弦光栅利用计算机软件预先产生,然后按照相移顺序由数字投影仪依次投影到物体上,实现相移。只要算法合理,这种相移方法可以实现零相移误差,避免由于相移不准和光场的非正弦性(高次谐波)引入的测量误差。利用基于 DMD/LCD 的相位测量三维面形系统,相对测量精度可达 1/20000 个有效波长。

2. 傅里叶变换轮廓术的相位计算

傅里叶变换方法可用于干涉条纹的处理,用来检测光学元件的质量。在主动光学三维测量中,结构照明型条纹与干涉条纹具有类似的特征。1983 年 M. Takeda 和 K. Mutoh 将傅里叶变换用于三维物体面形测量,提出了傅里叶变换轮廓术。这种方法以罗奇光栅产生的结构光场投影到待测三维物体表面,得到被三维物体面形调制的变形光场,成像系统将此变形条纹光场成像于面阵探测器上,然后用计算机对像的强度分布进行傅里叶分析、滤波和处理,得到物体的三维面形分布。在实际应用中,为了获得较高的测量精度,增加系统的分辨率,通常使用正弦光栅代替罗奇光栅。

设投影光栅是罗奇光栅。傅里叶变换轮廓术首先将光栅像投影到参考平面上,在探测器中得到的条纹分布可表示为

$$g_0(x,y) = \sum_{n=-\infty}^{n=\infty} A_n e^{i(2\pi n f_0 x + n\phi_0(x,y))} \tag{5-27}$$

式中,f_0 代表光栅像的基频;$\phi_0(x,y)$ 代表初始相位调制。然后将光栅像投影到待测物体表面,由于物体面形的调制,观察系统得到变形的光栅像可以记为

$$g(x,y) = r(x,y) \sum_{n=-\infty}^{n=\infty} A_n e^{i(2\pi n f_0 x + n\phi(x,y))} \tag{5-28}$$

式中,$r(x,y)$ 是物体表面非均匀的反射率;$\phi(x,y)$ 是物体高度分布引起的相位调制。对式(5-28)沿 x 轴方向进行一维傅里叶变换,得到图 5-16 所示变形光栅像的空间频谱,频谱中零频反映的是背景光强分布,基频包含了所要求的相位信息。设计合适的带通滤波器,可将其中一个基频分量 f_0(图中阴影部分)滤出来,然后对其进行逆傅里叶变换,得到的分布可以表示为

$$\hat{g}(x,y) = A_1 r(x,y) e^{i(2\pi f_0 x + \phi(x,y))} \tag{5-29}$$

针对式(5-27)进行同样的运算后得到

$$\hat{g}_0(x,y) = A_1 e^{i(2\pi f_0 x + \phi_0(x,y))} \tag{5-30}$$

于是有

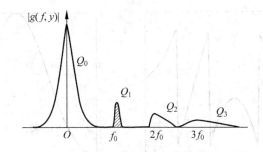

图 5-16 变形光栅像的空间频谱

$$\hat{g}(x,y) \cdot \hat{g}_0^*(x,y) = |A_1|^2 r(x,y) e^{i[\Delta\phi(x,y)]} \quad (5-31)$$

其中 $\Delta\phi(x,y)=\phi(x,y)-\phi_0(x,y)$。为了获得相位差 $\Delta\phi(x,y)$，对式(5-31)求对数

$$\log[\hat{g}(x,y) \cdot \hat{g}_0^*(x,y)] = \log[|A_1|^2 r(x,y)] + i[\Delta\phi(x,y)] \quad (5-32)$$

对上式求虚部即可得到相位差

$$\Delta\phi(x,y) = \text{img}\{\log[\hat{g}(x,y) \cdot \hat{g}_0^*(x,y)]\} \quad (5-33)$$

再由式(5-19)即可得到待测表面的高度分布。

由于 FTP 方法使用了傅里叶变换和在频域中的滤波运算，只有频谱中的基频分量对于重建三维面形是有效的，为了准确测量物体的三维面形，需要防止基频分量与其他级次的频谱分量发生交叉即频谱混叠，这限制了 FTP 可测量的最大范围。理论表明，FTP 最大测量范围不受高度分布本身的限制，而是受到高度分布在与光栅垂直方向上变化率的限制。

傅里叶变换轮廓术和相位测量轮廓术都是基于条纹投影、采用相位测量的光学三维形状测量技术，这两种方法各有其优缺点及适用范围。PMP 方法实现了点对点求解初相位，精度高，但由于需要进行相移，测量速度相对较慢；FTP 方法只需要一帧或两帧条纹图，速度快，可用于动态测量，但 FTP 需保证各级频谱之间不混叠，从而限制了测量范围，且测量精度相对较低一些。

3. 相位展开（相位解截断，phase unwrapping）

在相位测量轮廓术和傅里叶变换轮廓术中，利用式(5-24)和式(5-33)得到相位分布，由于反三角函数的性质，得到的相位分布在 $(-\pi,+\pi)$ 区间内变化。例如，当相邻两点之间的实际相位差超过 2π 时，由于反三角函数运算，得到的两点之间的相位差在 $(-\pi,+\pi)$ 内，不能正确反映实际的相位分布，利用式(5-19)计算物点的相对高度得不到正确的计算结果，这种相位称为截断相位。截断相位不能正确反映物点和参考平面上对应点的相位差，因此需要对截断相位进行相位展开，将被截断在 $(-\pi,+\pi)$ 范围内的相位值恢复为不受主值范围限制的连续相位分布。相位展开是所有相位测量三维传感技术都面临的问题，而且是关键技术之一。

相位展开的过程可从图 5-17 中直观地看到。图(a)是分布在 $-\pi$ 和 π 之间的截断相位。相位展开就是将这一截断相位恢复为如图(b)所示的连续相位。

相位展开基于这样一个假设：对于一个连续物面，只要两个相邻被测点的距离足够小，两点之间的相位差将小于 π。也就是说必须满足抽样定理的要求，每个条纹至少有两个抽样点，抽样频率大于最高空间频率的两倍。

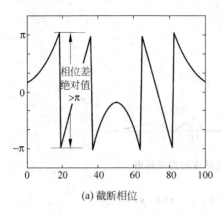 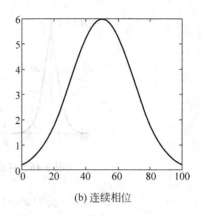

(a) 截断相位　　　　　　　　　　　(b) 连续相位

图 5-17　相位展开过程示意图

展开方法可一般表述为,在展开方向上比较相邻两个点的相位值,如果后点与前点的差值小于 $-\pi$,则后点的相位值应该加上 $2n\pi$,如果差值大于 π,则后点的相位值应该减去 $2n\pi$,其中 n 为该点与展开起点间的截断次数。

通常的情况是截断的相位数据为一个二维的矩阵,这时应先沿数据矩阵的某一行进行相位展开,然后以该行展开后的相位为基准,再沿每一列展开,从而得到连续分布的二维相位函数(注意,此时每一列展开点的 n 应当加上每列起始位置的值 n_j)。

对于复杂的物体表面,得到的条纹图十分复杂。由于存在阴影、条纹断裂和局部不满足采样定理等情况,即相临抽样点之间的相位变化大于 π,相位展开将变得十分困难,展开的相位将会出现错误。目前尚没有一种方法能够完全解决所有的相位展开问题。最近已研究了多种复杂相位场展开的方法,包括网格自动算法、基于调制度分析的方法、二元模板法、条纹跟踪法、最小间距树方法等,使上述问题能够在一定程度上得到解决。

5.4　光学三维形状测量技术的应用

光学三维形状测量是集光、机、电和计算机技术于一体的高新技术,主要用于对物体空间外形和结构进行扫描,以获得物体表面点的三维空间坐标,从这个意义上说,它实质上属于一种立体测量技术。与传统技术相比,它能完成复杂形体的点、面、形的三维测量,能实现非接触测量,在某些技术领域具有不可替代性,如复杂面形的快速三维彩色数字化、柔软物体的测量等。光学三维测量技术具有精度高、速度快、性能强等优点,可以极大地降低生产成本,节约时间,而且使用非常方便。三维形状测量技术的应用范围很广,从传统的制造业到新兴的三维动画产业和虚拟现实领域等。一般情况下,我们把基于三维形状测量技术的仪器称为三维扫描仪或三维数字化仪。下面对其在各领域的应用进行简单介绍。

1. 工业领域的应用

三维扫描仪作为一种快速的立体测量设备,可以用来对样品、模型进行扫描,得到其立体尺寸数据,这些数据能直接与 CAD/CAM 软件接口,在 CAD 系统中可以对数据进行调整、修补再送到加工中心或快速成型设备上制造,可以极大地缩短产品制造周期。

测量零件、产品的尺寸是工业生产中必不可少的工作。除了常见的长度、直径等测量外,在很多场合中,需要对不规则物体的外形或若干点进行高精度三维测量。这一工作过去主要依靠三坐标测量机,它精度虽高,但价格昂贵、操作复杂,特别当物体形状复杂时,测量速度很慢,不能用于在线检测。现代光学三维扫描仪能迅速测量物体表面每个点的三维坐标,获得物体的立体尺寸,实现三维形状的快速在线测量。

美国 20 世纪 80 年代就将基于结构光技术的三维扫描设备用于流水线上的零件检测。零件在流水线上移动,三维扫描仪实时地测得零件的三维尺寸,然后输入计算机与标准数据对比,其精度可达到 0.02mm。进入 90 年代后,欧美的许多大汽车公司、机械加工生产和装配厂都装备了三维扫描仪,用于产品外形和零件的测量。日本的电子公司则将小型的三维扫描仪用于集成电路板的测量,美国国家宇航局将三维扫描技术用于仿真实验等研究。

图 5-18 是一种用于鞋楦的激光三维扫描仪示意图。系统由仪器主体、微机、软件系统三部分构成。仪器主体由投影和成像光学系统、移动和转动工作台、CCD 线阵探测器和驱动电路、单片机等组成。工作台带动鞋楦沿轴向移动和绕轴转动,以使投射光线能对鞋楦的整个面形进行相对扫描。图 5-19 是测量结果的立体图形显示。

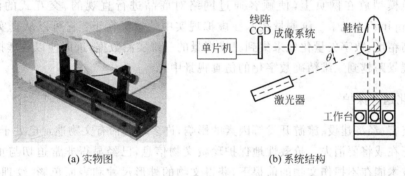

(a) 实物图　　　　　　　　　(b) 系统结构

图 5-18　鞋楦三维面形光电自动测量系统

快速制造系统是目前国际上机械行业的研究热点之一,其中一个重要环节就是逆向工程(reverse engineering,RE)。逆向工程技术是 20 世纪 80 年代后期出现在先进制造领域里的新技术,也称反求工程,反向工程。它是指在没有设计图纸或者设计图纸不完整以及没有 CAD 模型的情况下,对产品(或零件)的实物进行测量、数据处理,在此基础上构造产品(或零件)的 CAD 模型,并在此基础上进行再设计的过程。简言之,逆向工程就是根据零件(原型)生成图样,再制造产品,即从实物到数字模型,而这正是三维测量技术研究的内容。

图 5-19　鞋楦测量结果立体显示

图 5-20 是利用手持式三维测量仪对救火员头盔进行三维数字化扫描和重建的过程,再将数据输入 CAD 软件进行后期设计,得到头盔实物。

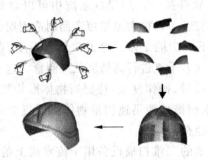

(a) 头盔的三维数据采集、配准和面形重建　　(b) 用CAD数据制造的头盔实物

图 5-20　利用逆向工程制作头盔

2. 虚拟现实

在仿真训练系统、虚拟现实、虚拟演播室系统中,需要大量的三维彩色模型,靠人工构造这些模型费时费力,且真实感差。同样 Internet 上的 VRML 技术如果没有足够的三维彩色模型,也只能是无米之炊,而三维彩色扫描技术可提供这些系统所需要的大量的、与现实世界完全一致的三维彩色模型数据。销售商可以利用三维彩色扫描仪和 VRML 技术,将商品的三维彩色模型放在网页上,使顾客通过网络对商品进行直观的、交互式的浏览,实现"home shopping"。光学三维测量技术在虚拟现实中的意义在于:它可以从真实世界中真实、直接、高精度、数字矢量化地采集到三维视景的三维实测数据,进而使以往虚拟现实技术中的模拟视景跨越到三维精确数字化的仿真视景中。

3. 文化遗产保护

自然灾害、经济建设、旅游开发等因素的影响,许多珍贵稀有文物遗址已处于濒危境地,有些甚至正在或将要消失。抢救性地保护珍贵文物信息,已经显得非常迫切与重要。三维彩色扫描技术能在不损伤文物的前提下,获得文物的外形尺寸和表面色彩、纹理,得到三维彩色拷贝。所记录的信息完整全面,而不是像照片那样仅仅是几个侧面的图像,且这些信息便于长期保存、复制、再现、传输、查阅和交流,使研究者能够在不直接接触文物的情况下,对其进行直观的研究,这些都是传统的照相等手段所无法比拟的。有了这些信息,也给文物复制带来了极大的便利。欧洲实施的 Archatour 项目,其主要目标是以三维数字技术改进考古、旅游领域中的多媒体系统,而三维扫描是其中的关键一环。英国自然历史博物馆利用三维扫描仪对文物进行扫描,将其立体彩色数字模型送到虚拟现实系统中,建立了虚拟博物馆,令参观者犹如进入了远古时代。美国采用激光三维扫描仪,将文艺复兴时期的著名雕塑家米开朗基罗的雕塑作品全部数字化,包括著名的大卫像,图 5-21 是经过渲染后的大卫头部三维重建像。

图 5-21　大卫头部三维重建像

4. 服装制作

传统的服装制作都是按照标准尺寸批量生产的。随着生活水平的提高，人们开始越来越多地追求个性化服装设计，量体裁衣。三维扫描仪可以快速地测得人体的外形尺寸，获得其立体彩色模型，把这些数据与服装 CAD 技术结合，可以在计算机中的数字化人体模型上，按每个人的具体尺寸进行服装设计，设计出最合适的服装，并可以直接在计算机上观看最终的着装效果。整个过程速度快、效果好。美国 Armstrong 实验室将 Cyberware 的三维扫描仪用于为高级战斗机飞行员设计服装。

5. 其他应用

由于三维扫描技术能快速测量人体的各个部分，包括牙齿、面颌部、肢体等的尺寸，因此对美容、矫形、修复、口腔医学、假肢制作都非常有用。在发达国家中，美容、整形外科、假肢制造、人类学、人体工程学研究等工作都开始应用三维扫描仪。在考古、刑侦等工作中，有时需要根据人或动物的骨骼来恢复其生前的形象，在这一工作中已大量引入计算机辅助完成，首先需要三维扫描仪将骨骼的坐标数据输入计算机，作为恢复工作的基础数据。另外，对于足印等痕迹、特征的快速测量和鉴别，三维扫描仪也是有力的辅助工具。

5.5 微观表面三维形貌测量技术概述

近年来，表面微观形貌的测量与分析越来越多地在很多工程和科学领域得到应用。因为物体表面的微观形貌不仅极大影响接触部分的机械及物理特性，如物体表面的磨损、磨擦、润滑、疲劳、焊接等，而且还影响非接触元件的光学及镀膜特性，如反射等。另外，生物器官、组织、细胞、地质化石、金相和非金相物质的表面形貌也同样引起生物学家、化学家、地质学家和冶金学家的兴趣。所以，物体微观表面形貌的测量与分析引起了工业界和学术界的极大兴趣。

前面介绍的宏观三维物体表面形状测量技术，其测量灵敏度在 0.1~0.01mm，能够满足大多数物体宏观表面形状测量的要求。然而对于微观物体三维(3D)表面形貌的测量，例如微电子器件表面、微型机械表面、微型光学表面、生物细胞表面等，其测量的灵敏度必须达到微米量级甚至纳米量级；此外电子、机械、生物、化学和医学领域的科学家不再满足于显微镜得到的物体表面两维(2D)形貌图像，希望能观察到被研究物体表面的三维微观结构。不断发展的光学测量技术为实现表面微观形貌的测量与分析提供了研究手段。

5.5.1 微观表面形貌测量技术的发展

微观表面测量可以追溯到三百年前第一台显微镜发明时期。通过显微镜可以观察到表面形貌，但无法得到表面的高度信息。光学镜面反射也是一个早期的表面测量技术，但它既不提供量化的表面形貌也不提供表面图像。以均方根(RMS)作为粗糙度测量参数的第一台探针轮廓仪发明后，表面测量有了很大的进步，20 世纪 30 年代出现了第一台透射电子显微镜和扫描电子显微镜,表面微观形貌的观察又迈进了一大步,但早期的透射电子显微镜和扫描电子显微镜的横向分辨率是几十纳米,至今,它们仍然属于非量化测量技术。

尽管诸如干涉显微镜和扫描透射电子显微镜得到很大的发展,三维表面形貌量化测量直到20世纪60年代仍不尽如人意,这一方面是由于缺少适当的测量方法,一方面是由于受数字计算机技术发展的限制。随后,由于相关测量技术的发展和数字计算机技术的发展,三维测量技术得到了快速发展。20世纪60年代末出现了最原始的三维探针测量系统,随后出现了三维表面形貌测量的光学焦点探测仪。另一种有发展前途的用于表面量化测量的光学仪是20世纪80年代发展起来的干涉仪。1981年扫描隧道显微镜的出现和1986年原子力显微镜的出现使三维精密测量有了突破性的进展。这两种仪器的横向分辨率和纵向分辨率都是纳米或者亚纳米级,所以它们能探测到原子或分子范围内的形貌特征。扫描隧道显微镜和原子力显微镜都是量化测量仪器,可以用于导体和绝缘体材料的微观形貌测量。

5.5.2 表面形貌二维评定参数

为了便于对表面形貌测量有一定了解,这里简单介绍评定微观表面的一些二维几何参数。

1. 主要术语及定义

(1) 取样长度 l

用于判别和测量表面粗糙度时所规定的一段基准长度。在取样长度内,一般应包含五个以上轮廓峰谷。一般表面越粗糙,取样长度就越大。

(2) 评定长度 l_n

由于加工表面有着不同程度的不均匀性,为了充分合理地反映某一表面的粗糙度特性,规定在评定时所必需的一段表面长度,它包括一个或 n 个取样长度,称为评定长度 l_n,如图5-22所示。

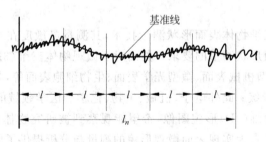

图 5-22 取样长度和评定长度

(3) 轮廓中线 m

轮廓中线 m 是指评定表面粗糙度数值的基准线,有以下几种。

轮廓的最小二乘中线。如图5-23(a)所示,在取样长度内,使轮廓线上各点的轮廓偏距 y_i 的平方和为最小的线,即 $\int_0^l y^2 dx$ 为最小。

轮廓的算术平均中线。如图5-23(b)所示,在取样长度内划分实际轮廓为上下两部分

且使上下面积相等的线,即

$$F_1 + F_3 + \cdots + F_{2n-1} = F_2 + F_4 + \cdots + F_{2n} \tag{5-34}$$

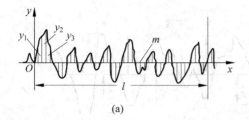
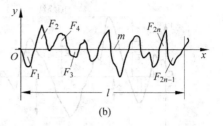

图 5-23 轮廓中线

2. 评定参数及数值

评定表面粗糙度时,通常从高度方向和水平方向来规定适当的参数,常见的两维评定参数有以下几种。

(1) 轮廓算术平均偏差 R_a

如图 5-24 所示,在取样长度 l 内,轮廓偏距绝对值的算术平均值,用公式表示为

$$R_a = \frac{1}{l} \int_0^l |y(x)| \, dx \tag{5-35}$$

或近似为

$$R_a = \frac{1}{n} \sum_{i=1}^n |y_i| \tag{5-36}$$

图 5-24 轮廓算术平均偏差

(2) 微观不平度十点高度 R_z

如图 5-25 所示,在取样长度内,5 个最大的轮廓峰高的平均值与 5 个最大的轮廓谷深的平均值之和,用公式表示为

$$R_z = \frac{1}{5}\left(\sum_{i=1}^5 y_{pi} + \sum_{i=1}^5 y_{vi}\right) \tag{5-37}$$

(3) 轮廓最大高度 R_y

如图 5-25 所示,在取样长度内,轮廓峰顶线和轮廓谷底线之间的距离。

$$R_y = y_{pmax} + y_{vmax} \tag{5-38}$$

(4) 轮廓微观不平度的平均间距 S_m

如图 5-26 所示,含有一个轮廓峰和相邻轮廓谷的一段中线长度 S_{mi},称为微观不平度间距。在取样长度内微观不平度间距的平均值,就是轮廓微观不平度的平均间距,即

$$S_m = \frac{1}{n}\sum_{i=1}^{n} S_{mi} \tag{5-39}$$

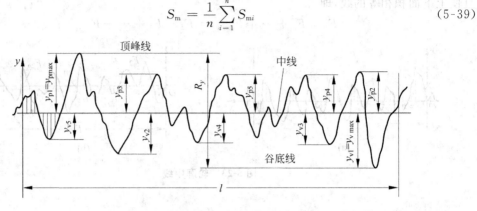

图 5-25 微观不平度十点高度和最大高度

（5）轮廓单峰平均间距 S

如图 5-26 所示，两相邻轮廓单峰的最高点在中线上的投影长度 S_i 称为轮廓单峰间距，在取样长度内，轮廓单峰间距的平均值，就是轮廓单峰平均间距，即

$$S = \frac{1}{n}\sum_{i=1}^{n} S_i \tag{5-40}$$

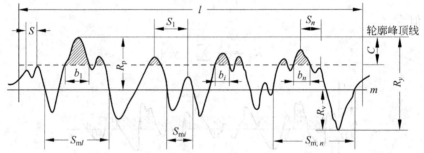

图 5-26 轮廓单峰平均间距和支撑长度率

（6）轮廓支撑长度率 t_p

如图 5-26 所示，一根平行于中线且与轮廓峰顶线相距为 C 的线与轮廓相截所得到的各段截线 b_i 之和，称为轮廓支撑长度 η_p，即

$$\eta_p = \sum_{i=1}^{n} b_i \tag{5-41}$$

轮廓支撑长度 η_p 与取样长度 l 之比，就是轮廓支撑长度率。

$$t_p = \frac{\eta_p}{l} \times 100\% \tag{5-42}$$

t_p 值是对应于不同水平截面 C 而给出的。水平截面 C 可用微米或与 R_y 的百分比表示。

5.5.3 微观表面三维形貌测量的特点

二维轮廓测量具有测量时间短、成本低等优点，在表面形貌测量与评定中起着重要的作用，然而由于三维测量能提供表面形貌的全部信息，引起了学术界和工业界的广泛兴趣。

与二维形貌测量相比,三维测量与分析主要有以下特点:

(1) 本质上物体表面形貌是三维的,三维表面形貌测量能提供表面形貌的本质特征。图 5-27(a)提供的二维测量只知被测表面存在两个深谷,但无法判断这两个深谷是由坑还是由槽引起的。图 5-27(b)所示三维表面形貌测量结果却能清楚地显示表面的坑和槽,其尺寸和形状都可以计算出来。

(2) 三维测量得到的参数比二维测量得到的参数更真实。一些由二维轮廓特征提供的极限参数(例如 R_y,R_z),由于只通过被测表面的一个竖直截面得到的,这个竖直截面可能没有通过被测表面的最高点或最低点,所以得到这些极限参数只能是真实值的近似值。由于三维表面形貌测量能找到真正的峰和谷,测量的极限参数就更接近真实值。

(3) 三维形貌测量可以提供一些二维形貌测量无法提供的参数。例如,容油体积、容屑体积以及接触面积。这些参数有利于帮助工程师分析工程表面的实用特性。

(4) 从统计观点来说,得到独立的样品数据越多,随机过程的整体特性的评价越好。三维表面形貌的统计分析由于它的大量独立的测量数据而更可靠、更具代表性。

三维表面形貌测量也存在一些缺点,主要是测量仪器本身的成本较高,测量时间较长。

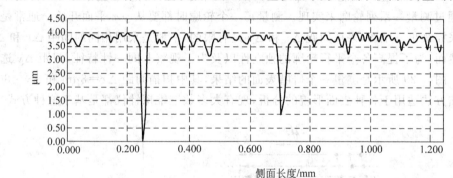

(a) 三维侧面剖图

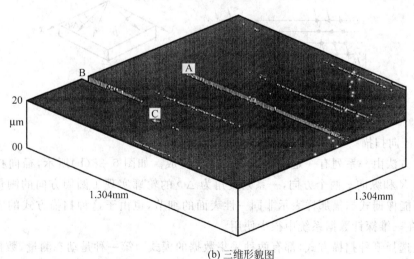

(b) 三维形貌图

图 5-27　二维和三维表面形貌测量图

5.6 微观表面三维形貌的机械式探针测量技术

在探针式测量仪发明了三十年以后出现了第一台计算机控制的三维探针式测量系统，随后大量的三维探针系统不断在工业中得到应用。

1. 测量原理

二维探针式轮廓测量机理是一个尺寸很小的探针沿着一个方向（例如 x 方向）扫描被测表面，线性变换系统与探针相连，把探针垂直方向（z 方向）的位移转换成一个电信号。电信号被电路系统放大和处理后得到测量结果。为了实现三维测量，在测量中还需要增加一个方向。通常，有两个方法来实现第三个方向的运动。

（1）栅式扫描

这种方法是扫描一系列相互平行的间距很小的轮廓来实现第三个方向的测量。如图 5-28(a)所示，测量二维轮廓时实现了 x 和 z 两个方向的测量，垂直于 x-z 平面的第三个方向 y 通过测量一系列轮廓来实现。测量每一个轮廓时都要从 y-z 平面开始。通常是用离散数字采样画出三维图，采样间距 Δx 和 Δy 是有限的，一般是采用相同的间距 Δx 和 Δy 值采样。然而，为了提高各个平行轮廓的独立性以及为了观察非同一性特征，间距 Δy 选择更大一些。图 5-29 所示是测量一个研磨表面的结果，其中扫描间距 $\Delta x = 8\mu m$ 和 $\Delta y = 80\mu m$。栅式扫描方法适用于各种表面形貌的分析，现有大多数三维探针仪都是基于这种方式。

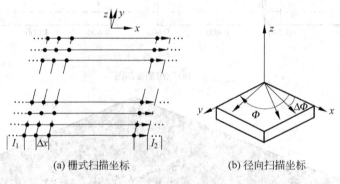

(a) 栅式扫描坐标　　　　(b) 径向扫描坐标

图 5-28　两种扫描方式

（2）径向扫描

这种方法由一系列有一定径向夹角的轮廓组成。如图 5-28(b)所示，径向扫描实现了半径方向 R 和纵向 z 两个方向的测量，一系列夹角为 $\Delta \Phi$ 的轮廓实现了圆周方向的测量。由于这种方法不能像栅式扫描那样表示非同一性表面的细节，也由于这种扫描方式的实现比较困难，所以在三维探针数据系统中很少使用。

无论选择哪种扫描方式，都有两种采集数据的模式。第一种是动态测量，数据采集与探针扫描同时进行，这种方式减少了数据采集时间，采集数据的速度是影响数据位置精度的重要因素；第二种模式是静态测量，这种情况下，探针每横向扫过 Δx 停下来一次，系统采集一

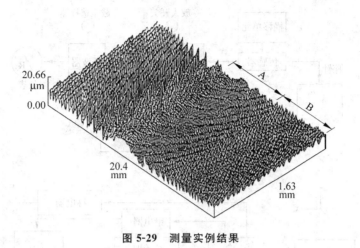

图 5-29 测量实例结果

次数据。由于需要停下来采集数据,这种扫描数据比起动态式测量方式慢得多。但是,采得的数据要可靠得多,而且不受扫描速度和探针的动态特性的影响。

2. 测量系统

图 5-30 所示是一个传统的二维模拟系统和两个数字三维测量系统。三维测量系统比二维测量系统多用一个平台。三维测量系统中的计算机是控制测量过程中各个方面的管理中心。平台的操作命令通过一系列串行和并行的接口传输给电机驱动单元。由图 5-30(b)和(c)可知,两个三维系统的结构不同在于 x 方向的平移模式。图 5-30(b)是用齿轮减速箱实现 x 方向平移的,图 5-30(c)使用平台实现 x 方向平移。齿轮减速箱和平台都是由步进电机、直流电机或线性电机驱动。机理的不同得到不同的测量数据。图 5-30(b)系统中,测量数据是将输出值参考位于采集单元下面的平晶和 y 向平台得到,图 5-30(c)是综合 x 和 y 向平台运动得到。x 和 y 向平台的运动误差导致测量数据产生误差。

当探针扫描表面时,采集单元将探针的机械运动转换成一个模拟信号,通过放大和一个模拟滤波器。对于二维轮廓测量,所用滤波器是一个高通滤波器,其截止长度由国际标准确定。然而,在三维表面形貌测量中,为了保持全部测量轨迹中的相同的数据,该滤波器应该是一个全通滤波器或者不用滤波器,这样真实的轮廓就可以得到了。将模拟信号通过 A/D 转换后可以采用数值化的滤波器对其滤波。

三维测量的一个重要特征是每次扫描都必须从 y-z 平面开始。也就是说,每个平行轨迹都必须从同一点开始扫描来得到被测区域的形貌。更进一步,对于探针和 x 平台的每一个运动 Δx,数据采集必须动态特性好。这样,就有如下几种数据采集方式:

(1) 开环位置触发。这种方式主要用于静态测量,数据采集的位置由送往步进电机的脉冲数决定。

(2) 开环定时触发。如图 5-30(b)所示,一个传感器用来产生开始触发脉冲,A/D 采集卡里的时间间隔定时器产生一个定时脉冲触发采集数据。这种方式对于各个平行轮廓有很好的数据采集开始点,适合于动态测量。然而,测量速度的不一致性和时间间隔定时器的精度将影响每次扫描的位置精度。

(3) 闭环位置触发。如图 5-30(c)所示,光学标尺用于测量平台的位置以及产生触发信

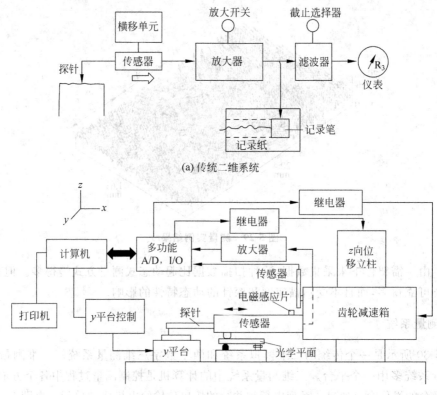

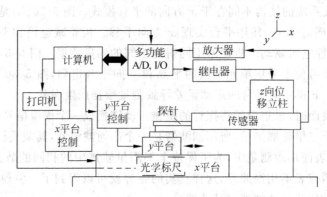

(c) 两个移动平台构成的三维系统

图 5-30 探针式表面形貌测量系统示意图

号。在这种情况下,数据采集的位置精度既不受测量速度稳定性的影响也不受定时器精度的影响,理论上可以得到精确的数据采集位置,非常适合于动态测量。

5.7 微观表面三维形貌的光学式探针测量技术

由于对于表面形貌测量的快速、非接触的需要以及现代光电和数字计算机技术的出现,出现了基于各种光学原理的微观表面形貌测量仪。其中基于焦点探测和干涉探测原理的测量仪器最具有代表性,这两种类型的表面形貌测量仪器被广泛应用在机械、制造、电子、光学、地质、化学以及生物等领域中。下面介绍这两类仪器的测量原理与方法。

5.7.1 焦点探测方法

焦点探测就是通过保持光学系统的焦点始终位于被测表面上的原理来测量表面轮廓。20世纪60年代出现了用焦点探测技术测量二维轮廓,80年代就出现了焦点探测技术测量三维形貌。现在焦点探测仪器在工程应用和科学研究上得到越来越多的应用,例如,共焦激光扫描显微镜(CLSM)在观察细胞和组织的形貌上得到普遍应用,使之成为一种生物与医学领域内一种重要检测仪器。

测量表面形貌的焦点探测原理如图5-31所示,光源发出的光由二向色性镜反射,经物镜聚焦在平面B上形成尺寸很小($1\mu m$)的光斑,即为光学探针。光斑扫描被测表面可实现三维测量。如果在扫描过程中通过纵向调节物镜或标本,始终使焦点保持在被测表面上,那么被测表面形貌的纵向尺寸信息决定于物镜或标本的位移。焦点探测技术的关键问题是尽量灵敏和方便地探测焦点。主要有以下几种焦点探测方法与技术。

1. 强度式探测方法

强度式焦点探测方法就是检测反射回来的最大光强,即,如果成像在被测表面上的光点是焦点,那么反射回来的光强为最大。一种强度式焦点探测系统如图5-32所示,准直激光光束通过一个分光镜被物镜L_1聚焦在被测表面上。被物体反射回来的光再次通过L_1被分光镜BS转向到物镜L_2上。位于物镜L_2焦平面上的探测器探测反射回来的光,并把它转换成模拟信号。当光点扫描被测表面时,被测点的高度发生变化,探测器的输出也将发生变化,将其输出送入控制单元,构成反馈信号,驱动线性电机或压电陶瓷驱动器来保持物镜L_1与被测物的相对位置,即保持成像光束的焦点始终位于被测表面上,由位置控制器得到的物镜的位置变化信息就是被测表面的高度信息。

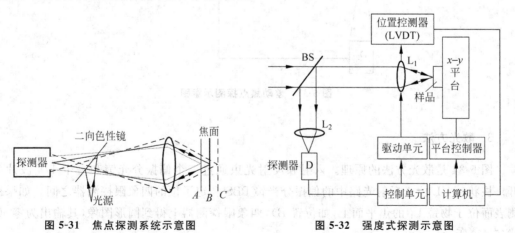

图 5-31　焦点探测系统示意图　　　　图 5-32　强度式探测示意图

2. 差动探测方法

图5-33是差动焦点方法的测量原理。与强度式焦点方法的区别在于:在物镜L_2后面

插入了分光镜 BS_2,使用了两个相同的空间滤波器 F_1 和 F_2 和两个相同的探测器 D_1 和 D_2,以及使用了一个差分放大器 DA。如果光斑的焦点正好在被测表面上,L_2 的两个焦平面位于 f_1 和 f_2。F_1 和 F_2 用来匹配光强分布,F_1 位于焦平面 f_1 的前方 L 的位置,F_2 位于焦平面 f_2 后方 L 的位置。如果聚焦的光斑在被测表面,因为 F_1 和 F_2 相对于物镜 L_2 的焦平面有相同的相对位置,此时,探测器 D_1 和 D_2 探测到相同的反射光强,此时差分放大器 DA 的输出为零;当被测面高度变化时,它将导致焦平面 f_1 和 f_2 有效地移动,焦平面接近一个空间滤波器,同时远离另一个空间滤波器,结果是一个探测器探测到的能量增加,另一个探测器探测到的能量下降相同的幅度。这样,差分放大器 DA 将给出被测表面的高度的变化,DA 的输出同时用来控制物镜 L_1 的位置。

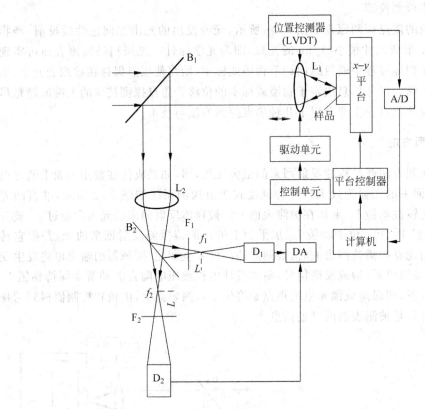

图 5-33　差动焦点探测示意图

3. 散光方法

图 5-34 是散光方法的原理。入射和反射光束通过一个偏振分光镜和一个 1/4 波片分开。柱状镜 CL 位于反射光路中的偏振分光镜 PBS 和定了位的四象限探测器之间。如果被测表面位于物镜 L_1 的焦平面上(如位置 B),四象限探测器上得到圆形图像,其输出为零,如式(5-43)所示

$$E = \frac{(a+d)-(b+c)}{(a+d)-(c+d)} \tag{5-43}$$

式中，E 是焦点误差；量值 $a\sim d$ 是四象限探测器的四个象限探测到的光强。如果被测表面偏离焦平面，将在四象限探测器上形成椭圆形的像。当被测表面远离物镜时（如位置 C）或者当被测表面靠近物镜时（如位置 A），均将在探测器上形成椭圆形的像，但椭圆方向发生了偏转，由此可以得到焦点误差。

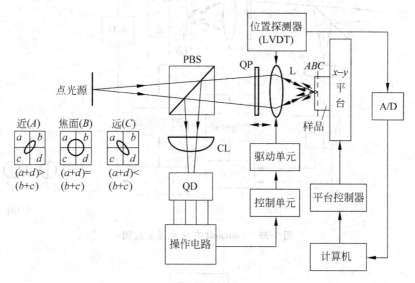

图 5-34　散光方法及原理示意图

4. Foucault 方法

如图 5-35 所示的 Foucault 方法，刀片 KB 插入到从窄缝 NS 入射的光路中，靠着物镜 L_2 放置。在刀片的帮助下，在物镜 L_2 上形成圆形像。在三种不同的情况下，像有三种不同的呈现：（1）如果被测表面在焦平面上（位置 B），得到一个规范的像，如图 5-35(b)；（2）当被测表面偏离焦平面，例如靠近物镜 L_1（位置 A），刀片将插入部分光束中，将得到不规范的像，如图 5-35(b)所示，像的一边变得较暗，另一边变得较亮。两部分的分界线变得模糊，分界线平行于刀片边缘；（3）当被测表面远离物镜 L_1（位置 C），透镜 L_2 的亮暗部分与（2）对换。因为 L_2 把物镜 L_1 的像成像在平面 I 上，探测器 D_1 和 D_2 置于像平面 I 上，将探测到像的两半的变化，输出离焦信号。

5. 斜光束方法

这种方法用了位于物点 A 所在平面的两个集成在一起的狭缝探测器 D_1 和 D_2，如图 5-36 所示。从狭缝探测器来的辅助窄光束 b_1 离轴经过物镜 L，回来的光束由探测器 D_1 和 D_2 探测。当被测表面相对于物镜做轴向运动时，表面高度发生变化并导致离焦 Δz。D_1 和 D_2 探测到的光信号不平衡，差值与离焦量成线性关系。

6. 共焦方法

这种方法是通过保持在焦点上使光强尽量地强来消除偏离焦平面时散射、反射和荧光。可以通过插入两个针孔 P_1 和 P_2，并使这两个针孔的像位于被测表面的焦平面上，如图 5-37

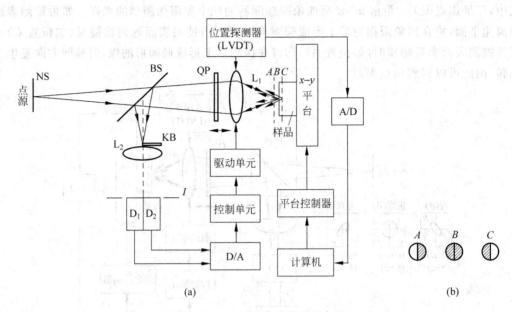

图 5-35 Foucault 方法原理示意图

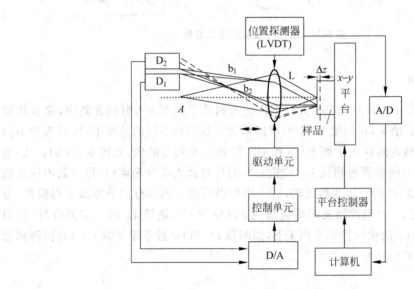

图 5-36 斜光束方法原理示意图

所示。当被测表面位于焦平面上,反射光聚焦在针孔 P_2 时,反射光斑可以小至 $0.2\mu m$,探测器 D 探测到一个强的信号。另一方面,当被测表面偏离焦平面时,在针孔 P_2 上形成离焦光斑,由于从离焦表面来的散射、反射或者荧光被针孔 P_2 阻挡,探测到的光强极大地减小了。这里共焦是指发光针孔的像和反射投影的探测针孔的像有共同的焦点,此焦点在被测表面上。由于在焦深范围内可得到强信号的能力,这种方法最适合测量标本表面形貌。由此原理构成的共焦扫描激光显微镜在生命学科中得到了广泛应用。

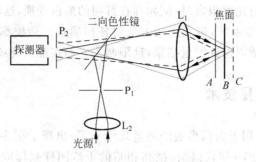

图 5-37 共焦探测系统示意图

7. 焦点测量方法的特点

在这些焦点探测方法中，被测表面高度可以直接通过探测光强决定，即探测与被测表面的离焦量有关的离焦信号，并用这个离焦信号来驱动一个纵向驱动元件把被测表面复位到焦平面，表面高度信息通过焦点反馈控制系统测量出来。

对于焦点测量方法的扫描机理，横向和纵向扫描可以通过移动被测物（工作台扫描）或移动光束（光束扫描）实现。前者可以得到大的扫描面积，后者可以得到高的扫描频率。工程上用的很多仪器，横向扫描采用工作台来实现，而纵向扫描通过移动物镜来实现。可以用线性、步进或直流电机或压电陶瓷来移动物镜。电机式驱动方式适合于各种形式的粗糙度的测量，而压电陶瓷的驱动方式适合于精细表面的粗糙度的快速扫描测量。焦点探测方法的横向分辨率与光斑尺寸和扫描元件的分辨率有关，纵向分辨率决定于所采用的特定的焦点测量方法。表 5-1 是各种焦点探测方法的小结。

表 5-1 各种焦点探测方法比较

	垂直分辨率/μm	横向分辨率/μm	垂直范围/μm
强度式	0.1	0.5	50
差动法	0.002	<2	>1000
临界角	0.0002	0.65	3
散光法	0.002		4
Foucault 法	0.01	<1	60
斜光束法	≪0.1	2	>20
共焦法	0.1	0.1	380

可知所有方法的横向分辨率都限制在 $0.1 \sim 2\mu m$，差动、临界角等方法有纳米或亚纳米的纵向测量分辨率。由于测量系统中引入了反馈控制，这类光学系统的测量量程不再受入射波长的限制，其测量量程可达几毫米，与传统的探针式测量仪相当。

尽管焦点探测方法具有很多优点，在也存在一些不足之处，表现在：

（1）焦点式探测仪对表面倾斜很敏感，如果表面倾斜超出了临界角，反射光将偏离物镜；被测表面越倾斜，聚焦就越困难。

（2）被测表面的反射率是影响测量值的一个关键因数。如果被测表面对入射光的反射率小于 4%，聚焦将变得不可能。对于低反射率的被测表面，测量对表面的倾斜更敏感。此外,当被测表面的光学对比度很高时,例如存在鲜明的黑白变换,这将引起测量误差。

(3) 相对于其他光学系统,焦点探测方法对任何形式的杂质都有反应。被测表面必须保持洁净、无水和无油质以保证测量结果,这限制了它们在加工现场的使用。

5.7.2 干涉测量技术

光学干涉测量已经用于表面形貌的测量几十年了,出现了很多基于双光束和多光束的干涉测量仪器。20 世纪 70 年代以前,把亮和暗的干涉图样翻译成被测表面的形貌非常困难,这个技术主要应用在定性分析表面形貌上。由于现代计算机、光电和计算机图形技术的发展,光学干涉已经变成一种最常用的二维和三维表面形貌测量技术。

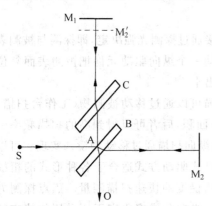

图 5-38 迈克尔逊干涉仪测量表面形貌原理

图 5-38 是一种典型的迈克尔逊干涉仪。在此干涉仪中,从光源 S 发出的波前被分光镜 B 分成幅值近似相等的两束干涉光,这两束光分别被一个光滑的平面镜 M_1,以及被测表面 M_2 反射,回到 B 并会合,出现在 O 点。被测表面的变化改变了第二束光的路程,两束光的相位关系包含了被测表面形貌的详细信息。

几乎所有的商业化三维微观表面形貌干涉测量仪是由一个干涉仪、一个显微镜和一个计算机组合而成,迈克尔逊、菲索、Mirau、Linnik 以及 Nomarski 等干涉仪都可以用来建立三维微观表面形貌测量仪。根据形貌形成机理,这些干涉仪可以分为两大类:

(1) 迈克尔逊、菲索、Mirau 以及 Linnik 等干涉仪,直接测量被测表面的高度。

(2) Nomarski 等干涉仪,则测量表面的倾斜。

第一类干涉仪对机械振动、空气旋流和温度变化非常敏感。后一类干涉仪具有对表面高度的变化非常敏感,而对环境振动不敏感的优点,但因为表面高度是通过集成多个斜面而得,会导致数字累计误差。

近年来,相移、外差、共路偏振、差分干涉以及扫描差分干涉已经成功地应用到微观表面形貌干涉测量中。

1. 相移干涉测量方法

相移干涉技术测量表面形貌与第 2.2.3 节介绍的移相干涉仪的原理类似,表面高度是由从被测表面和参考表面反射回来的波前干涉图的对应点 (x,y) 的相位差决定。当从干涉场中获得相位 $\phi(x,y)$,对应点的高度就可以由以下方程得到

$$h(x,y) = \frac{\lambda}{4\pi}\phi(x,y) \tag{5-44}$$

显然,相移干涉技术的关键是决定相位 $\phi(x,y)$,可以通过三到四幅干涉图样得到,每一幅干涉图都与被测表面或参考表面沿轴向的微小移动有关。这种情况下,每幅干涉图在位置 (x,y) 的强度是初始相位 $\phi(x,y)$ 和相移 $\alpha_i(i=1,2,\cdots,n)$ 的函数。即

$$I_i(x,y) = A + B\cos[\phi(x,y)+\alpha_i] \quad (i=1,2,\cdots,n) \tag{5-45}$$

$B\cos[\phi(x,y)+\alpha_i]$ 代表了相干相,如果相移 α_i 是以 $i(2\pi/n)$ 的增量增加,那么可以得到如下关系

$$\tan\phi(x,y) = -\frac{\sum_{i=1}^{i=n}I_i(x,y)\sin[2\pi(i-1)/n]}{\sum_{i=1}^{i=n}I_i(x,y)\cos[2\pi(i-1)/n]} \tag{5-46}$$

为了实现相移,需要用一个驱动元件移动参考平面或被测表面。图 5-39 是这类干涉系统的一个原理图。干涉仪位于仪器的底部,参考平面固定在压电陶瓷(PZT)上,移相通过来自计算机的 D/A 转换的电压驱动 PZT 实现,PZT 产生力驱动参考平面移动一个位移,得到一个相移。

为了减小移相时产生的振动影响,采用整体移动参考平面的方式。相位 α_i 被调制成 $\alpha(t)$,它按照一种恒定速率变化。干涉仪上方的光学显微物镜,放大了干涉仪产生的干涉图样,放大了的干涉图样由面型传感器探测。当采集到三幅或更多的干涉图时,可以通过计算机计算得到表面三维图样。

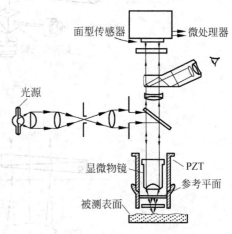

图 5-39 相移干涉系统原理图

相移型干涉仪的横向分辨率和量程与物镜的放大倍数和像元的空间距离有关。一般像元空间距离 $25\mu m$,如果物镜的放大倍数是 10 倍,那么横向分辨率是 $2.5\mu m$,被测表面的面积为 $2.5(m-1)\mu m \times 2.5(n-1)\mu m$(其中 m 和 n 是面阵探测器的两维像元个数)。

2. 扫描差分干涉测量方法

差分干涉仪通常用于表面形貌的质量评定。用差分干涉仪可以很容易地看到划伤、尘粒、指纹、细微结构以及具有中等到高等反射率表面的机械痕迹。

扫描差分干涉仪是基于聚焦于被测表面的相邻两束光的相位差与表面的高度差有关这一事实,而且相位差与高度差成正比,其原理如图 5-40 所示。该系统包括两个部分,一部分是照明和相位探测,这部分位于图 5-40(a)的左半部分,主要包括激光头、非偏振分光镜,偏振分光镜和两个探测器;另一部分是干涉仪,位于图的右半部分,置于调节架上。这部分主要元件包括:Nomarski 棱镜或可调谐渥拉斯顿棱镜、物镜以及置于五角棱镜状态的两个反射镜,其中 Nomarski 棱镜由两个形状相似的双折射材料的楔形块组成。准直激光束经过反射镜反射到 Nomarski 棱镜上,该棱镜把入射光分成两束偏振态垂直的两束光,如图 5-40(b)所示。这两束偏振光被聚焦在被测表面上,焦点直径约 $1\sim 1.6\mu m$,两焦点分离约为光斑直径的 1/4。这两束从被测表面反射回来的光在 Nomarski 棱镜会合,并且在通过非偏振分光镜以前一直保持各自的偏振状态。共线的偏振光束最后由偏振分光镜分开,并且由各自的探测器探测。两个探测器探测到的信号相位之差与被测表面的高度差或被测表面的倾斜成正比。移动调节架,可使偏振光的焦点扫描被测表面,得到扫描方向的一系列数据,通过数

据处理得到表面轮廓。三维表面形貌则可以通过增加一个扫描方向与前次扫描方向垂直的扫描得到。

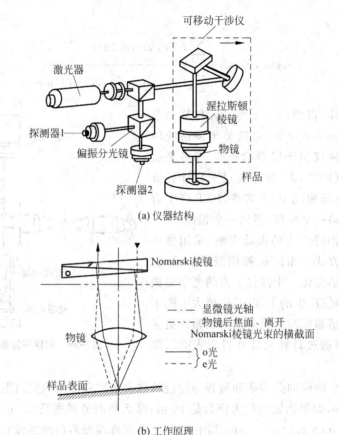

图 5-40　扫描差分干涉仪

与其他表面形貌测量仪相比,这种干涉仪主要优点在于可以得到 0.01nm 的纵向测量分辨率,可用来测量很精细的表面,例如,光学透镜、激光陀螺镜、软盘、磁头等等,但它们的纵向量程受入射光波的波长限制。虽然有一些扩大量程的措施,商业化的仪器的量程仍然限制在几十微米以内。此外,被测表面的光学特性不一致会产生测量误差;对于不同反射率的表面需要不同反射率的参考平面与之对应以提高干涉条纹的对比度,减少测量误差。

5.7.3　微观表面三维形貌测量仪器的测量分辨率和量程

测量分辨率和量程以及量程与分辨率的比值是三维测量仪器中非常重要的参数。前两个参数决定分辨最小量的能力和它的应用范围。第三个参数表示完成组合测量的能力,量程和分辨率的比值越大,在一次测量中对几个参数的组合测量的能力就越强。

常用微观表面形貌测量各种方法的特点如图 5-41 所示。图中的两个坐标轴分别代表横向和纵向分辨率(靠近坐标轴原点)和量程(远离坐标轴原点)。图中的每一块代表该类方法的工作范围。从工作范围中的任意一点 P 作水平和竖直两条相互垂直的线,与底部和左部相交于 P_b 和 P_l,这两点分别表示这一工作点的测量分辨率,与顶部和右端的交点 P_t 和 P_r 分别表示这一点的测量量程。每一条线段的长度分别代表对应方向的量程与分辨率的比值,线段越长,比值越大。

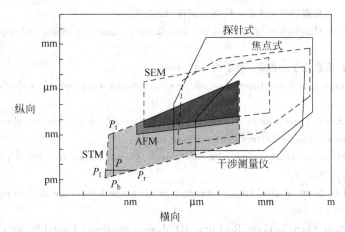

图 5-41 常用微观表面形貌测量方法的分辨率与量程

从图中可见,STM/AFM 测量系统在两个方向都有最高的分辨率,但其测量量程很小,说明 STM/AFM 适合于测量原子或纳米量级的物质和生物表面。

机械式探针测量在纵向方向有亚纳米级的最高分辨率和大的量程,它最适合测量微米或亚微米级的工程表面。在水平方向大的测量量程与分辨率的比值使得机械式探针测量能够得到包括粗糙度、波度、形貌以及其他由于制造过程中引起的表面形貌的其他特性。

焦点式探测方法在纵向和横向方向比探针式测量的分辨率低,然而它在纵向方向有较大的测量量程,使得它适合于探针测量仪所能测量的表面。

干涉测量仪在纵向方向有最高的测量分辨率(达亚纳米级),但是在横向方向的测量分辨率不能与这个数据相比,甚至不如机械式探针测量的分辨率;纵向测量量程受入射光波波长的限制,这使得它适合于测量精细表面。

SEM 的分辨率与干涉式测量相反,它的横向分辨率最高可达几纳米,纵向分辨率则较低,纵向测量量程也很小,所以 SEM 更适合于得到表面形貌而不是三维的数字信息。

一般来说,每一个技术和仪器都有它自己的适用范围。机械式探针测量最适合用于工程表面的测量,在制造、金属加工、磨损、磨擦以及润滑研究中应用最为广泛。基于焦点式探测方法和反馈控制机理可以提供大的测量范围和高的测量分辨率,除了一些边界条件,焦点式探测仪与传统的机械式探针测量有相似的特性,可以用在机械式探针测量可以用的场合。由于是非接触测量,它尤其适用于被测表面易被破坏或探针本身易被破坏的场合,如测量软表面,镀有软金属膜的表面等。共焦方法是最适合构建扫描显微镜的方法,这对于生物学家和生物药学家很有益,这可以帮助他们理解单个器官、组织的结构,以及这些结构的相互关系和联系,所以在生命科学等领域非常有用。

本章参考文献

1. 金国藩,李景镇. 激光测量学. 北京:科学出版社,1998
2. Bernd Jähne,Horst Haußecker. Peter Geißler. Handbook of computer vision and applications. Acdemic Press,1999
3. 苏显渝. 李继陶. 信息光学. 北京:科学出版社,1999
4. Frank Chen. Overview of three-dimensional shape measurement using optical methods. Opt. Eng. 39(1),2000:10-22
5. Y. Tanaka, N. Sako, T. Kurokawa, et al. , Profilometry based on two-photon absorption in a silicon avalanche photodiode. Optics Letters,28(6),2003:402-404
6. J. F. Cardenas-Garcia. 3D Reconstruction of Objects Using Stereo Imaging. Optics and Lasers in Engineering,22,1995:193
7. G. H. Notni and G. Notni. Digital fringe projection in 3D shape measurement—An error analysis. Proc. SPIE,5144,2003:372-380
8. G. Frankowsi,M. M. Chen,T. Huth. Real-time 3D Measurement with Digital Stripe Projection by Texas Instruments Micromirror Devices DMD. Proc. SPIE,3958,2000:90-105
9. W. Tai,R. Schwarte,and H. Heinol. Simulation of the optical transmission in 3-D imaging systems based on the principle of time-of-flight. Proc. SPIE,4093,2000:407-414
10. J. S. Massa,G. S. Buller,A. C. Walker,S. Cova,M. Umasuthan,and A. Wallace. Time of flight optical ranging system based on time correlated single photon counting. Appl. Opt. 37(31),1998:7298-7304
11. H. Takasaki. Moire topography. Appl. Opt. 9,1970:1467-1472
12. V. Srinivasan,H. C. Liu,M. Halioua. Automated phase-measureing profilometry of 3-d object shape. Appl. Opt. ,23(18),1984:3105-3108
13. M. Takeda,K. Mutoh. Fourier transform profilometry for the automatic measurement 3-D object shapes. Appl. Opt. ,22(24),1983:3977-3982
14. Jian Li,Xian-Yu Su,Lu-Rong Guo. An improved Fourier transform profilometry for automatic measurement of 3-D object shapes. Opt. Eng. ,29(2),1990:40
15. Xianyu Su,Likun Su. New 3D profilometry based on modulation measurement. Proc. SPIE,3558,1998:1-7
16. Xian-yu Su,G. Von Bally,D. Vukicevic. Phase-stepping grating profilometry:utilization of intensity modulation analysis in complex objects evaluation. Opt. Com. ,98(1-3),1993:141-150
17. K. J. Stout. Three-Dimensional Surface Topography:Measurement,Interpretation and Applications. Penton Press,1994

第6章 激光测速与测距技术

本章首先介绍了多普勒效应,给出了不同情况下的多普勒频移公式。在此基础上,分别讲述了多普勒测速的技术特点、基本原理以及多普勒测量技术,最后介绍了激光测距的测量原理。

6.1 多普勒效应与多普勒频移

多普勒效应是自然界普遍存在的一种效应,由奥地利科学家多普勒(Doppler)于1842年最先发现。当观察者向着声源运动时,他所接收到的声波会较他在静止不动的情况下来得频繁,因此听到的是较高的音调;相反,如果观察者背着声源运动,听到的音调就降低。任何形式的波传播,由于波源、接收器、传播介质、中间反射器或散射体的运动,会使频率发生变化,这种频率变化称作多普勒频移。1964年Yeh和Commins首次观察了水流中粒子的散射光频移,并证实了可利用激光多普勒频移技术来确定流动速度。

如果波源和接收器相对于介质都是静止的,则波的频率和波源的频率相同,接收器接收到的频率和波的频率相同,也和波源的频率相同。如果波源或接收器或两者相对于介质运动,则发现接收器接收到的波的频率和波源的频率不同。这种接收器接收到的频率有赖于波源或观察者运动的现象,称为多普勒效应。下面分几种情况讨论。

1. 观察者运动,波源静止的情形

如图6-1,S是波源,波的速度为u,波长为λ,观察者在O点以速度V在移动,如果O离开S与其波长相比足够远,可把靠近O点的波看作平面波。

单位时间内O朝着S方向运动的距离为$V\cos\theta$,θ是速度向量和波运动方向之间的夹角。因此单位时间内比起O点为静止时多拦截了$V\cos\theta/\lambda$个波,那么对于移动观察者感受到的频率增加为$\Delta\nu = \dfrac{V\cos\theta}{\lambda}$。由于$u = \nu\lambda$,$\nu$是$S$发射的频率,即由静止观察者测量的频率,频率的相对变化为

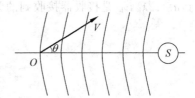

图 6-1 移动观察者感受到的多普勒频移

$$\frac{\Delta\nu}{\nu} = \frac{V\cos\theta}{u} \tag{6-1}$$

这就是基本的多普勒频移方程。考虑特殊的情况,设波源发出的波以速度 u 传播,同时观察者或接收器以速度 V 向着静止的波源运动,速度方向和 OS 连线的夹角为零,则由式(6-1)的推导容易得到

$$\nu_R = \frac{u+V}{u}\nu_s \tag{6-2}$$

式中,ν_R 为接收到的频率;ν_s 为波源频率。即此时接收到的频率高于波源频率。当接收器离开波源运动时,通过类似的分析,可以求得接收器接收到的频率为

$$\nu_R = \frac{u-V}{u}\nu_s \tag{6-3}$$

此时接收到的频率低于波源频率。

2. 观察者静止,波源移动的情形

这种情况下最简单的多普勒频移可由图 6-2 得到。研究时刻 t 相继两个波前上的一小部分 $\widehat{M_1N_1}$ 和 $\widehat{M_2N_2}$,它们分别是由波源 S_1 和 S_2 在时刻 t_1 和 t_2 发射出来的。因此有

$$\overline{S_1M_1} = u(t-t_1) \tag{6-4}$$

$$\overline{S_2N_2} = u(t-t_2) \tag{6-5}$$

其中 u 是波传播的速度。相继两个波前在波源处的时间间隔是发送波运动时的周期,因此有

$$t_2 - t_1 = \tau = \frac{1}{\nu_s} \tag{6-6}$$

其中 ν_s 是波源处的频率。在此时间间隔内波源从 S_1 移动到 S_2,因此

$$\overline{S_1S_2} = V\tau \tag{6-7}$$

其中 V 是波源的运动速度。则观察到的波长,$\widehat{M_1N_1}$ 和 $\widehat{M_2N_2}$ 间隔为

$$\lambda_R = \overline{M_1M_2} = \overline{S_1M_1} - \overline{S_2N_2} - \overline{S_1S_2}\cos\theta \tag{6-8}$$

其中 θ 是 S_1M_1 和速度矢量 V 之间的角度。S_1M_1 是观察者和波源的连线。同样,离波源足够远处可把波前作为平面波来处理。利用式(6-4)至式(6-8),可得

$$\lambda_R = u\tau - V\tau\cos\theta \tag{6-9}$$

由于 $u = \nu_R\lambda_R$,ν_R 是接收器接收到的频率,可得

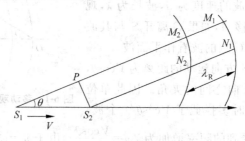

图 6-2 源移动产生的多普勒频移

$$\nu_R = \frac{u}{u - V\cos\theta}\nu_S \qquad (6\text{-}10)$$

式(6-10)得到了波源向着接收器运动时,接收器收到的频率。类似地,当波源远离接收器时,可以得到接收器接收到的频率为

$$\nu_R = \frac{u}{u + V\cos\theta}\nu_S \qquad (6\text{-}11)$$

由式(6-10)可知,当波源向着接收器运动时,接收器收到的频率比波源的频率大,但这一公式当波源的运动速度 V 超过波的传播速度 u 时将失去意义,因为这时在任一时刻波源本身将超过它此前发出的波的波前,在波源前方不可能有任何波动产生。

3. 波源和接收器同时运动的情形

综合以上分析,可得当波源和接收器同速相向运动时,接收器接收到的频率为

$$\nu_R = \frac{u + V}{u - V}\nu_S \qquad (6\text{-}12)$$

当波源和接收器彼此离开时,接收器接收到的频率为

$$\nu_R = \frac{u - V}{u + V}\nu_S \qquad (6\text{-}13)$$

真空中的电磁波也有多普勒效应,例如光波或无线电波。在推导光波的多普勒关系式时,必须运用相对论原理。设波速度 c 是光波的速度,而且对于光源和观察者都是相同的。在观察者静止的坐标系中,光源以速度 V 离开观察者而运动,光源频率仍是 ν_S,但这是在光源静止的参照系中测量的;在观察者静止的参照系中,相应的频率 ν'_S 为 ν_S 乘以时间膨胀因子 $(1-V^2/c^2)^{1/2}$,因此在此参照系中有

$$\lambda = \frac{c + V}{\nu'_S} = \frac{c + V}{\nu_S\sqrt{1 - V^2/c^2}} \qquad (6\text{-}14)$$

观察者测得的频率 ν_R 为

$$\nu_R = \frac{c}{\lambda} = \frac{c\nu_S}{c+V}\sqrt{1-V^2/c^2} = \frac{\nu_S\sqrt{c^2-V^2}}{c+V} = \nu_S\sqrt{\frac{c-V}{c+V}} \qquad (6\text{-}15)$$

V 为正时,光源离开观察者运动,ν_R 总是小于 ν_S;V 为负时,光源向着观察者运动,则 ν_R 大于 ν_S。

4. 散射物的多普勒频移

在讨论这个问题以前,首先来研究涉及两个参考系的观察者位置和电磁辐射。假设观察者静止位于一个坐标原点为 O' 的坐标系中,在这个坐标系中接收电磁辐射,而波源静止于另一个原点为 O 的坐标系中,如图6-3所示。设以光速 c 在参考系 O 中移动的平面波为

$$E = E_0\cos2\pi\nu\left(t - \frac{r}{c} + \delta\right) \qquad (6\text{-}16)$$

其中,E 是系统 O 中考察点 P 处的电场强度;ν 是频率;r 是波沿传播方向的距离;δ 是相位常数。设 θ 是波传播方向和 x 轴之间的夹角,如图6-4所示,有

$$r = \overline{OB} + \overline{BA} = x\cos\theta + y\sin\theta \qquad (6\text{-}17)$$

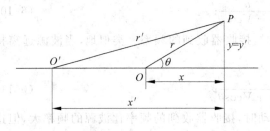
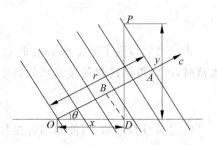

图 6-3　相对运动中参考系之间的坐标变换　　　　图 6-4　波源是静止时坐标系中的平面波

代入式(6-16)中有

$$E = E_0 \cos 2\pi\nu \left(t - \frac{x\cos\theta + y\sin\theta}{c} + \delta\right) \tag{6-18}$$

假设参考系 O 在 x 轴上以速度 V 相对于另一个参考系 O' 作移动,利用洛伦兹变换中 x 和 x',y 和 y',t 和 t' 之间的关系,可以得到

$$E = E_0 \cos 2\pi\nu' \left(t' - \frac{x'\cos\theta' + y'\sin\theta'}{c} + \delta\right) \tag{6-19}$$

式中

$$\nu' = \frac{\nu}{\sqrt{1 - V^2/c^2}} \left(1 + \frac{V}{c}\cos\theta\right) \tag{6-20}$$

$$\cos\theta' = \frac{\cos\theta + V/c}{1 + (V/c)\cos\theta} \tag{6-21}$$

如果用 θ' 表示 ν' 和 ν 的关系,则利用式(6-21)后有

$$\nu' = \frac{\nu\sqrt{1 - V^2/c^2}}{1 - (V/c)\cos\theta'} \tag{6-22}$$

现在讨论在光源和观察者相对静止的情况下,移动物体所散射的光的频移。可以把这种情况当作一个双重多普勒频移来考虑,先从光源到移动的物体,然后由物体到观察者。在图 6-5 中,考虑从光源 S 发出的频率为 ν 的光被物体 P 散射,在 Q 处来观察散射光。运动方向和 PS 及 PQ 所成的角度用 θ_1 和 θ_2 来表示。P 所观察到的频率由式(6-20)给出

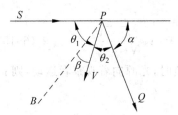

图 6-5　散射物的多普勒频移

$$\nu' = \frac{\nu}{\sqrt{1 - V^2/c^2}} \left(1 + \frac{V}{c}\cos\theta_1\right)$$

该频率的光又被 P 重新发射出来,在 Q 处接收到的频率为 ν'',它由式(6-22)确定如下

$$\nu'' = \frac{\nu'\sqrt{1 - V^2/c^2}}{1 - (V/c)\cos\theta_2}$$

一般 V 比 c 要小得多,因此可以把 V/c 展开后取其一次项。由此

$$\Delta\nu = \nu'' - \nu = \frac{V\nu}{c}(\cos\theta_1 + \cos\theta_2) \tag{6-23}$$

经过三角变换,可得到

$$\frac{\Delta\nu}{\nu} = \frac{2V}{c}\cos\beta\sin\frac{\alpha}{2} \tag{6-24}$$

其中 α 是散射角，$\alpha = \pi - (\theta_1 + \theta_2)$，$\beta$ 是速度向量和 PB 之间的夹角，$\beta = \dfrac{\theta_1 - \theta_2}{2}$。$PB$ 是 PS 和 PQ 夹角的平分线。

可见，多普勒频移依赖于散射半角的正弦值和 V 在散射方向的分量 $V\cos\beta$。上式也可以用波长 λ 表示为

$$\Delta\nu = \frac{2V}{\lambda}\cos\beta\sin\frac{\alpha}{2} \tag{6-25}$$

6.2 激光多普勒测速技术

激光多普勒测速技术(laser Doppler velometer，LDV)是 20 世纪 60 年代中期开始发展起来的一门新型的测试技术，与传统的流体测速方法相比，具有以下优点：

(1) 属于非接触测量，不影响流场分布，可测远距离的速度场分布。
(2) 测速精度高，一般都可以达到 $0.5\% \sim 1.0\%$。
(3) 空间分辨率高，可测很小体积内的流速，如流场中近管壁处附面层中的速度分布。
(4) 测速范围广，动态响应快，是研究湍流、测量脉动速度的有效方法。
(5) 具有良好的方向灵敏度，并可进行多维测量。

多年的研究使多普勒测速技术得以迅速发展，从不能辨别流向到可以辨别流向，从一维测量发展到多维测量，并且它的应用面也不断扩大，从流体测速到固体测速，从单相流到多相流，从流体力学实验室速度场测量到实际上较远距离的大气风速测量，从一般气、液体速度测量到人体血管中血流速度测量，其应用范围有了极大的扩展。

下面就来阐述一下激光多普勒测速技术的基本原理。

6.2.1 激光多普勒测速的基本原理

从式(6-25)可以看出，只要知道入射光方向 θ_1、散射光方向 θ_2 以及物体的运动方向，就可以由散射光频率 $\Delta\nu$ 的变化求得物体的运动速度。但由于光的频率太高，至今尚无探测器可以直接测量光频率的变化，因此要用光混频技术来测量，即将两束频率不同的光混频，获取差频信号。

设一束散射光与另一束参考光或两束散射方向不同的散射光的频率分别为 f_1 和 f_2，则它们在探测器上的电场强度为

$$E_1 = A_1\cos(2\pi f_1 t + \varphi_1) \tag{6-26}$$
$$E_2 = A_2\cos(2\pi f_2 t + \varphi_2) \tag{6-27}$$

式中 A_1 和 A_2 分别为两束光在探测器上的振幅；φ_1 和 φ_2 分别为两束光的初始相位。两束光在探测器上混频后，其合成的电场强度为

$$E = E_1 + E_2 = A_1\cos(2\pi f_1 t + \varphi_1) + A_2\cos(2\pi f_2 t + \varphi_2) \tag{6-28}$$

由于光强度与光的电场强度的平方成正比，因此有

$$I(t) = k(E_1 + E_2)^2 = \frac{1}{2}k(A_1^2 + A_2^2) + kA_1A_2\cos[2\pi(f_1 - f_2)t + \phi] \tag{6-29}$$

式中 k 为常数；$\phi=\phi_1-\phi_2$ 为两束光初始相位差，如两束光相干则 ϕ 为常数。上式中第一项为直流分量，第二项为交流分量，其中的 (f_1-f_2) 正是待测的多普勒频移。这里有零差和外差之分。若入射至物体前两束光频率相同，称为零差干涉。因为当物体运动速度为零时，(f_1-f_2) 为零，ϕ 为常数，输出信号为一直流信号。当入射至物体前两束光频率不相同时，即使物体运动速度为零，输出信号的频率为 $f_1-f_2=f_s$ 为交流信号。当物体运动时，前者的多普勒信号可以看成是载在零频上，而后者的多普勒信号是载在一个固定频率 f_s 上。两者的区别在于，零差不能判别运动方向，而且难以抑制直流噪声；外差则可以判别运动方向，并可用外差技术抑制噪声从而大大提高信号的信噪比。

6.2.2 激光多普勒测速技术

1. 差动多普勒技术

差动技术将两束等强度光聚焦并相交在测量点处，从该点发出的散射光进入光检测器，差拍后得到和两个散射角相对应的多普勒频移。其常用的方法有：

(1) 双光束散射法。如图 6-6 所示，来自激光器的光束被分束器分为两束，这两束照明光由透镜聚焦到流体中一个小的区域，并被流体中的粒子散射，从该区域散射回来的光被聚焦到光检测器上。由于两部分散射光同时到达检测器，差拍后得到和两个散射角相对应的多普勒频移。设 θ_1 和 θ_2 分别是散射体里粒子运动速度 V 与两束入射光之间的夹角，θ_3 是 V 与观测方向的夹角。由式(6-23)可得两散射光的多普勒频移分别为 $\Delta\nu=\nu V(\cos\theta_1+\cos\theta_3)/c$ 和 $\Delta\nu'=\nu V(\cos\theta_2+\cos\theta_3)/c$。

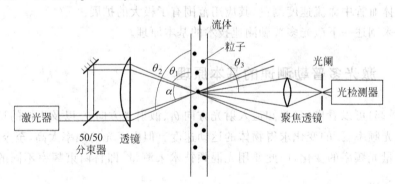

图 6-6 双光束散射法

因此检测器上的差频 f 为

$$f=\Delta\nu-\Delta\nu'=\frac{\nu V}{c}(\cos\theta_1-\cos\theta_2)=\frac{V}{\lambda}\sin\left(\frac{\alpha}{2}\right)\cos\beta \tag{6-30}$$

式中 $\alpha=(\theta_2-\theta_1)$ 是两束照射光之间的夹角；$\beta=\frac{1}{2}(\theta_1+\theta_2-\pi)$ 是运动方向与光束夹角平分线的法线之间的夹角。

由式(6-30)可知，该差频与接收方向无关。所以加大光阑孔径也不会产生像在参考光技术中那样的频谱加宽。并且，如果两束散射光由同一粒子产生，则对接收器没有相干限制，从而可以使用大孔径的检测器，和参考光技术相比，具有能得到强得多的信号的优点。

由于这个原因,在大多数的实际应用里,多采用差动多普勒技术。

(2) 单光束双散射法。在这种方法中,一束入射光直接聚焦于被测点上,光线被同一微粒在两个方向上散射,两路对称的散射光束在光电器件上混频,得到差拍信号。图 6-7 为前向双散射,图 6-8 为后向双散射。

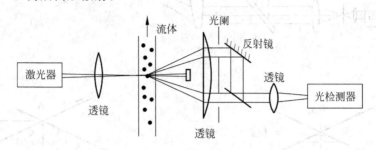

图 6-7　前向双散射光路

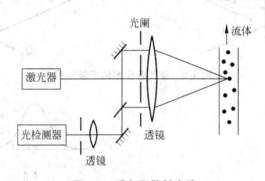

图 6-8　后向双散射光路

(3) 多普勒技术的干涉解释。差动多普勒技术也可以用光的干涉理论来解释。当两束相干光聚焦于透镜的焦距处时,在光束重叠区就可以看到产生的固定条纹,条纹的方向平行于两束入射光的角平分线。画出两束光的波前,很容易得到条纹间距 D,沿干涉光束从点 O 到下一级条纹点 A,从图 6-9 可知,光束 k_1 和 k_2 的光程差为 $(AB+AC)=2D\sin\theta$,当其与调制条纹的波长 λ 相等时,得到条纹间距为

$$D = \frac{\lambda}{2\sin\theta} \tag{6-31}$$

如果粒子以速度 V 沿 y 轴穿过条纹区,被明暗交替的条纹照亮,周期 $T=D/V$。粒子向外散射光,散射光能以透镜与光子探测器相结合来收集,经处理后输出电信号。电信号含有速度信息,以穿过重叠区条纹的振荡频率表示,频率为

$$f_D = \frac{V}{D} = \frac{2V\sin\theta}{\lambda} \tag{6-32}$$

如图 6-10 所示,不是所有位置的粒子都能产生好的多普勒信号。在重叠区中间的粒子 A 穿过的条纹数最多,产生的振荡清晰;粒子 B 在重叠区中间与边缘的一半处,穿过的条纹也正好是总条纹的一半。这样,粒子 B 产生的循环少,造成振荡的调制深度不一致;粒子 C 刚好在光束重叠区的外缘,没有穿过条纹,这样粒子 C 产生标准的光强信号,而不是希望的多普勒信号。在信号处理时,粒子 A 有最好的波形,B 是部分有用,而 C 将被抛弃。

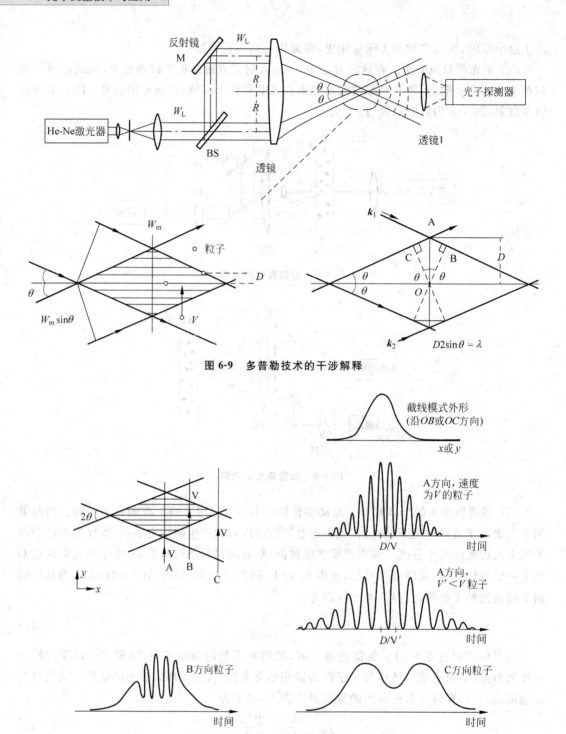

图 6-9 多普勒技术的干涉解释

图 6-10 干涉解释中的多普勒信号情况

实际上测速仪就是干涉仪,利用干涉仪相位移动公式也能推出与式(6-32)相同的结论。当场 E_0 从 k_1 方向与粒子撞击,粒子的位移为 r,由 k_0 方向观察可得

$$E_0 e^{i(k_1-k_0)\cdot r}$$

在 LDV 测速仪中,有两个照明场,k_1 和 k_2。所以由 k_0 方向观察可得

$$E = E_0 e^{i(k_1-k_0)\cdot r} + E_0 e^{i(k_2-k_0)\cdot r}$$

探测器得到的信号与场的模的平方成比例

$$I \propto 2E_0^2 + 2E_0^2 \cos[(\boldsymbol{k}_1 - \boldsymbol{k}_0)\cdot \boldsymbol{r} - (\boldsymbol{k}_2 - \boldsymbol{k}_0)\cdot \boldsymbol{r}]$$
$$= 2E_0^2 [1 + \cos(\boldsymbol{k}_1 - \boldsymbol{k}_2)\cdot \boldsymbol{r}]$$

借助图 6-11 容易看出，$\boldsymbol{k}_1 - \boldsymbol{k}_2$ 的差值与 y 轴平行，模数由下式给出

$$|\boldsymbol{k}_1 - \boldsymbol{k}_2| = 2k\sin\theta \tag{6-33}$$

若粒子产生平行于 y 轴的面内位移 $\boldsymbol{r}$，那么余弦函数的相位 $\phi = (\boldsymbol{k}_1 - \boldsymbol{k}_2)\cdot \boldsymbol{r} = 2kr\sin\theta$，而角频率 $\omega = 2\pi f$，可以得到

$$f = \frac{\mathrm{d}\phi/\mathrm{d}t}{2\pi} = \frac{2k(\mathrm{d}r/\mathrm{d}t)\sin\theta}{2\pi} = \frac{2V\sin\theta}{\lambda} \tag{6-34}$$

结论和式(6-32)是一致的，说明多普勒效应和干涉仪相位移动的描述是等效的。

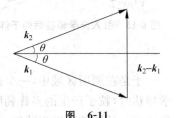

图 6-11

2. 参考光技术

在这种技术中，将含有多普勒频移的散射光与没有频移的光进行外差。图 6-12 所示为利用激光多普勒差拍测量透明管道内流速的一个简单示意图。由 He-Ne 激光器发出的光束被分束器分开，其中绝大部分由透镜聚焦到管道中需要测量流速的点处。随流体运动的粒子产生的散射光由光检测器接收。从分束器出来的较弱的那部分光是没有频移的参考光，它被反射镜直接反射到检测器，而且参考光和散射光以相同的光路入射到检测器。光检测器的输出包含了两种光束的差频信号，这就是多普勒频移，由式(6-30)得

$$f = \frac{V}{\lambda}\sin\left(\frac{\alpha}{2}\right) \tag{6-35}$$

式中 α 是两束照射光之间的夹角。参考光式光路结构比较简单，而且可以应用于测量散射体的离面位移。对于差动技术，当散射体作离面位移时会产生离焦的问题，难以实现离面位移测量。而采用参考型光路，只有一束光入射到被测目标，没有离焦的问题，因此可有效实现离面位移测量。

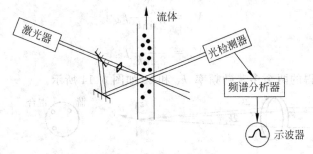

图 6-12 参考光式光路

3. 多维速度测量与辨向技术

在差动多普勒技术中，多普勒差频是两个频率之差，故不可能知道哪一个频率高哪一个频率低，因此速度符号变化对产生的信号频率无差别，即被测速度存在着方向上的 180°模糊问题。但是，很多情形下要求在获取速度值的同时知道速度方向，例如把激光多普勒技术应用于高湍流度的流动测量时，必须要把速度分量的大小和符号都记录下来，以便得到可靠

的测量结果。

通过引入频移技术可以消除速度方向的模糊性问题。普通的差动多普勒装置中,两束激光束的频率是相同的,它们相交而成的测量体内形成的干涉条纹是静止不动的,所以不论粒子的运动方向如何,光电探测器所接收到的散射光没有任何区别。如果其中一光束与另一束存在 $\Delta \nu$ 的频差,则测量体内形成的干涉条纹将以速度 u_s 向一个方向移动,如图 6-13 所示,其移动速度为

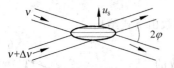

图 6-13　引入光学频移后的干涉频率

$$u_s = \frac{\Delta \nu \lambda}{2\sin\varphi} \tag{6-36}$$

于是在照明区域中,一个静止的粒子产生的信号将等于这个频移频率。假设不存在光学频移时,粒子产生的多普勒频移为 ν,则当示踪粒子的速度方向与条纹运动方向相同时,粒子穿越条纹的速度将减慢,此时粒子散射光的频率变为 $f-\Delta\nu$,反之,当粒子速度方向与条纹运动方向相反时,光感应器得到的光波频率为 $f+\Delta\nu$,依靠判别频率的增加与降低就可以判断出速度的方向。

采用旋转衍射光栅、声光调制等技术可以实现光波频率的频移。使用布喇格器件,可对入射激光的频率产生约为 40MHz 左右的频移。

(1) 二维激光测速光路

要实现二维测量,使用参考光路时只要取两个不同散射光方向就能得到两个不同方向的速度分量。一种二维色分离激光测速光路如图 6-14 所示。该光路采用氩离子激光器作为光源,利用它功率大和谱线多的特点,可以用后向散射模式同时测量垂直于光轴平面内的两个互相垂直的速度分量。图中下方表示的是双色四光束布置,左右两束是波长为 488nm 的蓝光,上下两束为波长 514.5nm 的绿光,通过入射透镜汇聚相交在同一点。如果两对光束所组成的平面是互相垂直的,就会在控制体中得到两组互相垂直的干涉条纹,其中一组是蓝色,另一组是绿色。当有一个粒子穿过控制体时,就会同时散射两种颜色的光波,它们的光强分别被两组干涉条纹所调制,得到的速度为

$$V_y = \frac{\lambda_{\text{蓝}}}{2\sin k_y} f_{dy} \tag{6-37}$$

$$V_z = \frac{\lambda_{\text{绿}}}{2\sin k_z} f_{dz} \tag{6-38}$$

f_{dy} 和 f_{dz} 分别是测得的两个多普勒频率,k_y 和 k_z 如图 6-14 所示。

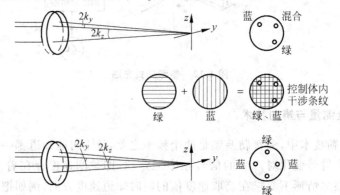

图 6-14　频率分离型二维光路

从本质上讲,三维激光测速系统与一维或二维相比没有根本区别。如果采用双光束模式,只要在控制体中能造成三对入射光束相交,使它们的速度方向在空间坐标系中是互相独立的就可以了。但如果没有光学频移装置,不仅无法得到正确的速度合成,而且要把三个方向的速度信息量分开也是非常困难的。

(2) 六光束三维频移激光测速光路

图 6-15 表示六光束三维光路的几何布置。光源使用氩离子激光器,每一维使用的激光波长是不同的。测量 U 和 V 分量用一个入射光单元完成,原理与图 6-14 所示的二维测量原理相同;另一个入射光单元的光轴与这入射光单元的光轴成 ϕ 角,它用来测量两光轴平面内的速度分量 R,由下式得到轴向速度

$$W = \frac{R - U\cos\phi}{\sin\phi} \tag{6-39}$$

这样 3 个速度分量都可以确定。

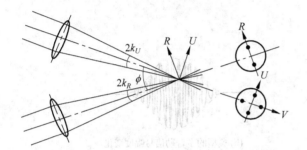
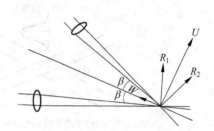

图 6-15　六光束三维 LDV 光路布置　　　图 6-16　对称布置的轴向测量光路

如果取轴向速度方向为整个光学系统的对称轴,如图 6-16 所示,则有

$$U = \frac{R_1 + R_2}{2\cos\beta} \tag{6-40}$$

$$W = \frac{R_1 - R_2}{2\sin\beta} \tag{6-41}$$

如果 R_1 和 R_2 分别取相同的激光波长 λ 和光束半角 k,则有

$$U = \frac{\lambda}{4\sin k\cos\beta}(f_1 + f_2) \tag{6-42}$$

$$W = \frac{\lambda}{4\sin k\sin\beta}(f_1 - f_2) \tag{6-43}$$

4. 多普勒信号处理技术

(1) 激光多普勒信号的特点

激光多普勒信号具有如下特征:

① 信号频率在一定范围内变化,是一个变频信号。在实际流体测量中,瞬时速度 V 的变化可看成是在平均速度 $\bar{V}$ 上叠加一个无规则变化的脉冲速度 ΔV,即 $V = \bar{V} + \Delta V$,与此相对应的多普勒频率变化为 $f_D = \bar{f}_D + \Delta f_D$,即多普勒频率在某一频率上下波动,是一个变频信号,如图 6-17 所示。

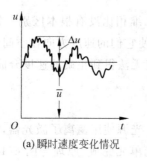 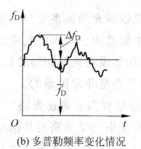

(a) 瞬时速度变化情况　　　　　(b) 多普勒频率变化情况

图 6-17　多普勒信号特征图

② 信号幅值按一定规律变化。在两束光的交叉重合处，即在测量区域内，干涉条纹沿速度方向明暗变化的程度是不均匀的，中间最亮，两头最暗，光强按高斯规律分布。当运动颗粒穿过该区域时，散射光强也要按此规律变化，使多普勒信号的幅值按如图 6-18 所示的高斯曲线分布。

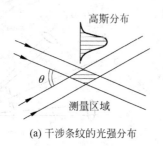 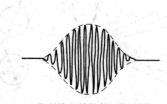

(a) 干涉条纹的光强分布　　　　(b) 典型的多普勒信号幅度变化

图 6-18　多普勒信号分布

③ 信号是随机的，断续的。多普勒信号是因颗粒散射而产生的，而流体中的颗粒总是断续的。而且每个颗粒穿过测量区又是随机的，在测量区域中实际上有许多散射颗粒穿过，

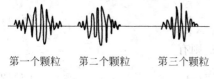

第一个颗粒　　第二个颗粒　　第三个颗粒

第一个颗粒和第二个颗粒重迭

图 6-19　多普勒信号的随机和断续性

每个颗粒产生的信号到达光电倍增管的初始相位也不相同，因而造成多普勒信号的断续和随机特性，如图 6-19 所示。信号中伴随许多噪声，包括光学系统、光电探测器以及电子线路的噪声。因为由粒子散射的光学多普勒信号常常十分微弱，所以信号的信噪比相当低。

由上可知，多普勒信号是一个不连续的、变频、变幅的随机信号，且信噪比较低。所以这种信号的处理也比较复杂，一般不能直接用传统的测频仪器进行测量。

(2) 激光多普勒信号处理方法

从 1964 年 LDV 测速方法诞生以来，国内外学者对多普勒信号处理进行了大量研究工作，从信号的时域分析和频域分析着手提出了多种信号处理实现方案，并促使多普勒信号处理计数不断向着数字化、高精度方向发展。最初对于多普勒频率的测量是用简单的计数器或频谱分析器来实现的，其性能及适用范围都有着很大的限制。为了适应多普勒信号的特殊性，提高整个测速系统的性能，研究出了专门处理 LDV 信号的技术，分别是：

① 频谱分析方法。这是最早出现的 LDV 信号处理技术之一,它采用中心频率可调的窄带带通滤波器匀速扫过所研究的频率范围以分辨信号中存在的各种频率分量并依次记录下来。频谱分析法测量的是多普勒信号的功率谱,或与其等价的多普勒频率的概率密度函数。典型的多普勒信号频谱如图 6-20 所示。

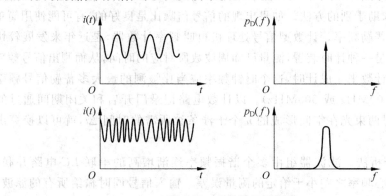

图 6-20　多普勒信号频谱

频谱分析方法要求有较长的扫描时间以保证测量的精度,这就破坏了实时信息,即使在信噪比较好的情况下,也不能跟随流动中随时发生的速度脉动,不适宜测量湍流能量的频谱。由于它是在给定的时间内通过扫到的一定范围内的频率才能检测到信号,意味着信号中信息的利用很差,尤其是在采用窄的通带时,分析器只能在同一时刻对此窄带内的信号频率进行分析,目前这种方法已用得较少。

② 频率跟踪方法。这是应用最广泛的一种方法。它能使被测信号在很宽的频带范围内(例如几十到十几兆赫兹)都实现窄带滤波。与频谱分析法相比较,频率跟踪器作了重要改进,即用信号本身去控制分析器的调谐,使它自动保持在谐振状态并跟踪信号。

其基本原理如图 6-21 所示。首先将信号平滑,去掉研究范围以外的频率,放大后与本机振荡器的输出进行混频。差频信号经过适当带宽的中频级放大后输出,再送到鉴频器去。频率跟踪法的核心就是鉴频电路(或锁相环电路),它的响应依赖于频率,当其频率与信号频率相同时输出为零,否则将产生一个差值电压对控制其频率的电压控制振荡器进行负反馈,从而使压控振荡器的频率输出尽可能地与信号频率一致。由于大多数多普勒信号是随机振幅波,电路必须能保护"脱落",所谓"脱落"就是信号不足以使电路锁定的时间间隔。频率跟踪法必需设置防"脱落"电路,在信号脱落的时期内"冻结"压控振荡器的频率,使其能在信号

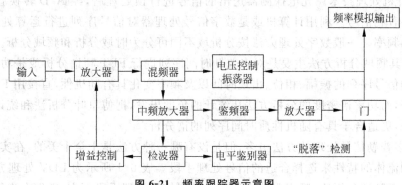

图 6-21　频率跟踪器示意图

重新出现时恢复频率锁定功能。频率跟踪法最大的优点在于可以得到实时速度信息，且很容易数字化。但是频率跟踪器工作频率范围不宽，且只有在流场中粒子浓度足够高，以致能够提供连续的多普勒信号时才能很好的工作，同时随着信噪比的降低有可能跟踪假信号。

③ 计数器处理技术。由于在气体流动应用中得到的许多 LDV 信号是间断的，跟踪技术是不适用的，需求助于别的方法。如果出现的信号信噪比是良好的，有可能使用简单的计数器技术来确定多普勒频率。计数型信号处理机也叫频率计数器，是近年来发展较快的一种仪器。它基本上是一种计时装置，测量已知周波数所对应的时间，从而测出信号频率。用对一个"时钟"频率计数来完成计时，这个时钟频率应当比被测的最大多普勒信号频率高得多（实用的频率为 200MHz 或 500MHz）。以计数电路记录门开启和关闭期间通过的脉冲数，也就是粒子穿过两束光在空间形成的 n 个干涉条纹所需的时间 Δt，就可以换算出被测信号的多普勒频移。

④ 滤波器组分析法。滤波器组由多个谐振频率逐渐增高的串联 LC 电路并联构成。相邻两滤波器的中心频率之差小于给定的测量误差。输入信号同时输给所有的滤波器，将各滤波器的输出相互比较，找出输出最大的滤波器之中心频率，它就是信号频率。事实上，它的原理与频谱分析法的相同，只不过滤波器组使用的不是单个滤波器，而是令许多调谐在量程中不同频率上的滤波器并行工作，所以多普勒频谱的建立时间就要快得多。这种方法的关键是要设置调整好各个并联滤波器的中心频率和带宽。滤波器组法比频谱分析法更为有效，因为所有存在的多普勒信号都能同时影响滤波器组的输出。在处理质量差的间断多普勒信号时，滤波器组分析法是极其有用的，因为它具有比其他方法好得多的信噪比性能。但是由于实际上我们只能采用有限多个滤波器，它的分辨率是比较粗的，因而比较适合研究高湍流流动而不适合测量低湍流。

⑤ 光子相关技术。多普勒信号可以看成是由到达光检测器阴极的单个光电子产生的电脉冲所构成的。光学测量灵敏度的基本限制是由随机的光子噪声决定的。对于信噪比很低的信号，进行相关运算求其自相关函数可以大大削弱噪声的影响，取出淹没在强噪声中的弱信号。当散射光足够强时，各个脉冲叠加，使得最终的信号基本上是一个连续的电流；而当散射光强度较低时，各个脉冲之间可以区分开来，且某一时刻内脉冲数目的概率将正比于光强。利用硬件电路实现脉冲序列的自相关运算，即可求出电子脉冲数目的变化周期，并将此周期近似等价于光强变化周期，从而得到多普勒频率。光子相关法在多普勒信号强度低，信噪比低的情况下可以取得较好的效果。

⑥ 计算机处理技术。光电探测器送出的信号进行预处理后，经 A/D 转换就得到了数字形式的多普勒信号。利用计算机或是数字信号处理器对信号序列进行运算处理，就可以从中提取出频率。一般数字处理方法按分析域不同可分为时域分析和频域分析。目前对于 LDV 而言，其频域分析方法主要是对多普勒时间序列进行 FFT 频谱分析或是功率谱分析，由于多普勒信号序列的振幅、相位、出现时间以及频率变化具有随机性，直接用 FFT 分析效果一般不好，而功率谱密度的分析方法从统计的角度出发，把傅里叶分析法和统计分析法两者结合起来，更适合于具有随机性质时间序列的谱分析。

总之，多普勒信号处理的方法虽多，但是没有哪一种方法是十全十美的，在实际应用时，应根据被测流体的特性来选择合适的信号处理手段。表 6-1 所示为 LDV 处理方法与技术的比较。对于频谱分析法、频率跟踪法等这些模拟信号处理手段而言，它们在进行复杂信号处理时只有有限的能力,造成了处理的不灵活性和系统时间的复杂性。对于不同的信号情况,一个特定的模拟信号处理系统往往不能同时都获得满意的效果。而数字信号处理方法则不同,它的系统开发可以通过计算机上的软件来进行,容易实现、成本低。数字信号处理最大的缺点在于运算速度不如模拟方法快,但是随着计算机技术的飞速发展、数字器件速度、性能的不断提升,以及数字信号处理算法的不断优化,速度上的不足是可以在一定程度上得到弥补的,从目前的趋势来看,数字信号处理方法以其良好的灵活可变性、可靠的稳定性以及较低的成本已逐渐成为多普勒信号处理的发展方向。

表 6-1 LDV 处理方法与技术的比较

处理技术	得到瞬时速度	接收间断信号	提取微弱信号能力	典型不确定度	可测信号频率上限
频谱分析	否	可	好(费时)	1%	1GHz
频率跟踪	可	否	好	0.5%	50MHz
计数器处理	可	可	较好	0.5%	200MHz
滤波器组	可	可	很好	2%~5%	10MHz
光子相关	否	可	很好	1%~2%	50MHz
计算机处理技术(FFT)	可	可	很好	<0.5%	150MHz

由于还没有一种完善的信号处理方法,通常必须考虑选择一种处理器使之适用于特定的 LDV 应用。主要考虑的因素有信号的形式、信噪比和湍流水平。

6.2.3 激光多普勒测速技术的进展

1966 年,Foreman、George、Lewis、Thornton、Felton 和 Watson 等人首先撰写了广泛论述激光风速计的论文。20 世纪 70 年代是激光多普勒技术发展最为活跃的一个时期,Durst 和 Whitelaw 提出的集成光单元有了进一步的发展,使光路结构更加紧凑,更易于调整。光束扩展、空间滤波、偏振分离、频率分离、光学移频等近代光学技术在激光多普勒技术中得到了广泛的应用,信号处理采用了计数处理、光子相关及其他一些方法使激光多普勒技术测量范围更广泛,它的精度高、线性度好、动态响应快、测量范围大、非接触测量等优点得到了长足的发展。1975 年在丹麦首都哥本哈根举行的"激光多普勒测速国际讨论会"标志着这一技术的成熟。20 世纪 80 年代,激光多普勒技术进入了实际应用的新阶段,它在无干扰的液体和气体测量中成为一种非常有用的工具,可应用于各种复杂流动的测试,如湍流、剪切流、管道内流、分离流、边界层流等。随着大量实际工程、机械测试的需要,目前,固态表面的激光多普勒技术也越来越受到重视。许多测量困难的场合,如水下、燃烧缸内、原子反应堆的冷却系统及有爆炸危险的场合亦都寄厚望于 LDV 技术。这就要求 LDV 系统不仅要向通用测量仪器发展,即降低成本、减小仪器体积、简化操作程序等,而且要最大限度地降低测量环境对测量的影响,使仪器更加稳定可靠。

H. Muller 和 D. Dopheide 提出将两个稳频激光二极管的输出光束聚焦于测量区,可用于产生频移以省去传统的分光器和频移元件。用适当的外差信号处理技术来消除带频移信号的被测信息中频移的波动以及大频带宽度的影响,其测量原理如图 6-22 所示。

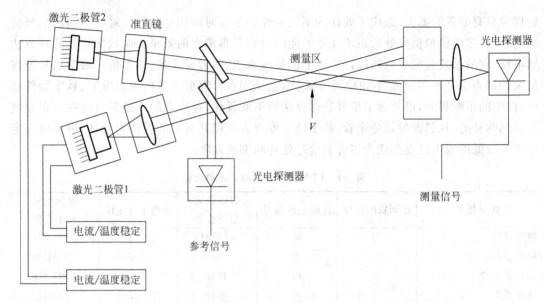

图 6-22　使用两个稳定单模激光器光频差的频移激光多普勒测速仪

选择合适的单模半导体激光器,选择合适的工作电流和温度,使其频差适用于多普勒测速的范围。采用如图 6-23 所示的方法可从测量信息中消除拍频频率的波动。将两个半导体激光器发生的光束中各取一小部分在一个光电探测器上拍频,如图 6-22 所示,可产生一个频移频率的参考信号。两个激光器的频差波动是由它反映出来的,然后将同时带有频移与多普勒信息的测量信号与它混频,通过低通滤波器可除去频移信号,从而只剩下信噪比比较高的多普勒信号。

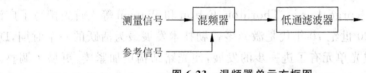

图 6-23　混频器单元方框图

6.3　激光测距技术

光在给定介质的传播速度是一定的,通过测量光在参考点和被测点之间的往返传播时间,即可给出目标和参考点之间的距离。

目前常用的激光测距法有脉冲法、相位法等。脉冲式激光测距原理与雷达测距相似,测距仪向目标发射激光信号,碰到目标后被反射回来,由于光的传播速度是已知的,所以只要记录下光信号的往返时间,用光速乘以往返时间的二分之一,就是所要测量的距离。现在广泛使用的手持式和便携式测距仪,作用距离为数百米至数十千米,测量精度为五米左右。我国研制的对卫星测距的高精度测距仪,测量精度可达到几厘米。连续波相位式激光测距是用连续调制的激光波束照射被测目标,从测量光束往返中造成的相位变化,换算出被测目标的距离。为了确保测量精度,一般要在被测目标上安装激光反射器,测量的相对误差为百万分之一。

6.3.1 脉冲激光测距

1. 测量原理

脉冲激光测距是利用激光脉冲持续时间极短,能量在时间上相对集中,瞬时功率很大(一般可达兆瓦级)的特点,在有合作目标的情况下,脉冲激光测距可以达到极远的测程,在进行几公里的近程测距时,如果精度要求不高,即使不使用合作目标,只是利用被测目标对脉冲激光的漫反射取得反射信号,也可以进行测距。目前,脉冲激光测距方法已获得了广泛的应用,如地形测量、战术前沿测距、导弹运行轨道跟踪,以及人造卫星、地球到月球距离的测量等。

脉冲激光测距通过直接测量激光传播的往返时间来完成,原理如图 6-24 所示。由激光器发出持续时间极短的脉冲激光(称为主波),经过待测的距离 L 射向被测目标。被反射的脉冲激光(回波信号)返回测距仪,由光电探测器接收。当光速为 c,激光脉冲从激光器到待测目标之间往返时间为 t,就可算出待测目标的距离 L 为

$$L = ct/2 \tag{6-44}$$

脉冲激光测距原理很简单,关键是精确测定激光脉冲往返距离 L 的传播时间 t。

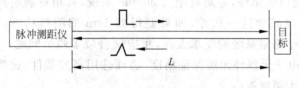

图 6-24 脉冲激光测距原理

2. 测量系统

脉冲激光测距系统的原理框图如图 6-25 所示,系统一般由脉冲激光发射系统、接收系统、门控电路、时钟脉冲振荡器以及计数显示电路等组成。工作时,首先对准目标,启动复位开关 K,复原电路给出复原信号,使整机复原,准备进行测量。同时触发脉冲激光发生器,产生激光脉冲。该激光脉冲有一小部分能量由参考信号取样器直接送到接收系统,作为计时的起始点,大部分光脉冲能量射向待测目标。由目标反射回测距仪处的光脉冲能量,被接收系统接收,这就是回波信号。参考信号(主波信号)和回波信号先后由光电探测器变换为电脉冲,并加以放大和整形。整形后的参考信号使 T 触发器翻转,控制计数器开始对晶体振荡器发出的时钟脉冲进行计数。整形后的回波信号使 T 触发器的输出翻转无效,从而使计数器停止工作。这样,根据计数器的输出即可计算出待测目标的距离

$$L = \frac{cN}{2f} \tag{6-45}$$

式中,N 为计数脉冲个数;f 为计数脉冲的频率。

图 6-25 中,干涉滤光片和小孔光阑的作用是减少背景光及杂散光的影响,降低探测器输出信号中的背景噪声。

系统的分辨率决定于计数脉冲的频率。由于光速很快,计时基准脉冲和计数器频率的

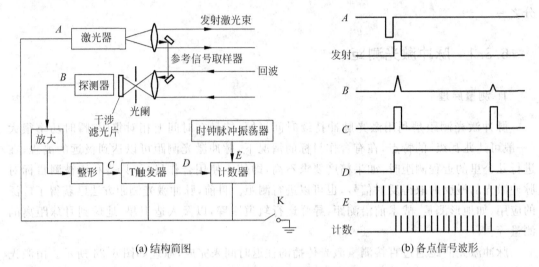

(a) 结构简图 　　　　　　　(b) 各点信号波形

图 6-25　脉冲激光测距系统

高低直接影响着所获得的测距精度。当测距为 1500m 时，光脉冲往返时间 $t=2L/c=10\mu s$，如果这时采用的时钟脉冲频率为 150MHz，那么在 $10\mu s$ 时间间隔内应计数 1500 个脉冲，也就是说每个脉冲所代表的距离为 1m。在检测中如有一个脉冲的误差，其测距误差则是 1m。这对远距离测量来说尚能允许，但对近距离如 50m 来说，其相对误差就太大了。通过提高时钟脉冲的频率可以减少这一误差，如果要得到 1cm 的测量精度，则要求计数频率为 15GHz，显然这对整个测量系统的要求太高，相应就会带来两个问题：(1) 过高的时钟脉冲不易获得；(2) 普通电子元器件无法保证精度，必须选用高速器件，这势必会增加系统设计难度，产品价格也会大幅度提高。

目前，许多脉冲式激光测距仪的精度在 1~10m 范围，为了提高精度，常用某些较复杂的信号记录系统，测量信号的精度可达 $1ns(10^{-9}s)$ 左右。随着脉冲式激光器的发展，已可获得持续时间 $1ps(10^{-12}s)$ 甚至更短的激光脉冲，脉冲功率可达 1000MW，在 $10^{-12}s$ 的时间内，光可通过 0.3mm 的距离。因此，纳秒激光器的问世，为脉冲测距法开拓了极有希望的前景。

关于脉冲测距精度，可以表示为

$$\Delta L = \frac{1}{2} c \Delta t \tag{6-46}$$

c 的精度主要依赖于大气折射率 n 的测定，由 n 值测定误差而带来的误差约为 10^{-6}，因此对于短距离脉冲激光测距仪（几至几十公里）来说，测距精度主要决定于 Δt 的大小。影响 Δt 的因素很多，如激光的脉宽、反射器和接收光学系统对激光脉冲的展宽、测量电路对脉冲信号的响应延迟等。

6.3.2　相位激光测距

相位激光测距一般应用于精密测距中。由于其精度高，一般为毫米级，为了有效地反射信号，并使测定的目标限制在与仪器精度相称的某一特定点上，对这种测距仪都配置了被称

为合作目标的反射镜。相位测距的方法是通过对光的强度进行调制实现的,原理如下:

设调制频率为 f,调制波形如图 6-26 所示,波长为

$$\lambda = \frac{c}{f} \tag{6-47}$$

式中 c 是光速。由图可知,光波从 A 点传到 B 点的相移 φ 可表示为

$$\phi = 2m\pi + \Delta\phi = (m + \Delta m)2\pi \tag{6-48}$$

式中 m 是零或正整数;Δm 是个小数,$\Delta m = \Delta\phi/2\pi$。$A$,$B$ 两点之间的距 L 为

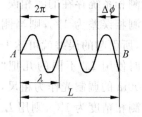

图 6-26 用"光尺"测量距离

$$L = ct = c\frac{\phi}{2\pi f} = \lambda(m + \Delta m) \tag{6-49}$$

式中 t 表示光由 A 点传到 B 点所需时间。给出式(6-49)时已利用了式(6-47)和式(6-48)。由式(6-49)可知,如果测得光波相移 φ 中 2π 的整数 m 和小数 Δm,就可由式(6-49)确定出被测距离 L,所以调制光波被认为是一把"光尺",即波长 λ 就是相位式激光测距仪量度距离的一把尺子。

不过,用一台测距仪直接测量 A 和 B 两点光波传播的相移是不可能的,因此采用在 B 点设置反射器(即所谓合作目标),使从测距仪发出的光波经反射器反射再返回测距仪,然后由测距仪的测相系统对光波往返一次的相位变化进行测量。图 6-27 示意光波在距离 L 上往返一次后的相位变化。

为分析方便,假设测距仪的接收系统置于 A(实际上测距仪的发射和接收系统都是在 A' 点),并且 $\overline{AB} = \overline{BA'}$,$\overline{AA'} = 2L$,如图 6-28 所示,则有

$$2L = \lambda(m + \Delta m)$$

或

$$L = \frac{\lambda}{2}(m + \Delta m) = L_s(m + \Delta m) \tag{6-50}$$

式中 m 是零或正整数,Δm 是小数。这时,L_s 作为量度距离的一把"光尺"。但需要指出的是,相位测量技术只能测量出不足 2π 的相位尾数 $\Delta\varphi$,即只能确定小数 $\Delta m = \frac{\Delta\phi}{2\pi}$,而不能确定出相位的整周期数 m,因此,当距离 L 大于 L_s 时,仅用一把"光尺"是无法测定距离的。但当距离 $L < \lambda/2$ 时,即 $m=0$ 时,可确定距离 L 为

$$L = \frac{\lambda}{2}\frac{\Delta\phi}{2\pi} \tag{6-51}$$

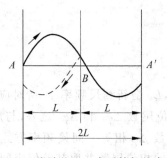

图 6-27 光波往返一次后的相位变化

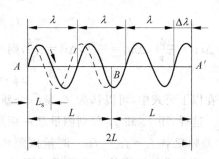

图 6-28 光波经 $2L$ 距离后的相位变化

由此可知，如果被测距离较长，可降低调制频率，使得 $L_s > L$ 即可确定距离 L。但是由于测相系统存在的测相误差，使得所选用的 L_s 愈大时测距误差愈大。例如，如果测相系统的测相误差为 1‰，则当测尺长度 $L_s = 10\text{m}$ 时，会引起 1cm 的距离误差，而当 $L_s = 1000\text{m}$ 时，所引起的误差就可达 1m。所以，既能测长距离又要有较高的测距精度，解决的办法就是同时使用 L_s 不同的几把"光尺"。例如要测量 584.76m 的距离时，选用测尺长度 L_{s1} 为 1000m 的调制光作为粗尺，而选用测尺长度 L_{s2} 为 10m 的调制光作为精尺。假设测相系统的测相精度为 1‰，则用 L_{s1} 可测得不足 1000m 的尾数 584m，用 L_{s2} 可测得不足 10m 的尾数 4.76m，将两者结合起来就可以得到 584.76m。

这样，用一组（两个或两个以上）测尺一起对距离 L 进行测量，就解决了测距仪高精度和长测程的矛盾，其中最短的测尺保证了必要的测距精度，最长的测尺则保证了测距仪的测程。

测尺频率 由测尺长度 L_s 可得光尺的调制频率为

$$f_s = \frac{c}{2L_s} \tag{6-52}$$

由于上述方法所选定的测尺频率 f_s 是直接和测尺长度 L_s 相对应，即测尺长度直接由测尺频率所决定，所以这种方式称为直接测尺频率方式。如果测距仪测程要求 100km，精确到 0.01m，而相位测量系统的精度仍为 1‰，则需要三把光尺，即 $L_{s1} = 10^5\text{m}$，$L_{s2} = 10^3\text{m}$，$L_{s3} = 10\text{m}$，相应的光的调制频率分别为 $f_{s1} = 1.5\text{kHz}$，$f_{s2} = 150\text{kHz}$，$f_{s3} = 15\text{MHz}$。显然，要求相位测量电路要在这么宽的频带内都保证 1‰ 的测量精度是难以做到的，因此实际测量中，有些测距仪不采用上述直接测尺频率方式，而采用集中的间接测尺频率方式。

集中的间接频率方式 假定用两个频率 f_{s1} 和 f_{s2} 调制的光分别测量同一距离，根据式(6-50)有

$$L = L_{s1}(m_1 + \Delta m_1) \tag{6-53}$$

$$L = L_{s2}(m_2 + \Delta m_2) \tag{6-54}$$

由式(6-53)和式(6-54)经过简单的运算，可得

$$L = L_s(m + \Delta m) \tag{6-55}$$

其中

$$L_s = \frac{L_{s1} L_{s2}}{L_{s2} - L_{s1}} = \frac{1}{2} \frac{c}{f_{s1} - f_{s2}} = \frac{1}{2} \frac{c}{f_s} \tag{6-56}$$

$$m = m_1 - m_2 \tag{6-57}$$

$$\Delta m = \Delta m_1 - \Delta m_2 \tag{6-58}$$

$$f_s = f_{s1} - f_{s2} \tag{6-59}$$

因为 $\Delta m_1 = \frac{\Delta \phi_1}{2\pi}$，$\Delta m_2 = \frac{\Delta \phi_2}{2\pi}$，$\Delta m = \frac{\Delta \phi}{2\pi}$，则有

$$\Delta \phi = \Delta \phi_1 - \Delta \phi_2 \tag{6-60}$$

在以上公式中，可以认为 f_s 是一个新的测尺频率，L_s 是新测尺频率 f_s 所对应的测尺长度。这样，用 f_{s1} 和 f_{s2} 分别测量某一距离时，所得相位尾数 $\Delta \varphi_1$ 和 $\Delta \varphi_2$ 之差，与用 f_{s1} 和 f_{s2} 的差频频率 $f_s = f_{s1} - f_{s2}$。测量该距离时的相位尾数 $\Delta \varphi$ 相等。间接频率方式正是基于这一原理进行测距的。它是通过测量 f_{s1} 和 f_{s2} 频率的相位尾数并取其差值来间接测定

相应的差频频率的相位尾数。通常把 f_{s1} 和 f_{s2} 称为间接测尺频率,而把差频频率称为相当测尺频率,表 6-2 列出了间接测尺频率、相当测尺频率、相对应的测尺长度以及 0.1% 的精度值。

表 6-2　间接测尺频率、相当测尺频率及测尺长度

	间接测尺频率	相当测尺频率 $f_s = f - f_i$	测尺长度	精度
f_{s1}	$f = 15\text{MHz}$	15MHz	10m	1cm
f_{s2}	$f_1 = 0.9f$	1.5MHz	100m	10cm
	$f_2 = 0.99f$	150kHz	1km	1m
	$f_3 = 0.999f$	15kHz	10km	10m
	$f_4 = 0.9999f$	1.5kHz	100km	100m

由表 6-2 可见,这种方式的各间接测尺频率值非常接近,最高和最低频率之差仅为 1.5MHz。五个间接测尺频率都集中在较窄的频率范围内,故间接测尺频率又可称为集中测尺频率。这样,不仅可使放大器和调制器能够获得相接近的增益和相位稳定性,而且各频率对应的石英晶体也可统一。

相位测距仪测量相位的方法,采用差频测相法。差频测相的原理如图 6-29 所示。假定主控振荡器信号(图中简写为主振)$e_{s1} = A\cos(\omega_s t + \phi_s)$,发射后经 $2L$ 距离返回接收机,接收到的信号为 $e_{s2} = A\cos(\omega_s t + \phi_s + \Delta\phi)$,$\Delta\phi$ 表示相位的变化。设本地振荡器信号(图中简写为本振)为 $e_1 = A\cos(\omega_1 t + \phi_1)$,把 e_1 送到混频器 I 和 II,分别与 e_{s1} 和 e_{s2} 混频,在混频器的输出端得到差频参考信号 e_r 和测距信号 e_s,分别表示为

$$e_r = D\cos[(\omega_s - \omega_1)t + (\phi_s - \phi_1)]$$
$$e_s = E\cos[(\omega_s - \omega_1)t + (\phi_s - \phi_1) + \Delta\phi]$$

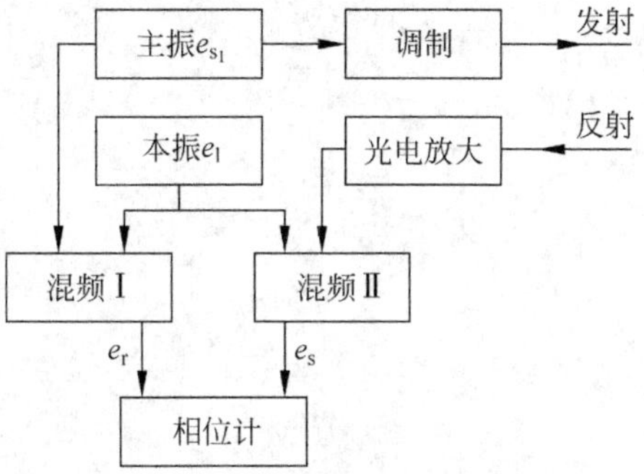

图 6-29　差频测相原理框图

用相位检测电路测出这两个混频信号的相位差 $\Delta\phi' = \Delta\phi$。可见,差频后得到的两个低频信号的相位差 $\Delta\phi'$ 与直接测量高频调制信号的相位差 $\Delta\phi$ 是一样的。通常选取测相的低频频率 $f = f_s - f_1$ 约为几千赫兹到几十千赫兹。

经过差频后得到的低频信号进行相位比较,可采用平衡测相法,也可采用自动数字测相法。平衡测相具有较高的测相精度,结构简单,性能可靠,价格低廉,但这种测相方式的测相精度由于和移相器及其移相网络的线性误差有关,同时还与鉴相器灵敏度、时间常数及读数装置有关,常会造成 15′~20′ 或者更大的测相误差。此外,这种方式有机械磨损,测量速度

较低,并难以实现信息处理。自动数字测相则具有测量速度高,测量过程自动化,便于实现信息处理等优点,而且可得到 1/10000~2/10000 的测相精度(相当于 $2'\sim4'$)。

本章参考文献

1 L. E. 特瑞恩著. 王仕康,沈熊,周作元译. 激光多普勒技术. 北京:清华大学出版社,1985
2 F. W. Sears 等著. 郭泰运等译. 大学物理学(第二册). 北京:人民教育出版社,1979
3 沈熊编. 激光多普勒测速技术及应用. 北京:清华大学出版社,2004
4 M. 瓦切西威克兹,M. J. 鲁德著. 徐枋同等译. 激光多普勒测量. 北京:水利出版社,1980
5 F. 杜斯特,A. 梅林,J. H. 怀特洛著. 沈熊,许宏庆,周作元译,王仕康校. 激光多普勒测速技术的原理和实践. 北京:科学出版社,1992
6 桑波. 激光多普勒测振技术理论、信号处理及应用研究. 西安:西安交通大学博士论文,2003
7 孙渝生,赵建新,范丽娟. 激光多普勒测速技术的最新发展. Sensor World,1998
8 刘莉. 激光多普勒信号的小波分析方法研究. 武汉大学硕士论文,2003
9 杨国光. 近代光学测试技术. 杭州:浙江大学出版社,1997
10 Donati Silvano 著. 赵宏等译. 激光传感与测量. 西安:西安交通大学出版社,2006
11 孙长库,叶声华. 激光测量技术. 天津:天津大学出版社,2001

第7章 光纤传感技术
CHAPTER 7

本章先介绍光在自然空间的传播规律,光在平板波导中的传播规律,再由光在平板波导的传播规律推广至光在柱面对称的光纤中传播的规律,从而得出单模光纤和多模光纤存在的条件。然后分别介绍光强度调制型、光相位调制型、光偏振调制型、光波长调制型光纤传感技术及光纤分布式传感技术的工作原理。

7.1 光传输的基本理论

7.1.1 反射和折射

从麦克斯韦方程可得到下面这组解的形式

$$E_x = E_0 e^{i(\omega t - kz)} \tag{7-1}$$

$$E_y = E_0 e^{i(\omega t - kz)} \tag{7-2}$$

它们表示沿 Oz 方向传输的平面波。除了式(7-1)和式(7-2)的解的形式以外,另外还有一种形式是从一点发出球面波的形式

$$E_r = \frac{E_0}{r} e^{i(\omega t - kr)} \tag{7-3}$$

式中 r 为球面波半径。

反射和折射定律是把光传播看成"光线"传播的条件下得出来的。考虑一个点光源发出的光通过一个小孔时可以看成从点光源发出的一束光线组成的光束,这些光线在介质分界面产生反射和折射时满足以下关系:

(1) 反射光在入射面以内,反射角等于入射角。

(2) 折射光在入射面以内,入射角的正弦与折射角的正弦之比为常数。

这两条定律确定了反射光和折射光的方向,但不能确定反射光和折射光的强度。可以缩小圆孔的尺寸来得到更细的光线。当圆孔的尺寸小到与光波波长相当时,将产生衍射现象,几何光线理论不再适用,此时应该用波动理论来分析反射和折射现象。

现在考虑折射率为 n_1 和 n_2,介质分界面为平面的两种介质①和②,如图 7-1 所示。平面波在 zx 平面内传播,以入射角 θ_i 入射到介质分界面上。场分量(E,H)将以如下规律

变化

$$e^{i\omega(t-n_1(x\sin\theta_i+z\cos\theta_i)/c)}$$

当光与介质分界面相遇后,一般情况会分为反射光和折射光。这是两种介质的分界面上必须满足边界条件的直接结果。这边界条件遵从麦克斯韦方程,并可从实质上表述为

(1) E 和 H 的切向分量在边界上连续。

(2) B 和 D 的垂直分量在边界上连续。

以上两个条件在任何时间、任何地点都是成立的。

假设反射角和折射角为 θ_r 和 θ_t。那么入射光、反射光和折射光将按以下规律变化

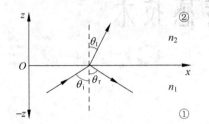

图 7-1 光在两种介质界面的反射与折射

入射光波
$$e^{i\omega(t-n_1(x\sin\theta_i+z\cos\theta_i)/c)}$$

反射光波
$$e^{i\omega(t-n_1(x\sin\theta_r-z\cos\theta_r)/c)}$$

折射光波
$$e^{i\omega(t-n_2(x\sin\theta_t+z\cos\theta_t)/c)}$$

在分界面($z=0$)上,这些变量对于任何 x 和 t 都是相等的,所以有

$$n_1 x\sin\theta_i = n_1 x\sin\theta_r = n_2 x\sin\theta_t$$

故

$$\theta_i = \theta_r \quad (\text{反射定律})$$

$$n_1 \sin\theta_i = n_2 \sin\theta_t \quad (\text{折射定律})$$

下面考虑各个光波的相对幅值。

(1) E 在入射面内,H 垂直于入射面

入射光波可重写为以下形式

$$E_x = E_i \cos\theta_i e^{i\omega(t-n_1(x\sin\theta_i+z\cos\theta_i)/c)}$$

$$E_z = -E_i \sin\theta_i e^{i\omega(t-n_1(x\sin\theta_i+z\cos\theta_i)/c)}$$

$$H_y = H_i e^{i\omega(t-n_1(x\sin\theta_i+z\cos\theta_i)/c)}$$

根据麦克斯韦中平面波 H 和 E 的关系,可以得到

$$\frac{E}{H} = z = \left(\frac{\mu}{\varepsilon}\right)^{1/2}$$

其中 z 表征介质的阻尼特性,对于介质有 $\mu=1$,及 $n=\varepsilon^{1/2}$,所以有 $z=1/n$ 及 $H_i = nE_i$。

$$H_y = n_1 E_i e^{i\omega(t-n_1(x\sin\theta_i+z\cos\theta_i)/c)}$$

显然,对于反射光和折射光也可以建立一组类似的方程,应用边界条件可以得到各个光波振幅的关系

$$\frac{E_r}{E_i} = \frac{n_1\cos\theta_t - n_2\cos\theta_i}{n_1\cos\theta_t + n_2\cos\theta_i} \tag{7-4a}$$

$$\frac{E_t}{E_i} = \frac{2n_1\cos\theta_i}{n_1\cos\theta_t + n_2\cos\theta_i} \tag{7-4b}$$

下面分析另外一种垂直偏振态的情况。

(2) E 垂直于入射平面，H 在入射平面以内

用以上同样的分析方法可得

$$\frac{E'_r}{E'_i} = \frac{n_1\cos\theta_i - n_2\cos\theta_t}{n_1\cos\theta_i + n_2\cos\theta_t} \tag{7-4c}$$

$$\frac{E'_t}{E'_i} = \frac{2n_1\cos\theta_i}{n_1\cos\theta_i + n_2\cos\theta_t} \tag{7-4d}$$

式(7-4)称为菲涅耳方程组。

从式(7-4a)注意到有可能不存在反射光的情形，若 $n_1\cos\theta_t = n_2\cos\theta_i$，由折射定律有 $n_1\sin\theta_i = n_2\sin\theta_t$，组合这两个方程可以得到

$$\sin2\theta_i = \sin2\theta_t = \frac{n_2}{n_1}$$

此方程有无穷多组解，但有意义的解是 $\theta_i \neq \theta_t$ 且 θ_i 和 θ_t 在 $0 \sim \frac{\pi}{2}$ 范围内。方程解为 $\theta_i + \theta_t = \frac{\pi}{2}$，有 $\tan\theta_i = \frac{n_2}{n_1}$，这个特殊的角称为布儒斯特(Brewster)角 θ_B。

现考虑垂直于入射面的偏振量，由式(7-4c)有

$$n_1\cos\theta_i = n_2\cos\theta_t$$

结合折射定律，有

$$\tan\theta_i = \tan\theta_t$$

上式无有意义的解，所以此时垂直偏振分量的反射光不会被消除。当任意偏振态的光以布儒斯特(Brewster)角入射时，只有偏振态垂直于入射面的分量被反射。

7.1.2 全反射

对于折射定律

$$n_1\sin\theta_i = n_2\sin\theta_t \quad \text{或} \quad \sin\theta_t = \frac{n_1}{n_2}\sin\theta_i$$

因为总有 $\sin\theta_t \leq 1$；如果 $n_2 < n_1$（光由光密介质入射到光疏介质），可能有 $\sin\theta_i > \frac{n_2}{n_1}$ 及 $\frac{n_1}{n_2}\sin\theta_i > 1$，所以可能有

$$\sin\theta_t > 1 \tag{7-5}$$

式(7-5)无解。这种现象的解释是：当光从光密介质传输到光疏介质时折射角 θ_t 比入射角 θ_i 大，结果 θ_t 将在 θ_i 之前增大到 $90°$，此后，比 θ_i 更大的角都不能产生折射光了。此时的入射角 θ_i 被称作全反射临界角 θ_c。

$$\sin\theta_c = \frac{n_2}{n_1}$$

对于所有入射角 $\theta_i > \theta_c$，入射光将在介质分界面上被全反射。

如果场正如麦克斯韦方程要求在经过边界时连续，那么在第二种介质内一定存在某种场干扰，可以用菲涅耳方程对这种干扰进行分析。

$$\cos\theta_t = (1-\sin^2\theta_t)^{1/2}$$

因为 $\theta_i > \theta_c$ 时，有 $\sin\theta_t > 1$，又因为对于所有的 ν，函数 $\cosh\nu > 1$，有

$$\sin\theta_t = \cosh\nu \qquad \theta_t > \theta_i$$

所以 $\cos\theta_t = i(\cosh^2\nu - 1)^{1/2} = \pm i\sinh\nu$。第二种介质中场的指数变化可表示为

$$E = E_0 \mathrm{e}^{\left[i\omega\left(t - n_2 \frac{x\cosh\nu - iz\sinh\nu}{c}\right)\right]} \tag{7-6}$$

上式表示一个沿平行于分界面（Ox 方向）在第二种介质内传播的光波，其振幅沿垂直于分界面 z 按指数规律衰减，振幅沿 z 轴方向衰减的速率可写为 $\mathrm{e}^{\left[-\frac{2\pi z\sinh\nu}{\lambda_2}\right]}$。式中 $\lambda_2 = \frac{c}{n_2}$ 是光波在第二种介质中的波长，表明光波经过大约一个波长 λ_2 的距离后，其振幅极大的衰减了。虽然光波在第二种介质中传播，它在垂直于分界面的方向并不传播能量，全部光都在分界面上全反射了。

全反射光波中存在依赖于入射角的偏振态相位变化，这可以由菲涅耳方程导出。对于平行分量 $E_{/\!/}$，由式（7-4a）有

$$\frac{E_r}{E_i} = \frac{in_1\sinh\nu - n_2\cos\theta_i}{in_1\sinh\nu + n_2\cos\theta_i}$$

复数表示全反射引起的相位变化。

对于（平行分量）$E_{/\!/}$，有

$$\tan\left(\frac{\delta_p}{2}\right) = \frac{n_1(n_1^2\sin^2\theta_i - n_2^2)^{1/2}}{n_2^2\cos\theta_i} \tag{7-7}$$

对于（垂直分量）$E_\perp$，有

$$\tan\left(\frac{\delta_s}{2}\right) = \frac{(n_1^2\sin^2\theta_i - n_2^2)^{1/2}}{n_1\cos\theta_i} \tag{7-8}$$

从而有

$$\tan\left(\frac{\delta_p}{2}\right) = \frac{n_1^2}{n_2^2}\tan\left(\frac{\delta_s}{2}\right) \tag{7-9a}$$

$$\tan\left(\frac{\delta_p - \delta_s}{2}\right) = \frac{\cos\theta_i(n_1^2\sin^2\theta_i - n_2^2)^{1/2}}{n_1\sin^2\theta_i} \tag{7-9b}$$

图 7-2 是 δ_p，δ_s 及 $\delta_p - \delta_s$ 随入射角 θ_i 的变化图。经过全反射后光的偏振态将随 $\delta_p - \delta_s$ 的不同而改变。选择合适的入射角 θ_i 及两次全反射，就可能从任意初始偏振态中产生最终需要的偏振态。

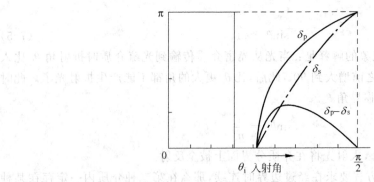

图 7-2　δ_p，δ_s 及 $\delta_p - \delta_s$ 随入射角 θ_i 的变化图

7.1.3 光的干涉

光由振动的电场和磁场组成,它们都是矢量场。多个场可以矢量叠加,结果是在两个光波重叠的区域内每一点和每时刻,总场是两个分场的矢量和。

如果两个同频率的正弦波相加,结果是另一个波。假设两个光波的电场有如下形式

$$e_1 = E_1 \cos(\omega t + \phi_1)$$
$$e_2 = E_2 \cos(\omega t + \phi_2)$$

它们有相同的偏振态,并且在空间某一点相叠加。利用三角函数计算公式,有

$$e_T = E_T \cos(\omega t + \phi_T)$$

式中 $E_T^2 = E_1^2 + E_2^2 + 2E_1 E_2 \cos(\phi_2 - \phi_1)$,$\tan\phi_T = \dfrac{E_1 \sin\phi_1 + E_2 \sin\phi_2}{E_1 \cos\phi_1 + E_2 \cos\phi_2}$。

对于 $E_1 = E_2 = E$ 的情况,有

$$E_T^2 = 4E^2 \cos^2\left(\frac{\phi_2 - \phi_1}{2}\right) \quad \text{及} \quad \tan\phi_T = \tan\left(\frac{\phi_1 + \phi_2}{2}\right)$$

由于光的强度正比于 E_T^2,当 $\dfrac{\phi_2 - \phi_1}{2}$ 从 0 变到 $\dfrac{\pi}{2}$ 的时候,光强从 $4E^2$ 变为 0。

7.1.4 光波导

考虑图 7-3 所示的对称介质结构。一个折射率为 n_1 的介质平板置于折射率为 n_2 的介质中。建立一个如图所示的直角坐标系,设一束光从坐标原点出发,以角 θ 在平面介质板中传播。如果 $\theta > \theta_c$ (θ_c 为临界角),光在分界面上多次产生全反射。由于光波被束缚在平板介质中,所以称之为"波导"。先考虑入射的线偏振光的偏振态垂直于入射平面的情况。图 7-3 中的入射光波可写为

$$E_i = E_0 e^{[-i\omega t - ikn_1 x\cos\theta - ikn_1 z\sin\theta]}$$

反射光可表示为

$$E_r = E_0 e^{[-i\omega t + ikn_1 x\cos\theta - ikn_1 z\sin\theta + i\delta_s]}$$

其中 δ_s 为偏振光全反射时引起为相位变化。这两个光波相互叠加发生干涉。干涉场可表示为

$$E_T = E_i + E_r = 2E_0 \cos\left(kn_1 x\cos\theta + \frac{\delta_s}{2}\right) \exp\left(-i\omega t - ikn_1 z\sin\theta + \frac{i\delta_s}{2}\right) \quad (7\text{-}10)$$

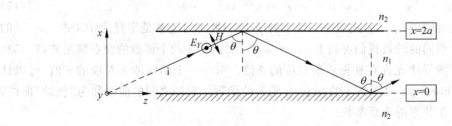

图 7-3 光在平面对称介质结构中的传播图

这是一个沿 z 方向以波数 $kn_1\sin\theta$ 传播的光波,其振幅在 Ox 方向依从 $\cos\left(kn_1x\cos\theta+\dfrac{\delta_s}{2}\right)$ 变化。由于对称性,$x=0$ 及 $x=2a$ 的边界光强应该相等

$$\cos^2\left(\dfrac{\delta_s}{2}\right)=\cos^2\left(kn_12a\cos\theta+\dfrac{\delta_s}{2}\right) \quad \text{或} \quad 2akn_1\cos\theta+\delta_s=m\pi \tag{7-11}$$

m 为一整数。有时称式(7-11)为横向谐振条件。由于 δ_s 取决于 θ,式(7-11)表明要使干涉场在整个光纤长度内保持稳定,θ 只能取一些离散的值。每一个干涉图样用 m 值表示它的特征。每一个 m 值都对应于一个 θ。这些允许存在的干涉图样称为光波的"模式"。

现在再来考虑光场沿纵向的情况(沿 Oz 轴),从式(7-10)可知这须用波数来表征光场的特性。

设纵向波数 $kn_1\sin\theta=\beta$,由全反射条件 $\sin\theta\geqslant\dfrac{n_2}{n_1}$,有

$$n_1k\geqslant\beta\geqslant n_2k$$

所以纵向波数总是介于两种介质的波数之间。定义横向波数为 $q=kn_1\cos\theta$,为了方便起见,定义一个参量 p,此参量为 $p^2=\beta^2-n_2^2k^2$。

对于垂直偏振态 $E_\perp$,"横向偏振"条件可以有如下形式

$$\tan\left(aq-m\dfrac{\pi}{2}\right)=\dfrac{p}{q} \tag{7-12a}$$

对于平行偏振态 $E_\parallel$,"横向偏振"条件可以表示为

$$\tan\left(aq-m\dfrac{\pi}{2}\right)=\dfrac{n_1^2}{n_2^2}\cdot\dfrac{p}{q} \tag{7-12b}$$

分别称这两种情况为"横电"(TE)对应于 $E_\perp$,"横磁"(TM)对应于 $E_\parallel$。用式(7-12)定义任意给定平板的模式。根据 m 是奇数还是偶数,可将方程的结果分为偶数形式和奇数形式。对于奇数 m,有

$$\tan\left(aq-m_{\text{odd}}\dfrac{\pi}{2}\right)=-\cot(aq) \tag{7-13a}$$

对于偶数 m,有

$$\tan\left(aq-m_{\text{even}}\dfrac{\pi}{2}\right)=\tan(aq) \tag{7-13b}$$

取 m 为偶数,式(7-13a)可写为

$$aq\tan(aq)=ap \tag{7-14}$$

从 p 和 q 的定义有

$$a^2p^2+a^2q^2=a^2k^2(n_1^2-n_2^2) \tag{7-15}$$

取相互垂直的轴 ap,aq,式(7-15)表示的 p 和 q 之间的关系是半径为 $ak(n_1^2-n_2^2)^{1/2}$ 的圆。如果对于相同的轴系我们再画上 $aq\tan(aq)$。如图 7-4 两个函数的交点满足式(7-15)。这些点提供了波导中允许存在模式所对应的 θ 值。对于一个给定的 k 对应的 θ 值,可以计算出 β 值,$\beta=n_1k\sin\theta$。对于指定的 m 值,β 是 k 的函数。它们之间的曲线称为"色散"曲线,是决定波导工作状态的重要参数。

显然,波导的参数值决定了波导中可能存在的模式数目。从图 7-4 中可知,无论圆的半径多么小,此圆与渐近线至少有一个交点。如果只有一个解,那么圆的半径必须小于 $\pi/2$,即

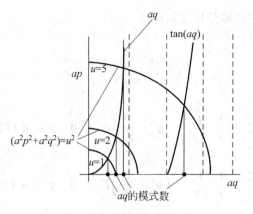

图 7-4 平面波导模式

$$aK(n_1^2 - n_2^2)^{1/2} < \frac{\pi}{2}$$

或

$$\frac{2\pi a}{\lambda}(n_1^2 - n_2^2)^{1/2} < 1.57$$

后一个方程是对称波导的单模条件。它表征一个重要的情况,因为波导中的单模极大简化了波导中的传输形式。

再来考虑图 7-5 所示的圆柱对称结构的介质,这就是光纤的几何结构图,中心部分称为"纤芯",外层部分称为"包层"。对于板状波导适用的基本原理同样适用于光纤,只是圆对称结构比平面对称结构使数学计算更加复杂了。为方便起见,使用图 7-5 所定义的柱坐标 (γ, ϕ, z),麦克斯韦方程可变成以下形式

$$\nabla^2 E = \frac{1}{\gamma} \frac{\partial}{\partial \gamma}\left(\gamma \frac{\partial E}{\partial \gamma}\right) + \frac{1}{\gamma^2} \frac{\partial^2 E}{\partial \phi^2} + \frac{\partial^2 E}{\partial z^2} = \mu\varepsilon \frac{\partial^2 E}{\partial t^2} \tag{7-16}$$

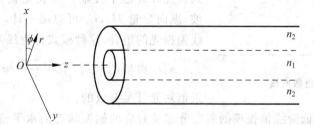

图 7-5 圆柱对称结构介质

分离变量 $E = E_r(r)E_\phi(\phi)E_z(z)E_t(t)$,有 $E_z(z)E_t(t) = e^{[i(\beta z - \omega t)]}$,式(7-16)可重写成

$$\frac{\partial}{\partial \gamma}\left\{r\frac{\partial(E_r E_\phi)}{\partial r}\right\} + \frac{1}{\gamma^2}\frac{\partial^2(E_r E_\phi)}{\partial \phi^2} - \beta^2 E_r E_\phi + \mu\varepsilon\omega^2 E_r E_\phi = 0 \tag{7-17}$$

如果假设 E_ϕ 为周期函数,则有

$$E_\phi = \exp(\pm i l\phi)$$

式中 l 为整数。式(7-17)可进一步简化为

$$\frac{\partial^2 E_r}{\partial \gamma^2} + \frac{1}{\gamma}\frac{\partial E_r}{\partial \gamma} + \left(n^2 k^2 - \beta^2 - \frac{l^2}{\gamma^2}\right)E_r = 0$$

这是贝塞尔方程形式,它的解是贝塞尔解。

像平面波导一样,令

$$n_1^2 k^2 - \beta^2 = q^2$$
$$\beta^2 - n_2^2 k^2 = p^2$$

有

$$\frac{\partial^2 E_r}{\partial \gamma^2} + \frac{1}{\gamma}\frac{\partial E_r}{\partial \gamma} + \left(q^2 - \frac{l^2}{\gamma^2}\right)E_r = 0 \quad \gamma \leqslant a \text{（纤芯）}$$

及

$$\frac{\partial^2 E_r}{\partial \gamma^2} + \frac{1}{\gamma}\frac{\partial E_r}{\partial \gamma} - \left(p^2 + \frac{l^2}{\gamma^2}\right)E_r = 0 \quad \gamma > a \text{（包层）}$$

方程的解为

$$E_r = E_c J_1(qr) \quad \gamma \leqslant a$$
$$E_r = E_d K_1(pr) \quad \gamma > a$$

J_1 称为"一阶贝塞尔函数",K_1 称为"二阶变形贝塞尔函数"。这两个函数在边界 $r=a$ 处必须连续。

对于纤芯

$$E = E_c J_1(qr) e^{[\pm il\phi]} e^{[i(\beta z - \omega t)]}$$

对于包层

$$E = E_{cl} K_1(pr) e^{[\pm il\phi]} e^{[i(\beta z - \omega t)]}$$

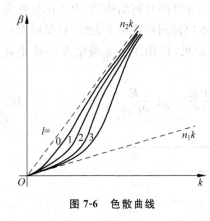

图 7-6　色散曲线

可以又一次利用边界条件 $r=a$ 来决定 p,q 及 β 的允许取值。其结果是 β 和 k 的关系式,称为"色散"曲线,如图 7-6 所示。当 $n_1 \approx n_2$ 时称为"弱导",可简化复杂繁冗的数学计算,此时在边界面上的入射角必须很大才能发生全反射现象,光线必须以掠入射的方式在光纤纤芯中传输。这就是说光波几乎是一个横波,纵向分量 H_z, E_z 可忽略不计,光波可简化为两个线偏振光的组合,这种模式称为线偏振模(LP)。

对于典型的光纤,有 $\dfrac{n_1 - n_2}{n_1} \approx 0.01$,所以弱波导近似对光纤是有效的。

图 7-7 是一些低阶线偏振模的强度分布及对应的偏振状态的水平整数值 l。光纤中存在两种可能的线偏模形式。圆柱对称的单模条件是

$$\frac{2\pi a}{\lambda}(n_1^2 - n_2^2)^{1/2} < 2.404$$

对于光纤设计的一些重要特性用几何光学来分析更方便。先讨论光入射进光纤的问题。如图 7-8(a)所示,在光纤端面光纤以入射角 θ_0 入射,其折射角为 θ_1,有

$$n_0 \sin\theta_0 = n_1 \sin\theta_1$$

式中 n_0 和 n_1 是光纤纤芯和包层的材料折射率。如果折射光以 θ_T 入射到芯层分界面上,对于全反射,有

$$\sin\theta_T > \frac{n_2}{n_1}$$

其中 n_2 是包层的折射率。

因为 $\theta_T = \dfrac{\pi}{2} - \theta_1$，有 $\cos\theta_1 > \dfrac{n_2}{n_1}$，所以 $\cos\theta_1 = \left(1 - \dfrac{n_0^2 \sin^2\theta_0}{n_1^2}\right)^{1/2} > \dfrac{n_2}{n_1}$，或

$$n_0 \sin\theta_0 < (n_1^2 - n_2^2)^{1/2}$$

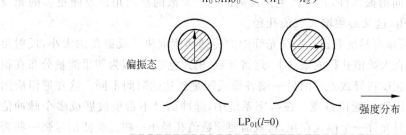

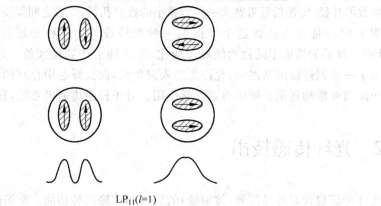

图 7-7　低阶线偏振模的强度分布

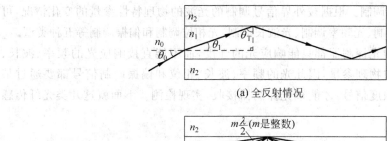

(a) 全反射情况

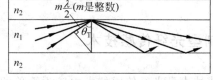

(b) 横向谐振条件

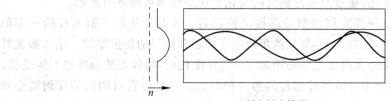

(c) 渐变射率情况

图 7-8　光在光纤内的传输情形

上式不等式中的右边定义为光纤的数值孔径(NA)。它是表征光纤接收光的能力的一个量,入射光圆锥的顶角半宽为 θ_0。为了得到大的 θ_0,必须增大纤芯和包层的折射率差值。对于典型光纤,$\theta_0 = 10°$。

图 7-8(b)满足横向谐振条件,并可产生全反射的一些离散的反射角。要使更多的光线反射必须增大全反射角,又必须增大数值孔径。

从几何光线传播可以容易地看出:光在光纤中的传播速度取决于反射角的大小,反射角越小,传播速度越慢。在大数值孔径的条件下,这将导致"模式色散"。因为如果能量分布在很多模式中,不同的传播速度将导致光纤的另一端各模式能量到达的时间不同。这在通讯应用中是不希望的,因为它限制了通讯带宽。在数字系统中,脉冲信号不希望被展成多个脉冲信号。对于最宽的带宽,只允许一个模式存在,这就需要使数值孔径小一些。要使信号强一些需要大的数值孔径,要使信号带宽大一些需要小的数值孔径,二者之间需要找到一个平衡。

图 7-8(c)是努力达到这个平衡的一种光纤设计。这种光纤称为渐变折射率光纤(GRIN)。纤芯的折射率随抛物线规律变化,纤芯轴上达到最大值。这种折射率结构有效地构成了一系列连续的凸透镜,允许光的入射角大,而且纤芯中存在的模式有限。GRIN 光纤在短距离介质和通讯系统中得到广泛应用。对于长距离通讯系统,只能用单模光纤。

7.2 光纤传感技术

光纤传感包含对外界信号(被测量)的感知和传输两种功能。所谓感知是指外界信号按照其变化规律使光纤中传输的光波的物理特性参量,如强度(功率)、波长、频率、相位和偏振态等发生变化,测量光参量的变化即"感知"外界信号的变化。这种"感知"实质上是外界信号对光纤中传输的光波实施调制。根据被外界信号调制的光波的物理特性参量的变化情况,可将光波调制分为光强度调制、光频率调制、光波长调制、光相位调制和偏振调制等五种类型。

由于现有的任何一种光探测器都只能响应光的强度,而不能直接响应光的频率、波长、相位和偏振态这四种光波物理参量,因此光的频率、波长、相位和偏振调制信号都要通过某种转换技术转换成光的强度信号,才能被光探测器接收,实现检测。下面就这几类光纤传感技术分别加以介绍。

7.2.1 强度调制型光纤传感技术

强度调制型光纤传感技术是光纤传感技术中较为简单的一种,其原理是将被测物理量的变化转换为光强度的变化,通过测量光强度的变化实现对被测物理量的测量。

图 7-9 是最简单的一种强度调制型位移振动传感器。入射光从第一根光纤的一端输出,其输出光束为一个锥形发散光束,其发散角决定于纤芯和包层的折射率差。第二根光纤的受光能力决定于数值孔径及两根光纤的距离 d。当 d 变化时,接收光的强度也发生变化。

图 7-10 是强度调制型光纤位移传感器的另一种形式。一个位置可调谐的反射镜感知外界物理量(如压力)的变化,从而使反射镜与光纤端面之间的间距发生变化,接收光纤接受到的光强就随之发生变化,实现对外界物理量的测量。

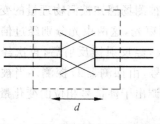

图 7-9 强度调制型光纤位移振动传感器原理图

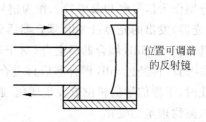

图 7-10 反射式强度调制型光纤位移振动传感器原理图

为了提高测量精度,可采用图 7-11 的差动式强度调制型位置传感器。原理图中两个探测器的输出差值正比于入射光纤的横向位移。

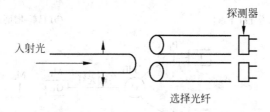

图 7-11 差动式强度调制型位置传感器原理图

另一种强度调制型光纤传感器是基于物质本身的物理效应的。热色效应是指某些物质的光吸收谱强烈地随温度变化而变化的物理特性。具有热色效应的物质称为热色物质。例如用白炽灯照射热色溶液(溶于异丙基乙醇中的 $CoCl_2 \cdot 6H_2O$ 溶液)时,其光吸收谱如图 7-12 所示。吸收谱特征是,在光波长 655nm 形成一个强吸收带,光透过率几乎与温度成线性关系;而在光波长 800nm 处为极弱吸收带,光透过率几乎与温度变化无关。因此,外界温度的变化可通过热色物质对波长 655nm 处的光强进行测量。为了消除光源波动对测量精度的影响,可以取波长 800nm 处的光强作为参考信号。

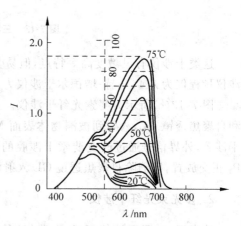

图 7-12 白炽灯照射热色溶液的光吸收谱

7.2.2 相位调制型光纤传感技术

相位调制是指被测物理量按照一定的规律使光纤中传播的光波相位发生相应的变化,相位的变化量即反映被测物理量的变化量。

1. 双光束光纤干涉仪

图 7-13(a)和(b)所示分别是迈克尔逊光纤干涉仪和马赫-增德尔光纤干涉仪。两个干

涉臂分别作为信号臂和参考臂。作为信号臂的光纤置于被测场感知被测物理量的变化。光源(激光器)发出的光经过 3dB 耦合器后分为强度相等两束光,这两束光分别经过信号臂和参考臂,再经过 3dB 耦合器后会合(对于迈克尔逊干涉仪,经反射镜反射后,再次经过信号臂和参考臂,再经过 3dB 耦合器后再会合),形成干涉信号,由探测器 D 探测。当被测物理量变化时,干涉信号的相位就发生变化,通过测量系统解调出干涉信号相位的变化量即可测量出被测物理量的变化。

(a) 迈克尔逊光纤干涉仪

(b) 马赫-增德光纤干涉仪

(c) 斐索光纤干涉仪

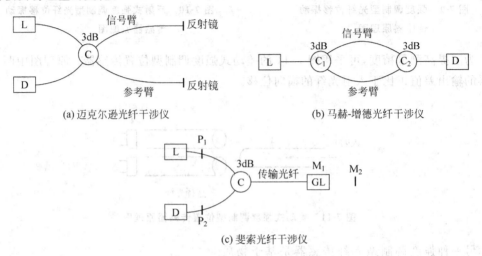

图 7-13　三种双光束光纤干涉仪

这类干涉仪有灵敏度高等特点,但易受温度漂移及机械振动等环境干扰。迈克尔逊干涉仪量程仅为 $\lambda/4$,马赫-增德尔干涉仪为 $\lambda/2$。

图 7-13(c)所示为斐索光纤干涉仪。激光光源 L 发出的光束经偏振片 P_1,3dB 耦合器和自聚焦透镜 GL,入射到被测物体表面 M_2。自聚焦透镜的出射端面 M_1 和 M_2 构成斐索干涉腔,外界信号通过改变斐索干涉腔的腔长对光纤中的光相位进行调制。偏振片 P_1 和 P_2 正交放置,以消除自聚焦透镜 GL 入射面回射光的干扰。

2. 多光束光纤干涉仪

法布里-珀罗干涉仪(F-P 干涉仪)是多光束干涉仪。它是由两个间距为 L 的反射率为 R_1 和 R_2 的平行平面镜组成,如图 7-14 所示。

图 7-14　法布里-珀罗干涉仪

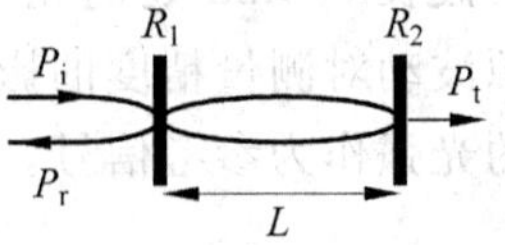

定义每一个平面镜的透过率为 T_i,反射率为 R_i,$i=1,2$,并且 $R_i+T_i=1$。F-P 干涉仪的透过光强和反射光强可表示为

$$R_{\text{F-P}}=\frac{R_1+R_2+2\sqrt{R_1R_2}\cos\phi}{1+R_1R_2+2\sqrt{R_1R_2}\cos\phi} \tag{7-18}$$

$$T_{\text{F-P}}=\frac{T_1T_2}{1+R_1R_2+2\sqrt{R_1R_2}\cos\phi} \tag{7-19}$$

光波在 F-P 腔内反射一周引起的相位差 $\phi = \dfrac{4\pi nL}{\lambda}$。其中 n 为 F-P 腔内介质的折射率，λ 为入射波长。用精细度 F 来表征 F-P 干涉仪的特性

$$F = \frac{\pi\sqrt{R}}{1-R} \tag{7-20}$$

当 $R \ll 1$ 时，式(7-18)和式(7-19)可写成

$$R_{\text{F-P}} \approx 2R(1+\cos\phi) \tag{7-21}$$

$$T_{\text{F-P}} \approx 1 - 2R(1+\cos\phi) \tag{7-22}$$

图 7-15 是不同的反射率 R 条件下，反射光强与相位关系曲线。

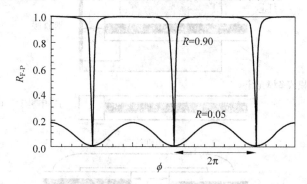

图 7-15　不同的反射率条件下反射光强与相位关系曲线

由光纤构成的 F-P 干涉仪分本征和非本征两大类。本征结构的光纤 F-P 干涉仪如图 7-16 所示。图 7-16(a)所示为光纤一个端面磨平构成一个反射镜，另一个反射镜是由光纤内置反射镜构成的光纤 F-P 干涉仪。图 7-16(b)所示为两个内置反射镜构成的光纤 F-P 干涉仪，由于光纤端面存在低反射率，为消除杂散光的影响，通常将光纤端面切成斜面。光纤光栅出现后，也有用两个参数相同的光纤光栅作为反射镜构成光纤 F-P 干涉仪，如图 7-16(c)所示。

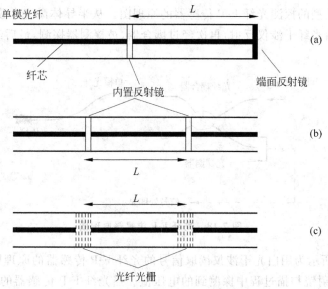

图 7-16　本征结构的光纤 F-P 干涉仪

另一种非本征形式光纤 F-P 干涉仪如图 7-17 所示。F-P 腔由光纤的两个端面组成。图 7-17(a) 所示的干涉仪一端由磨平的光纤端面，另一端由弹性膜构成，中间距离 L 构成空气腔。图 7-17(b) 所示为利用一个固体材料的透明薄膜构成光纤 F-P 干涉仪，F-P 腔的长度 L 为薄膜厚度，光纤-薄膜分界面构成一个反射镜，薄膜-空气分界面构成另一个反射镜。由于腔长 L 仅为微米量级，所以可以用多膜光纤工作。图 7-17(c) 所示的干涉仪利用两根光纤端面磨平后构成 F-P 腔，利用毛细管准直。图 7-17(d) 所示为利用空心光纤构成光纤 F-P 标准具的干涉仪。

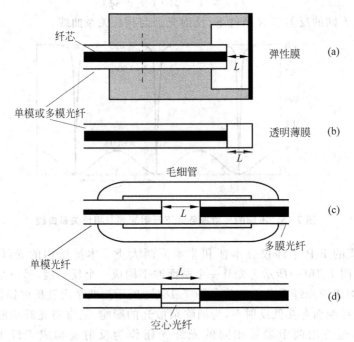

图 7-17 非本征结构的光纤 F-P 干涉仪

图 7-18 是典型的探测光纤 F-P 传感器的原理图。从半导体激光器发出的光经过光纤耦合器以后，再由光纤干涉仪反射，再次经过耦合器，被探测器探测，最后经过信号处理显示最后结果。

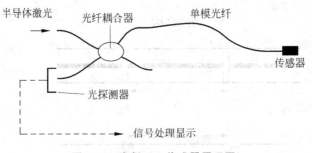

图 7-18 光纤 F-P 传感器原理图

图 7-19(a) 所示为用白光干涉仪读取信号的光纤 F-P 传感器的原理图。图 7-19(b) 所示为探测器在反射镜扫描过程中探测到的电压值。当光纤 F-P 传感器的腔长发生改变时，

探测器探测到的整个干涉图样就发生横向移动,通过定标条纹的位置来读出数据。

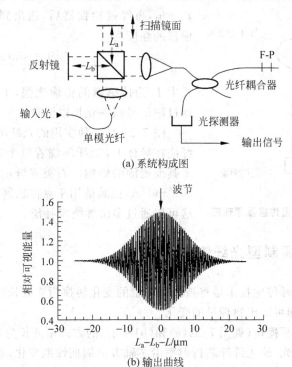

图 7-19 白光光纤干涉仪原理图

7.2.3 偏振调制型光纤传感技术

偏振调制是指被测物理量通过一定的方式使光纤中光波的偏振面发生规律性偏转(旋光),从而导致光的偏振特性变化,通过检测光偏振态的变化即可测出被测物理量的变化。

图 7-20 所示,当导体中通过电流 I 时,导体周围将产生电致磁场 B_0,光的偏振态将旋转 θ 角,且 $\theta = VlB$。V 为 Verdet 常数,l 为传感器长度。

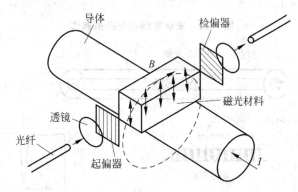

图 7-20 偏振调制型光纤传感器原理图

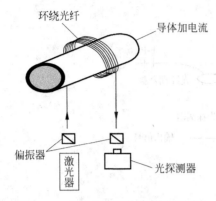

光纤出射的非偏振光经偏振薄膜或晶体后变成线偏振光,经过磁光材料后,其偏振态旋转 θ 角,再经过检偏器后,输出到接收光纤。透过检偏器的强度为

$$I = \frac{I_0[1+\sin(2\theta)]}{2} \quad (7-23)$$

式中 I_0 为传感器的传输光强,上式的直流分量可以通过把信号归一化加以消除。

图 7-21 是一种实用的光纤电流测量传感器。光纤绕在导体上,光纤环绕着整个磁路,这有效地避免了其他磁源的影响。石英光纤的 Verdet 常数约 8×10^{-6} rad/A,比其他用于点传感器的晶体材料低得多,这可以通过多次缠绕来补偿。

图 7-21 光纤电流测量传感器原理图

7.2.4 波长调制型光纤传感技术

光波长调制型光纤传感技术是将被测物理量的变化转换为光波长移动的技术。只要检测出波长的移动量,即可测出物理量的变化。

利用全息或者模板掩模(如图 7-22(a)和(b)所示)的方式用波长为 244~248nm 的紫外光对于含锗的光纤曝光,使光纤纤芯折射率沿芯轴方向周期性地变化,如图 7-23(a)所示。

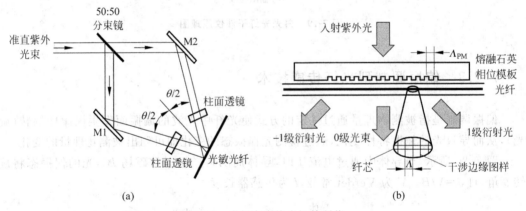

图 7-22 光纤布喇格光栅的制作

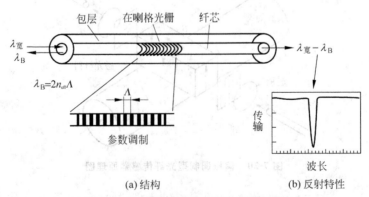

(a) 结构 (b) 反射特性

图 7-23 光纤布喇格光栅的作用原理图

$$n(z) = n_{co} + \delta_n(1 + \cos(2\pi z/\Lambda))$$

式中，n_{co} 是光纤纤芯的本身折射率；δ_n 是光纤纤芯曝光引起的折射率的最大增量。Λ 是纤芯折射率变化的周期，称为光栅周期。折射率周期性变化的结构使得向前传输的光的纤芯模式耦合成向后传输的光的纤芯模式，产生反射效应。当一个宽谱光源发出的光经过光纤光栅时，光纤光栅将反射特定波长的光，其余波长的光将透射，如图 7-23(b) 所示。此波长称为布喇格波长

$$\lambda_B = 2n_{eff}\Lambda$$

其中 n_{eff} 为传输光纤的有效折射率。一个典型的光纤光栅反射的布喇格波长谱宽可小于 0.5nm，其反射率可达到 100%。当环境温度或光纤所受的应力发生变化时，光纤光栅的折射率和光栅周期都会线性地变化，从而使得反射的布喇格波长也发生变化，这个特性使得光纤光栅被用作传感器成为可能，图 7-24 是光纤光栅的实验及理论透射谱。

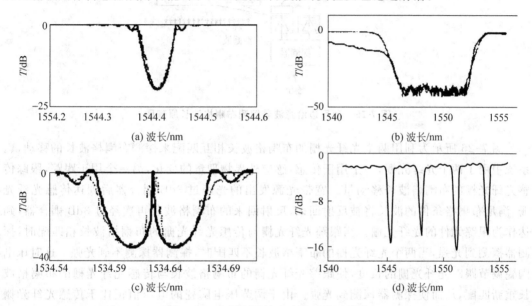

图 7-24 光纤光栅的实验及理论透射谱

当环境温度发生 ΔT 变化时，光纤光栅反射波长的移动量 $\Delta\lambda_B$ 为

$$\Delta\lambda_B = \lambda_B[P_e(\alpha_s - \alpha_f) + \xi]\Delta T$$

式中，P_e 为弹光系数；α_s 和 α_f 是光纤粘合材料及光纤本身的热膨胀系数；ξ 为热光系数。

在温度一定时，标准化的应力响应为

$$\frac{1}{\lambda_B} \cdot \frac{\Delta\lambda_B}{\Delta q} = 0.78 \times 10^{-6}$$

应力一定时，标准化的温度响应为

$$\frac{1}{\lambda_B} \cdot \frac{\Delta\lambda_B}{\Delta T} = 6.0678 \times 10^{-6} \, ℃^{-1}$$

对于石英光纤制成的光纤光栅，在 1300nm 波长处，单位微应变引起的布喇格波长移动约为 1pm/$\mu\varepsilon$，单位温度变化引起的布喇格波长移动量约为 10pm/℃。光纤光栅作为传感器的关键问题是如何探测由于应力和温度引起的布喇格波长移动量。如图 7-25 所示为利

用边沿滤波器探测布喇格波长移动的原理图。边沿滤波器是一个其透光率随光波波长变化而线性变化的光学器件,其透光特性如图7-25所示,透光率随光波波长的增大而增长。宽带光源发出的光经过3dB耦合器到达光纤光栅(FBG),FBG将满足布喇格条件的光波反射回来,再次经过两个3dB耦合器分为两路,一路直接被探测器探测,另一路经过边沿滤波器后再被探测器探测。边沿滤波器根据布喇格波长的大小线性调制其透过率,两个探测器探测到的光强的比值即反映了布喇格波长的大小。

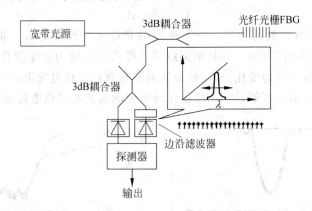

图 7-25 利用边沿滤波器探测布喇格波长原理图

图 7-26 所示为利用两个光纤光栅的布喇格波长相互匹配来探测布喇格波长的移动量。系统中用了两个光纤光栅,一个用于传感,感应外界物理量的变化,另一个用于跟踪,跟踪传感光纤光栅的布喇格波长移动量。宽带光源发出的光经过3dB耦合器后到达传感光纤光栅,满足布喇格条件的波长将被反射回来,反射回来的布喇格波长再次经过3dB耦合器,到达作为跟踪元件的光纤光栅。当跟踪光纤光栅与传感光纤光栅的布喇格波长相匹配时,探测器探测到光强,当两个光纤光栅的布喇格波长不匹配时,探测器探测不到光强。这时压电陶瓷调节跟踪光纤光栅的长度,使跟踪光纤光栅的布喇格波长与传感光纤光栅的布喇格波长重新匹配,从而使探测器探测到光强。由于调节压电陶瓷的电压值正比于传感光纤光栅的布喇格波长移动量,可将输出压电陶瓷的驱动电压值作为最后测量结果。

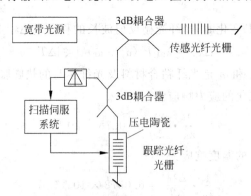

图 7-26 用 FBG 测量布喇格波长移动量的原理图

图 7-27 所示为用可调谐光纤 F-P 滤波器来解调光纤光栅的布喇格波长移动量,宽带光源发出的光经过 3dB 耦合器以后,到达光纤光栅;光纤光栅将满足布喇格条件的波长反射

回来,再次经过3dB耦合器,到达可调谐光纤F-P滤波器;当布喇格波长与光纤F-P滤波器的透过波长匹配时,布喇格波长通过光纤F-P滤波器,探测器探测到光强;当布喇格波长与光纤F-P滤波器的透过波长不匹配时,探测器探测不到光强,此时压电陶瓷调节光纤F-P滤波器,直到二者波长重新匹配。同样地压电陶瓷的驱动电压值作为测量结果。

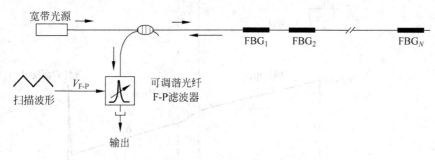

图 7-27　可调谐光纤 F-P 滤波器测量布喇格波长移动量原理

7.2.5　光纤分布式传感技术

光纤传感器与其他类型传感器相比,一个显著特点是光纤传感器可以方便地构成分布式传感器,对多点应力或温度进行测量。

图 7-28 所示为波分复用技术构成的光纤光栅多点传感网络系统。来自宽光源的光经过隔离器 3dB 耦合器后,由串联在一起布喇格波长不同的光纤光栅反射,反射回一系列不同的布喇格波长的光,分别检测出不同的布喇格波长的移动量,即测量对应各点的物理变化量。

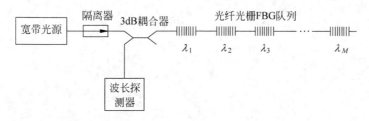

图 7-28　基于波分复用技术的分布式光纤光栅传感系统

图 7-29 所示为基于瑞利散射的分布式光纤传感系统。脉冲激光器发出的短脉冲经过 3dB 耦合器以后,在光纤中传输,如果光纤材质均匀,而且环境场无突变,探测器探测到的瑞利散射强度将随时间成指数衰减。如果在光纤某处受到横向的突变干扰,该处的衰减将与瑞利散射系数不同,那么这一点的衰减不服从指数规律。图 7-29 中以横轴作为时间轴,以 $\log(P_s)$ 为纵轴,在干扰处曲线有突变。

探测器探测到的散射强度 P_s 可表示为

$$P_s(t) = P_o r(z) e^{-\int_0^z 2\alpha(z) dz}$$

式中,P_o 是与输入光强有关的常量;c 是光在真空的光速;n 为光纤纤芯的折射率;$r(z)$ 是单位长度内的有效散射系数;$\alpha(z)$ 是衰减系数。

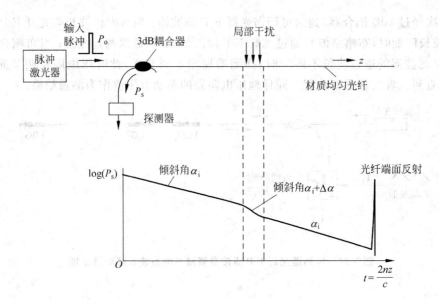

图 7-29 基于瑞利散射的分布式光纤传感系统

本章参考文献

1　Francis T. S. Yu, Shizhou Yin, etc. Fiber Optic Sensors. Marcel Dekker, 2002
2　王惠文,江先进,赵长江,等. 光纤传感技术与应用. 北京：国防工业出版社, 2001
3　John Dakin, M. Brian Culshaw, etc. Optical Fiber Sensors. Artech House, 1988

教师反馈表

感谢您购买本书！清华大学出版社计算机与信息分社专心致力于为广大院校电子信息类及相关专业师生提供优质的教学用书及辅助教学资源。

我们十分重视对广大教师的服务，如果您确认将本书作为指定教材，请您务必填好以下表格并经系主任签字盖章后寄回我们的联系地址，我们将免费向您提供有关本书的其他教学资源。

您需要教辅的教材：	
您的姓名：	
院系：	
院/校：	
您所教的课程名称：	
学生人数/所在年级：	＿＿＿＿人/　1　2　3　4　硕士　博士
学时/学期	＿＿＿＿学时/＿＿＿＿学期
您目前采用的教材：	作者：＿＿＿＿＿＿＿＿＿＿＿＿＿＿＿ 书名：＿＿＿＿＿＿＿＿＿＿＿＿＿＿＿ 出版社：＿＿＿＿＿＿＿＿＿＿＿＿＿＿
您准备何时用此书授课：	
通信地址：	
邮政编码：	联系电话
E-mail：	
您对本书的意见/建议：	系主任签字 盖章

我们的联系地址：

清华大学出版社　学研大厦 A602，A604 室
邮编：100084
Tel：010-62770175-4409，3208
Fax：010-62770278
E-mail：liuli@tup.tsinghua.edu.cn；hanbh@tup.tsinghua.edu.cn